普通高等教育"十三五"规划教材
北京市高等教育精品教材

机械制图与计算机绘图

（第3版）

王建华　郝育新　主编

国防工业出版社

·北京·

内容简介

本书是在第2版基础上,根据教育部普通高等学校工程图学课程教学指导委员会2015年5月制订的"普通高等学校工程图学课程教学基本要求"及最新颁布的《技术制图》和《机械制图》国家标准编写而成。由北京市优秀教学团队、北京市精品课程"工程制图"的主讲教授和骨干教师担任主编,并针对技术基础学科的特点,汲取了在工程图学教学中长期积累的丰富经验,体现了十余年教学研究及改革的成果,力求满足新的人才培养目标对图学教育的新要求。

全书分为两篇,共14章。第一篇为机械制图,内容包括机械制图的基本知识、投影基础、基本体的投影、组合体、轴测图、图样画法、标准件和常用件、零件图、装配图。第二篇为计算机绘图,内容包括计算机绘图技术概述、AutoCAD二维基本绘图、AutoCAD三维实体建模、AutoCAD绘制工程图样、Pro/E机械设计基础。

与本书配套出版的还有《机械制图与计算机绘图习题集(第3版)》(王建华、郝育新主编)。

本书附录摘编了螺纹、螺纹紧固件、键、销、常用滚动轴承、零件的标准结构、极限与配合、几何公差标注示例、常用材料及热处理名词解释和机械工程CAD技术制图规则方面的常用国家标准。

本书及配套习题集可作为高等工科院校机械类、近机类各专业工程制图课程的教材,也可作为其他相关专业或继续教育、职工大学等同类课程教材及有关工程技术人员参考书。

图书在版编目(CIP)数据

机械制图与计算机绘图/王建华,郝育新主编. —3版.
—北京:国防工业出版社,2017.4
ISBN 978 – 7 – 118 – 11044 – 9

Ⅰ.①机… Ⅱ.①王… ②郝… Ⅲ.①机械制图—高等学校—教材 ②计算机制图—高等学校—教材
Ⅳ.①TH126 ②TP391.72

中国版本图书馆CIP数据核字(2016)第203055号

※

国防工业出版社出版发行
(北京市海淀区紫竹院南路23号 邮政编码100048)
腾飞印务有限公司印刷
新华书店经售

*

开本787×1092 1/16 印张26¼ 字数608千字
2017年4月第3版第2次印刷 印数4001—6000册 定价58.00元

(本书如有印装错误,我社负责调换)

国防书店:(010)88540777   发行邮购:(010)88540776
发行传真:(010)88540755   发行业务:(010)88540717

《机械制图与计算机绘图(第3版)》
编委会

主　编　王建华　郝育新
副主编　刘令涛　杨　莉
参　编　戴丽萍　吕　梅　张　函

前　言

本书第 2 版是普通高等教育"十一五"国家级规划教材、北京市高等教育精品教材立项项目,并于 2011 年获北京市精品教材奖。本书自 2004 年出版以来,被多所高等院校使用,受到读者和专家好评。

本修订版根据教育部普通高等学校工程图学课程教学指导委员会 2015 年 5 月制订的"普通高等学校工程图学课程教学基本要求"及最新颁布的《技术制图》和《机械制图》国家标准编写而成;由北京市优秀教学团队、北京市精品课程"工程制图"的主讲教授和骨干教师担任主编,并针对技术基础学科的特点,汲取了在工程图学教育中长期积累的丰富教学经验,体现了十余年教学研究及改革的成果,力求满足新的人才培养目标对图学教育的新要求。

本书具有以下特点:

(1) 注重建立科学严谨的工程制图知识体系,采用模块化结构,全书分为两篇,共 14 章。第一篇为机械制图,以工程图学基本理论知识为主,按照学科系统性和符合认识规律的原则,对工程制图的基础知识、基本理论和基本方法进行了深入的研究和优化,对核心内容进行了梳理与凝练,力求更加准确、简明、清晰地表达基本概念和典型方法。第二篇为计算机绘图,以 AutoCAD 2015 和 Creo Parametric 3.0 绘图软件为平台,重点介绍计算机绘图基础知识,突出应用,并注重知识的内在联系,使师生在教学的过程中有更加明确的思路和目标。本书既适用于目前大多数院校计算机绘图集中开课,又方便机械制图和计算机绘图结合在一起上课的需要。

(2) 在编写过程中,以掌握基本概念、培养技能和提高学生的工程素养为指导,坚持基础理论与应用密切结合。在内容的组织上,突出本课程的现代工程设计应用背景,删除了部分传统的图解法内容,重点突出了投影的基本理论、立体的表达方法及机械图样的画法与阅读。在例题的选择上既注重由浅入深,具有典型性,又注重贴近实际应用,具有实践性,便于开展研究型和实践型教学活动。在介绍手工绘图和仪器绘图方法的同时,更注重将计算机绘图作为现代设计的技术支持加以介绍,使课程内容与相关领域的技术发展同步。

(3) 本次修订在保持原有特色的基础上,对其内容的组成作了精心的调整和充实,删除了超"课程基本要求"的简易机械的构形设计内容;增加了轴测图尺寸注法,将"零件的构形过程及要求"调整为"零件构形设计及结构的工艺性"等,以进一步完善课程内容,加强课程的工程性和应用性。自2009年以来,又有一些新的国家标准颁布实施,如 GB/T 13361—2012、GB/T 4459.7—2013、GB/T 14665—2012 等,本次修订全书采用最新颁布的《技术制图》和《机械制图》国家标准。

(4) 另对与本书配套使用的习题集也进行了修订。《机械制图与计算机绘图习题集(第3版)》内容全面,题目是结合多年的教学经验而精心挑选的,具有典型性、代表性和多样性。所选题目数量与难度适中,并留有挑选的余地,可根据教学要求进行选择。

(5) 为满足多媒体教学的需要,我们对与本套教材配合使用的"机械制图与计算机绘图教学辅助系统"也进行了修订,该电子教学辅助系统包含PPT格式的教学课件(可自由修改和选用)、习题的答案和3D模型。该教学辅助系统凝聚了一线教师多年积累的丰富教学经验和先进的教学理念,是青年教师和学生自学的得力助手。

(6) 本书及配套习题集可作为高等学校机械类和近机类专业工程制图课程的教材使用,也可作为其他相关专业或继续教育、职工大学等同类课程的教材,还可供有关工程技术人员参考。

本书由北京信息科技大学机电学院王建华、郝育新教授主编,参加编写工作的有:王建华(前言、绪论、第五章、第八章、第九章、附录五、附录六、附录七),郝育新(第一章、第四章、第六章),杨莉(第二章),吕梅(第三章),戴丽萍(第七章、附录一、附录二、附录三、附录四),刘令涛(第十章、第十一章、第十二章、第十三章、第十四章、附录九),张函(附录八)。

本书在修订和编写过程中还得到了许多同仁、读者的支持和帮助,毕万全、李晓民、张志红老师曾为本书的前期工作做出了突出贡献,在此表示衷心的感谢。

本书在修订和编写过程中参考了一些兄弟院校同类著作,在此特向有关作者致敬! 一直以来得到国防工业出版社的大力支持,在此一并表示感谢。

由于编者水平有限,书中疏漏之处在所难免,敬请读者批评指正。

编者

目　　录

绪论 ………………………………………………………………………………………… 1

第一篇　机械制图

第一章　机械制图的基本知识 ………………………………………………………… 3
第一节　国家标准《机械制图》与《技术制图》中的基本规定 ………………… 3
第二节　绘图工具和仪器的使用方法 …………………………………………… 14
第三节　几何作图 ………………………………………………………………… 18
第四节　平面图形的尺寸注法及画图步骤 ……………………………………… 21
第五节　绘图技能 ………………………………………………………………… 23

第二章　投影基础 ……………………………………………………………………… 27
第一节　投影的形成与常用的投影方法 ………………………………………… 27
第二节　点的投影 ………………………………………………………………… 28
第三节　直线的投影 ……………………………………………………………… 33
第四节　平面的投影 ……………………………………………………………… 44
第五节　直线与平面、平面与平面之间的相对位置 …………………………… 52
第六节　换面法 …………………………………………………………………… 63

第三章　基本体的投影 ………………………………………………………………… 73
第一节　平面立体的投影 ………………………………………………………… 73
第二节　曲面立体的投影 ………………………………………………………… 75
第三节　平面与立体相交——截交线 …………………………………………… 81
第四节　两回转体相交——相贯线 ……………………………………………… 92

第四章　组合体 ………………………………………………………………………… 100
第一节　三视图的形成及特性 …………………………………………………… 100
第二节　组合体视图的画法 ……………………………………………………… 101
第三节　组合体的读图 …………………………………………………………… 106
第四节　组合体的尺寸标注 ……………………………………………………… 112
第五节　组合体构形设计 ………………………………………………………… 119

第五章　轴测图······124

第一节　轴测图的基本知识······124
第二节　正等轴测图的画法······125
第三节　斜二等轴测图的画法······134
第四节　轴测剖视图的画法······135
第五节　轴测图尺寸注法······136
第六节　轴测草图的画法······138

第六章　图样画法······140

第一节　视图······140
第二节　剖视图······143
第三节　断面图······152
第四节　其他规定画法和简化画法······155
第五节　表达方法综合应用举例······160
第六节　第三角画法简介······163

第七章　标准件和常用件······165

第一节　螺纹的规定画法和标记······165
第二节　螺纹紧固件的画法和标记······173
第三节　键、销······181
第四节　滚动轴承······184
第五节　齿轮画法······186
第六节　弹簧······192

第八章　零件图······196

第一节　零件图的作用和内容······196
第二节　零件构形设计及结构的工艺性······197
第三节　零件图的视图选择······205
第四节　零件图的尺寸标注······209
第五节　零件图上的技术要求······214
第六节　零件图的阅读······232
第七节　零件测绘······235

第九章　装配图······240

第一节　装配图的作用和内容······240
第二节　装配图的画法······241
第三节　装配图的视图选择及画图步骤······244
第四节　装配图的尺寸标注······246

第五节　装配图中零、部件序号和明细栏 ………………………………… 247
　　第六节　装配图结构的合理性 ……………………………………………… 250
　　第七节　部件测绘 …………………………………………………………… 253
　　第八节　读装配图及由装配图拆画零件图 ………………………………… 254

第二篇　计算机绘图

第十章　计算机绘图技术概述 …………………………………………………… 263
　　第一节　计算机绘图技术简介 ……………………………………………… 263
　　第二节　AutoCAD 绘图基础 ……………………………………………… 265

第十一章　AutoCAD 二维基本绘图 …………………………………………… 271
　　第一节　绘图命令 …………………………………………………………… 271
　　第二节　显示命令 …………………………………………………………… 276
　　第三节　修改命令 …………………………………………………………… 276
　　第四节　对象特性 …………………………………………………………… 285
　　第五节　文字注释 …………………………………………………………… 289
　　第六节　图案填充 …………………………………………………………… 290
　　第七节　尺寸标注 …………………………………………………………… 291
　　第八节　平面图形绘制实例 ………………………………………………… 300

第十二章　AutoCAD 三维实体建模 …………………………………………… 302
　　第一节　AutoCAD 三维建模环境 ………………………………………… 302
　　第二节　AutoCAD 三维实体建模 ………………………………………… 304

第十三章　AutoCAD 绘制工程图样 …………………………………………… 319
　　第一节　图块的使用 ………………………………………………………… 319
　　第二节　建立图形样板 ……………………………………………………… 322
　　第三节　模型到投影图的转换 ……………………………………………… 325
　　第四节　绘制工程图 ………………………………………………………… 329

第十四章　Pro/E 机械设计基础 ………………………………………………… 332
　　第一节　Pro/E 基础知识 …………………………………………………… 332
　　第二节　草绘工具 …………………………………………………………… 335
　　第三节　Pro/E 实体建模 …………………………………………………… 341
　　第四节　综合实例 …………………………………………………………… 361

附录一　螺纹 …………………………………………………………………………… 368
附录二　螺纹紧固件 …………………………………………………………………… 371

附录三　键、销 ··· 378
附录四　常用滚动轴承 ··· 383
附录五　零件的标准结构 ·· 387
附录六　极限与配合 ··· 389
附录七　几何公差标注示例 ··· 401
附录八　常用材料及热处理名词解释 ·· 404
附录九　机械工程 CAD 技术制图规则 ··· 408
参考文献 ·· 410

绪　论

一、本课程的研究对象

机械制图与计算机绘图课程的主要内容是：研究用正投影法阅读和绘制机械图样、解决空间几何问题的基本理论，介绍《技术制图》和《机械制图》国家标准的基本内容，研究和阐述手工与计算机绘制机械图样的基本方法。

在现代工业生产中，工程图样是机械工程产品信息的载体。它在工程实践中具有语音、文字、实物模型等其他载体不可替代的作用，是人们在生产活动和科学研究中表达和交流设计思想的一种重要工具，是指导生产的重要技术文件，所以人们把它比喻为"工程界的技术语言"。由于计算机技术的迅速发展，制图技术已经实现根本性转变，使得机械图样信息的产生、加工、存储和传递进入了新的阶段。计算机绘图技术已经成为许多部门用于设计、生产和管理工作的工具，随着科学技术的高速发展和国际交流的日益频繁，作为国际性技术语言的机械工程图样显得更加重要。

工程技术人员必须掌握绘制机械图样的基本理论，掌握手工绘图和计算机绘图的方法，具有较强的空间想象能力和阅读、绘制机械图样的能力，以适应当前和将来生产、设计及管理发展的需要。

二、本课程的性质和任务

本课程是工科院校学生必修的一门工程技术基础课。通过学习培养学生的形象思维能力、空间想象能力、形体设计和图样表达能力。这种能力是学生学习后续课程的必要基础，也是工程技术人员所应具备的基本素质。

本书的主要内容包括机械制图的基本知识、投影基础、基本体的投影、组合体、轴测图、图样画法、标准件和常用件、零件图、装配图、计算机绘图等。主要研究图示形体、图解空间几何问题的理论方法；介绍国家有关制图标准；研究阅读和绘制机械工程图样的基本理论；研究利用绘图软件绘制机械图样的方法，培养手工和计算机绘图技能。

学习本课程的主要任务是：

(1) 掌握正投影法的基本理论方法和应用，培养空间想象能力。
(2) 掌握立体、零件、部件的各种表达方法，培养绘制和阅读机械图样的能力。
(3) 学习、贯彻《技术制图》和《机械制图》国家标准的有关规定。
(4) 培养计算机绘图、徒手绘图和仪器绘图并重的综合绘图能力。
(5) 培养分析问题和解决问题的能力及工程意识，为创新能力的培养打下坚实的基础。
(6) 培养认真负责的工作态度和严谨细致的工作作风，使学生初步具备从事工程设计的基本科学素质。

三、学习方法

该课程的特点是：既有系统的理论性，又有较强的实践性，所以在学习中应认真听课，及时复习，坚持理论联系实际的学风。认真学习投影理论，在理解基本概念的基础上，由浅入深地通过一系列绘图和读图实践，不断地分析和想象空间形体与图样上图形之间的对应关系，学会形体、线面和构形等分析问题的方法，逐步提高空间想象能力和分析能力，掌握正投影的基本作图方法。

认真完成习题和作业，应在掌握有关基本概念的基础上，按照正确的方法和步骤绘制图样。养成正确使用绘图工具（仪器和计算机）的习惯，熟悉制图的基本知识，遵守《技术制图》和《机械制图》国家标准的有关规定，学会查阅有关标准和资料手册的方法。并应使制图作业达到投影正确、视图表达恰当、尺寸标注齐全、字体工整、图面整洁、符合国家标准等要求。通过作业练习、讨论、研究实验、课题设计等方式，培养读图和绘图能力，不断改进学习方法，提高独立工作能力和自学能力。

工程图样在设计和生产中起着重要的作用，在读图和绘图中，任何疏漏和差错都会造成经济上的损失。所以，培养认真负责的工作态度和严谨细致的工作作风也是学习本课程的一项重要任务。

第一篇　机械制图

第一章　机械制图的基本知识

第一节　国家标准《机械制图》与《技术制图》中的基本规定

机械图样是设计和生产过程中的重要文件之一，用来指导生产和进行技术交流，为了方便技术交流，对图样进行科学的管理，国家制定并颁布了一系列有关《机械制图》与《技术制图》的国家标准，简称"国标"，其代号为"GB"（"GB/T"为推荐性国标），字母后面的两组数字，分别表示标准顺序号和标准批准的年份，例如"GB/T 17451—1998《技术制图 图样画法 视图》"表示图样画法的视图部分，顺序号为17451，批准发布年份为1998。每个工程技术人员均应熟悉并严格遵守有关国家标准。下面简要介绍国标中关于图纸幅面及格式、比例、字体、图线等的有关规定。

一、图纸幅面及格式（GB/T 14689—2008）

（一）图纸幅面尺寸（表1-1）

表1-1　图纸幅面及边框尺寸

幅面代号	幅面尺寸 $B \times L$	周边尺寸 a	周边尺寸 c	周边尺寸 e
A0	841×1189	25	10	20
A1	594×841	25	10	20
A2	420×594	25	10	10
A3	297×420	25	5	10
A4	210×297	25	5	10

（二）图框格式

绘制图样时，优先采用表1-1中规定的幅面尺寸，必要时也允许加长幅面，但应按基本幅面的短边的整数倍增加，表1-1中幅面代号意义如图1-1所示。

图纸上必须用粗实线画出图框，其格式分为留装订边和不留装订边两种，不留装订边的图纸，其图框格式如图1-1(a)所示，留有装订边的图纸，其图框格式如图1-1(b)所示。尺寸按表1-1的规定，同一产品的图样只能采用一种形式。

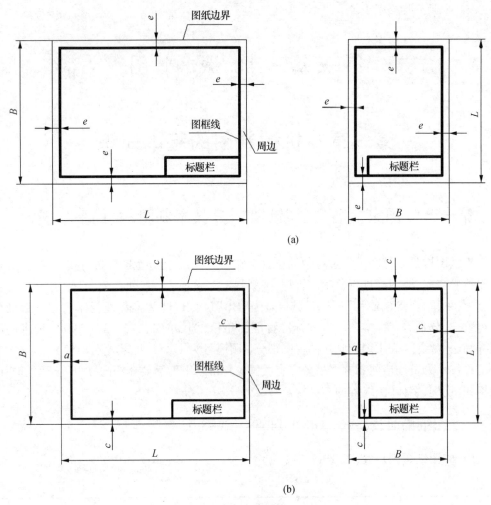

图 1-1 图框格式
(a)不留装订边的图框格式;(b) 留装订边的图框格式。

(三) 标题栏

每张图纸上都必须画出标题栏,标题栏在图框内的位置如图 1-1 所示。标题栏的格式和尺寸按 GB/T 10609.1—2008 的规定,如图 1-2(a)所示。为了识别第一和第三角画法,国家标准规定了相应的识别符号,如图 1-2(b)所示,一般标在标题栏上方或左方,当采用第一角画法时可省略。制图作业中的标题栏建议采用图 1-2(c)所示的格式,包含下列内容:图样的名称、制图者姓名(学生自己签名)、审核者姓名(老师签名)、制图日期、制图的比例、图号、审核日期等。"日期"的签署应该按照 GB/T 7408—2005 中规定的三种形式之一,其中,"年"用四位数,"月""日"用两位数,之间由连字符分隔、间隔分隔或不分隔:2015-05-18(连字符分隔)、2015 05 18(间隔字符分隔)、20150518(不用符分隔)。

注意:标题栏的外框线一律用粗实线绘制,其右边和底边均要与图框线重合,内部分割横线需要用细实线绘制。

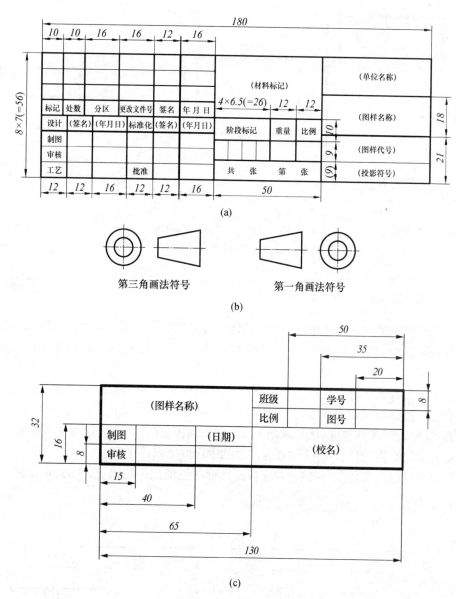

图1-2 标题栏

(a)国家标准规定的标题栏格式图;(b)第一角与第三角画法识别符号;(c)制图作业的标题栏。

标题栏的方位直接关系到图样装订后是否便于翻阅查找,还关系到如何确定看图的方向。看图方向的规定与标题栏的方向紧密联系在一起。目前对看图方向有两种规定:第一种是按照标题栏的方向看图,即以标题栏中的文字方向为看图方向,如图1-1所示;第二种是按方向符号指示的方向看图,如图1-3(a)所示,即令画在对中符号上的等边三角形位于图纸下边后看图。方向符号是用细实线绘制的等边三角形,其尺寸如图1-3(b)所示。

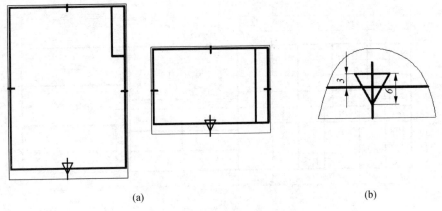

图 1-3 按符号指示方向看图
(a)带有方向符号的图纸；(b)方向符号。

二、比例(GB/T 14690—1993)

图样中的图形与其实物相应要素的线性尺寸之比称为比例。原值比例即比值为1：1的比例；放大比例即比值大于1的比例，如2：1等；缩小比例即比值小于1的比例，如1：2等。

选用比例时通常应考虑以下方面的因素：应以能充分而清晰地表达机件的结构形状，又能合理利用图纸幅面为原则；在满足基本原则的前提下，所选用的比例应有利于采用较小幅面的图纸；若条件允许，优先采用1：1的比例画出，这样可以方便地从图中看出机件的真实大小。否则应从表1-2中规定的系列中选取适当的比例。

比例符号以"："表示。比例一般应标注在标题栏的比例栏内；必要时，可以标注在视图名称的下方或右侧，如：$\frac{I}{2:1}$、平面图1：10等。

表1-2 比例系列

种类	比例
原值比例	1：1
放大比例	2：1 4：1 5：1 2×10^n：1 4×10^n：1
缩小比例	1：1.5 1：2 1：3 1：4 1：5 1：6 1：1×10^n 1：2×10^n

注：n为正整数。

三、字体(GB/T 14691—1993)

在图样中除表达机件的形状之外，还应有必要的文字和数字以说明机件的大小、技术要求及其他。图样中的字体必须做到：字体工整、笔画清楚、间隔均匀、排列整齐。

图样中各种字体的大小要适中，字体的高度系列分别为20mm、14mm、10mm、7mm、5mm、3.5mm、2.5mm、1.8mm八种，字体的号数即为字体的高度h。如果需要书写更大的字，其字体高度应按$\sqrt{2}$的比率递增。

(1) 汉字。汉字的高度 h 不应小于 3.5mm，其宽度 b 一般为 $\sqrt{2}h$（即约等于字高的 2/3）。汉字应写成长仿宋体，并应采用中华人民共和国国务院正式公布推行的《汉字简化方案》中规定的简化字。长仿宋体汉字的书写要领是：横平竖直、注意起落、结构匀称、填满方格。长仿宋体字示例如下：

技术机械制图工商管理计算机

(2) 数字和字母。数字和字母分 A 型和 B 型，A 型字体的笔划宽度为字高的 1/14，B 型字体的笔划宽度为字高的 1/10。同一张图样上，只允许选用同一种形式的字体。字母和数字可以写成斜体或直体，斜体字的字头向右倾斜，与水平基准线成 75°。为了保证字体大小一致和整齐，书写时可先画格子和横线，然后写字。用作指数、分数、极限偏差、注脚等的数字及字母，一般采用小一号字体。

A 型斜体拉丁字母示例：

ABCDEFGHIJKLMNOPQRSTUVWXYZ

abcdefghijklmnopqrstuvwxyz

A 型斜体数字示例：

0123456789

I II III IV V VI VII VIII IX X

四、图线（GB/T 17450—1998、GB/T 4457.4—2002）

绘图时应采用国家标准规定的线型，如表 1-3 所列。图线的宽度 d 应按图样的类型和尺寸大小在下列数据中选择：0.13mm、0.18mm、0.25mm、0.35mm、0.5mm、0.7mm、1mm、1.4mm、2mm。图线的宽度分粗线、中粗线、细线三种。建筑图样上，常采用三种线宽，其比率为 4∶2∶1；机械图样上采用两种线宽，其比例关系为 2∶1。同一图样中，同类线型的宽度应一致。一般粗线和中粗线的宽度 d 在 0.5~2mm 之间选取，优先采用 0.5mm 和 0.7mm，应尽量保证图样中不出现宽度 d 小于 0.18mm 的图线。

表 1-3　图线及应用

序号	名称		线型	一般应用
01	实线	粗实线	——————	可见轮廓线、螺纹牙顶线、齿顶圆（线）
		细实线	——————	尺寸线及尺寸界线、剖面线、分界线、范围线、指引线、辅助线、可见过渡线
		波浪线	 ～～～	断裂处边界线、视图和剖视图的分界线
		双折线	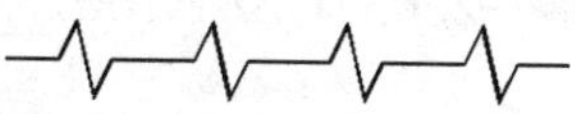 ⌇⌇⌇	断裂处边界线、视图与剖视图的分界线

(续)

序号	名称		线型	一般应用
02	虚线		------	不可见轮廓线、不可见过渡线
	粗虚线		━━━━	允许表面处理的表示线
04	点画线	细点画线	—·—·—	轴线、对称中心线、分度圆(线)、孔系分布的中心线
		粗点画线	━·━·━	有特殊要求的线或表面的表示线
05	细双点画线		—··—··—	相邻辅助零件轮廓线、极限轮廓线、假想投影轮廓线、轨迹线

除实线外,组成各种线型的要素(包括点、画和间隔等)的长度均有规定,绘图时应遵守以下各点(应用示例见图1-4):

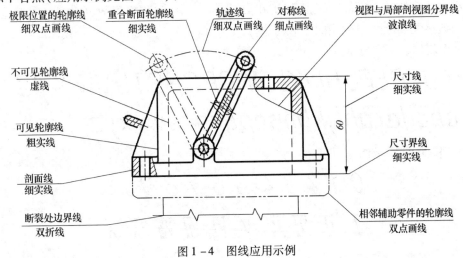

图1-4 图线应用示例

(1) 在同一图样中,同类图线的宽度应基本一致。虚线、点画线以及双点画线的线段长度和间隔应大致相等。

(2) 除非另有规定,两条平行线之间的最小距离不得小于0.7mm。

(3) 绘制圆的对称中心线时,圆心应为线段的交点。点画线和双点画线的首末两端应是线段而不是短画。

(4) 在较小的图形上绘制点画线、双点画线有困难时,可以用细实线代替。

(5) 轴线、对称中心线、双折线和作为中断处的双点画线,应超出轮廓线2～5mm。

(6) 点画线、虚线以及其他图线相交时,都应在线段处相交,不应在空隙处或短画处相交,如图1-5所示。

(7) 点画线、虚线以及双点画线为实线的延长线时,不得与实线相连。

虚线、点画线、双点画线的线段长度和间隔应各自大致相等,一般在图样中要显得匀称协调。其规格一般为:虚线的长画长12d,短间隔长3d;点画线和双点画线的长画长24d,短间隔长3d,点长0.5d,具体规格尺寸如图1-6所示。

五、尺寸标注基本规定(GB/T 4458—2003、GB/T 16675.2—2012)

工程图样中视图表达了机件的形状,其大小则通过标注的尺寸确定。标注尺寸是非

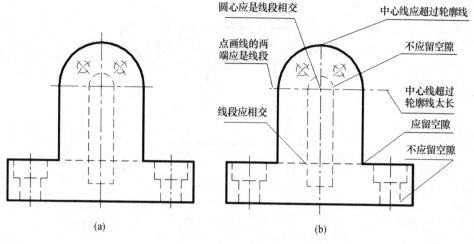

图1-5 画点画线和虚线应遵守的画法
(a)正确;(b)错误。

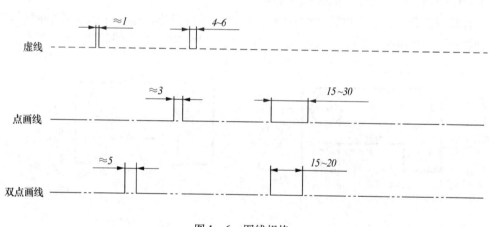

图1-6 图线规格

常重要的工作,必须按国标中对尺寸标注的基本规定进行标注。

（一）基本规则

机件的真实大小应以图样上所注的尺寸数值为依据,图形的大小与绘图的比例和准确度无关。图样中(包括技术要求和其他说明)的尺寸,以毫米为单位时,不需标注计量单位的代号或名称,如果采用其他单位,则必须注明相应的计量单位的代号或名称。

图样中所标注的尺寸,为该图样所示机件的最后完工尺寸,否则应另加说明。

机件的每一尺寸一般只标注一次,并应标注在反映该结构最清晰的图形上。

（二）尺寸要素

完整的尺寸包含下列四个要素,如图1-7所示。

(1) 尺寸界线。尺寸界线表示所注尺寸的起始和终止位置,用细实线绘制,并应由图形的轮廓线、轴线或对称中心线处引出。也可利用轮廓线、轴线或对称中心线作尺寸界线。尺寸界线一般应与尺寸线垂直,且超过尺寸线2~3mm。

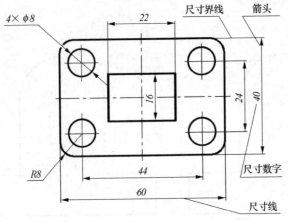

图 1-7 尺寸的要素

（2）尺寸线。表示所注尺寸的范围，用细实线绘制，不能用其他图线替代，也不得与其他图线重合或画在其延长线上，并应尽量避免尺寸线之间及尺寸线与尺寸界线的交叉。图 1-8(b) 所注的尺寸 25 和 35 标注不妥。

标注线性尺寸时，尺寸线必须与所标注的线段平行，相同方向的各尺寸线的间距要均匀，间隔应大于 7mm，如图 1-8(a) 所示，以便注写尺寸数字和有关符号。

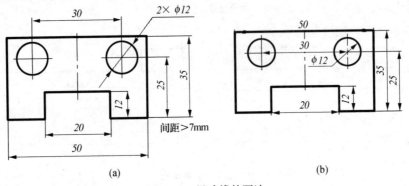

图 1-8 尺寸线的画法
(a) 正确；(b) 错误。

（3）尺寸线终端。尺寸线终端有两种形式：箭头或细斜线，机械图样中一般采用箭头作为尺寸线的终端，如图 1-9 所示。箭头尖端与尺寸界线接触，不得超出也不得离开，如图 1-10 所示。

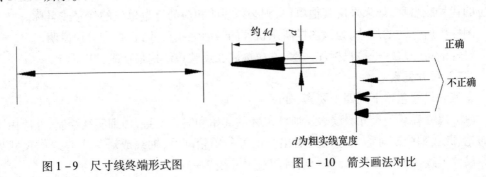

图 1-9 尺寸线终端形式图　　　　图 1-10 箭头画法对比

（4）尺寸数字。尺寸数字表示所注尺寸的数值，线性尺寸的数值一般应写在尺寸线的上方，也允许注写在尺寸线的中断处。尺寸数字不可被任何图线通过，否则必须将该图线断开。如图 1-11 所示的 16、φ22、φ44 处分别将剖面线、中心线和轮廓线断开。当位置不够时，也可引出标注。

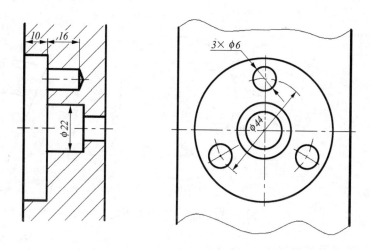

图 1-11　穿过尺寸数字的图线要中断

六、尺寸注法示例

（一）线性尺寸

尺寸线必须与所注的线段平行，线性尺寸的数字应按图 1-12(a) 所示的方向注写，水平方向字头朝上，垂直方向字头朝左，倾斜方向字头保持朝上的趋势，并尽可能避免在图示 30°范围内注写尺寸。当无法避免时，按图 1-12(b) 所示的形式注写。

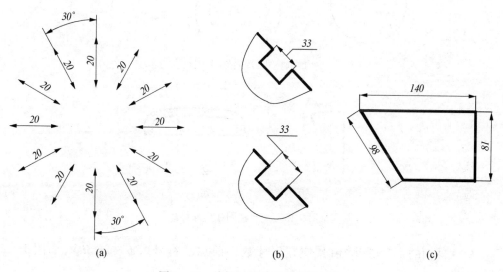

图 1-12　线性尺寸数字的注写方法

（二）角度尺寸

标注角度尺寸界线应沿径向引出，尺寸线画成圆弧，圆心是角的顶点。标注角度的数字一律水平书写，一般注写在尺寸线的中断处，必要时也可写在尺寸线的上方或外侧，也可引出标注。角度尺寸必须注出单位，如图 1-13 所示。

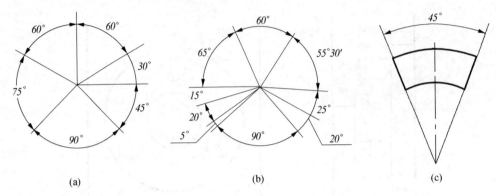

图 1-13　角度尺寸注写方法

（三）圆、圆弧及球面尺寸

圆或大于半圆的圆弧应标注其直径，并在数字前面加注"ϕ"，其尺寸线必须通过圆心。等于或小于半圆的圆弧应标注其半径，并在数字前加注"R"，其尺寸线从圆心开始，箭头指向轮廓，如图 1-14 所示。当圆弧半径过大，在图纸范围内无法标出其圆心时，按图 1-15(a)的形式标注。当不需标注圆心位置时，按图 1-15(b)的形式标注。

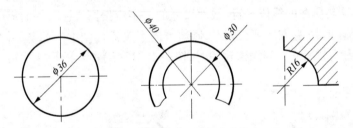

图 1-14　圆及圆弧尺寸标注

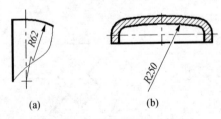

图 1-15　大半径圆弧尺寸标注

标注球面的直径或半径时，应在尺寸数字前加注符号"$S\phi$"或"SR"，如图 1-16 所示。

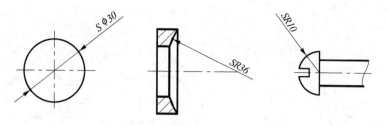

图 1-16　球面的尺寸标注

（四）小尺寸的注法

没有足够的位置画尺寸箭头或标注尺寸数字时，可以按图 1-17 的形式标注。

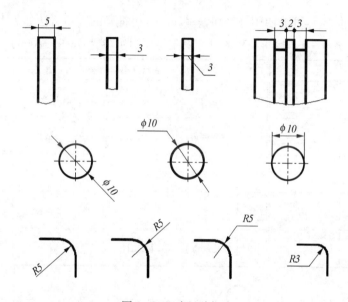

图 1-17　小尺寸标注

（五）板状机件和正方形结构的注法

在标注板状机件时，在厚度的尺寸数字前加注符号"t"；标注机件的端面为正方形结构时，可以在边长尺寸数字前加注符号"□"，或用 14×14 代替□14，如图 1-18 所示。

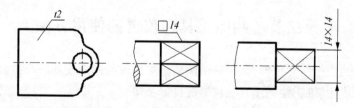

图 1-18　板状机件和正方形结构的注法

（六）光滑过渡处的尺寸注法

在光滑过渡处必须用细实线将轮廓线延长，并从它们的交点引出尺寸界线。尺寸界线一般应与尺寸线垂直，必要时允许倾斜。尺寸线应平行于两交点的连线，如图 1-19

所示。

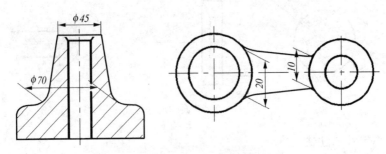

图 1-19 光滑过渡处的尺寸标注

标注尺寸时,应尽可能使用符号和缩写词。常用符号的表示方法如表 1-4 所列。

表 1-4 标注尺寸的符号及缩写词(GB/T 4458.4—2003)

序号	含义	表示方法	序号	含义	表示方法	序号	含义	表示方法
1	直径	ϕ	6	均布	EQS	11	埋头孔	∨
2	半径	R	7	45°倒角	C	12	弧长	⌒
3	球直径	$S\phi$	8	正方形	□	13	斜度	∠
4	球半径	SR	9	深度	↧	14	锥度	◁
5	厚度	t	10	沉孔或锪平	⊔	15	展开长	○→

表 1-4 中,展开长符号 ○→ 应标在展开图上方的名称字母后面(如 $B—B$ ○→),当弯曲成形前的坯料形状画在成形后的视图中时,则该图上方不必标注展开符号,但是图中的展开尺寸应按照"○→ 300"的形式标注,其中,300 为尺寸值。

第二节　绘图工具和仪器的使用方法

正确使用绘图工具和仪器,是保证绘图质量和加快绘图速度的一个重要方面。因此,必须养成正确使用、维护绘图工具和仪器的良好习惯。

常用的绘图工具及仪器有图板、丁字尺、圆规、三角板、模板等,如图 1-20 所示。

一、图板、丁字尺、三角板、比例尺

图板用作画图的垫板,表面应该光洁、平坦;又因其左边用作导边,所以必须平直。

丁字尺是画水平线的长尺。丁字尺由尺头和尺身组成,两者结合处必须牢固。画

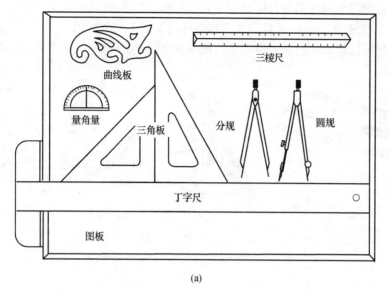

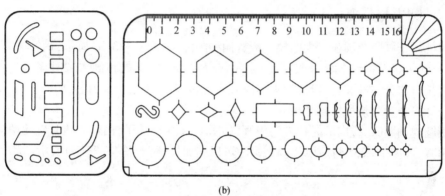

图 1-20　常用制图工具和仪器

图时,应使尺头始终紧靠图板左侧的导边。画水平线时需自左向右画,如图1-21(a)所示。

一副三角板有两块,一块是45°三角板,另一块是60°和30°三角板。它常与丁字尺配合使用,可以画铅垂线和15°倍角的斜线,如图1-21(b)、(c)所示。

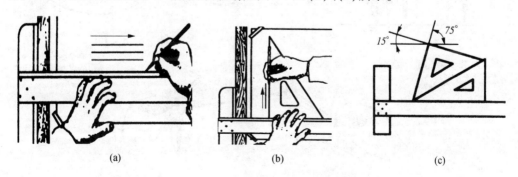

图 1-21　用丁字尺、三角板画线
(a)水平线画法;(b)铅垂线画法;(c)倾斜线画法。

比例尺是刻有不同比例的直尺,它只用于量取尺寸,上面刻有六种不同的比例,以便按规定的比例作图,不必另行计算。比例尺及用法如图1-22所示。

利用模板可以帮助我们快速绘制常用的图形、符号和字体等,如图1-20(b)所示。

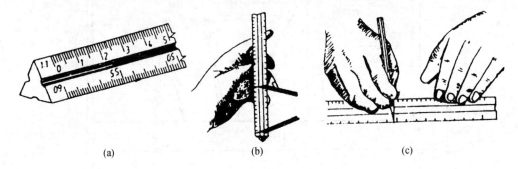

图1-22 比例尺及用法
(a)比例尺;(b)用分规量取长度;(c)在图线上量取长度。

二、圆规与分规

圆规用于画圆及圆弧。大圆规一般有四种附件,如图1-23(a)所示:钢针插脚、铅笔插脚、直线笔(鸭嘴笔)插脚及长杆,分别用作分规、画圆、上墨和画大圆时接长。圆规的针尖有长短之分,画圆时要以短针尖为圆心支点,并使针尖略长于铅芯,如图1-23(b)所示。长针尖作为分规量取尺寸用。

用圆规画圆时,应向顺时针方向稍倾,如图1-23(c)所示,画较大圆时应使两脚均与纸面垂直,如图1-23(d)所示。画大圆时可以接加长杆,如图1-23(e)所示。

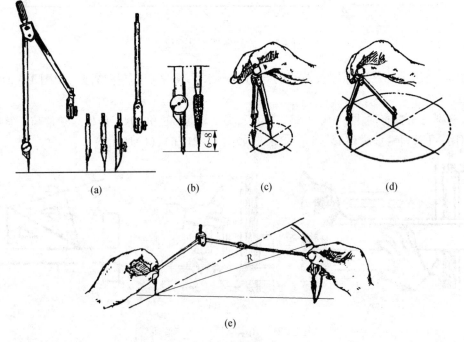

图1-23 圆规及其附件

分规用于量取和等分线段。先用分规在三棱尺上量取所需尺寸,如图 1-24(a)所示,然后再量到图纸上,如图 1-24(b)所示。

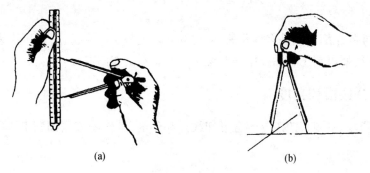

图 1-24 分规的用法

三、铅笔

绘图铅笔铅芯的硬软度分别用符号"H"和"B"表示。"HB"为硬软适中铅芯,绘图时一般用"H"或"2H"铅芯画底稿,用"B"或"HB"铅芯加深,用"HB"铅芯书写字体。铅笔削成圆锥形,也有用铲状的,如图 1-25 所示。

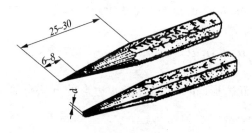

图 1-25 铅笔

四、曲线板

曲线板用以描绘非圆曲线。作图时应先将曲线的一系列点轻轻描上,再选择曲线板上曲率相似的一段使其与待画的曲线上的若干点吻合,然后逐段描绘。描绘时应有一小段与前段重叠,以保证曲线的光滑,如图 1-26 所示。

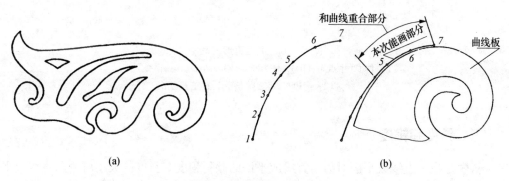

图 1-26 曲线板及其用法

第三节 几何作图

虽然机件的轮廓形状是多样化的,但它们基本上都是由直线、圆弧和其他一些曲线组成的几何图形,所以在工程图样中需要运用一些基本的作图方法。

一、等分线段和角度

通常用圆规、三角板等工具等分已知线段和角度,其作图方法如图1-27~图1-29所示。

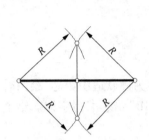 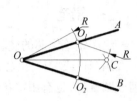

图1-27 将已知线段二等分　　图1-28 将已知线段n等分　　图1-29 将已知角度二等分

二、等分圆周与作多边形

已知外接圆,画正五边形、正六边形、正n边形的方法分别如图1-30~图1-32所示。

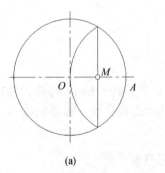 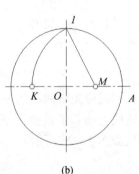 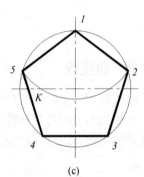

(a)　　　　　　　　　(b)　　　　　　　　　(c)

图1-30 正五边形的画法

(a)作OA中点M;(b)以M为圆心,M1为半径,作弧得交点K;

(c)以1K为边长,将圆周五等分,得正五边形。

三、斜度和锥度

斜度是指一直线或平面对另一直线或平面的倾斜程度。斜度的大小可用两直线或平面夹角的正切表示,即斜度 = $\tan\alpha$ = H/L。图样中以1:n的形式标注,并在前面加注斜度

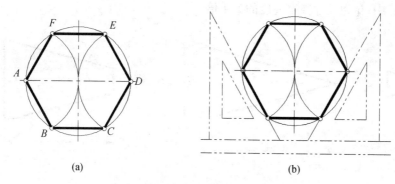

图 1-31 正六边形的画法
(a)圆规作正六边形；(b)三角板作正六边形。

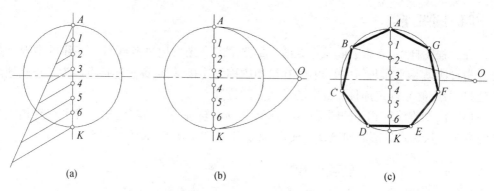

图 1-32 正 n 边形的画法
(a)将直径 AK n 等分；(b)以 A、K 为圆心，AK 为半径做圆弧交于 O 点；
(c)连接 O2 并延长之，交圆周于 B 点，AB 即正 n 边形的边长。

符号，其方向与斜度的方向一致。斜度的画法及标注如图 1-33 所示。在图 1-33(a)中，h 为尺寸数字高度的 1.4 倍。

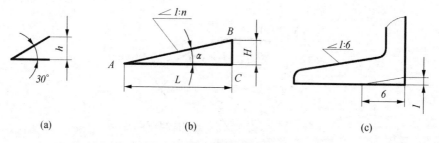

图 1-33 斜度的画法及标注
(a)斜度符号；(b)AB 对 AC 的斜度 = $\tan\alpha$ = H/L = 1:n；(c)画法及标记方法。

锥度是指正圆锥底圆直径与圆锥高度之比。锥度的大小可用圆锥素线与轴线夹角的正切的两倍表示，即锥度 = 2 $\tan\alpha$ = D/L，图样中以 1:n 的形式标注，并在前面加注锥度符号，其方向与锥度的方向一致。锥度符号与锥度的画法及标注如图 1-34 所示。在

19

图 1-34(a)中,H 为尺寸数字高度的 1.4 倍。

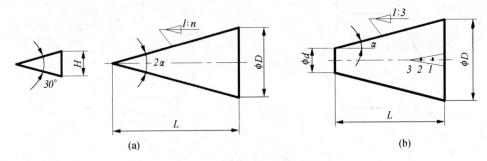

图 1-34 锥度符号、锥度及标注
(a)锥度符号;(b)锥度及标注。

四、圆弧连接

在工程图样中,常常遇到从一条线(直线、圆弧)光滑地过渡到另一条线的情况。这种光滑过渡就是平面几何中的相切,在绘图中称为连接,切点称为连接点。为了正确地画出连接圆弧,必须确定连接弧的圆心及切点的位置。

(1) 已知直线和相切的圆弧(半径 R),其圆心轨迹为一条与已知直线平行且相距为 R 的直线。从选定的圆心向已知直线作垂线,垂足就是切点,如图 1-35(a)所示。

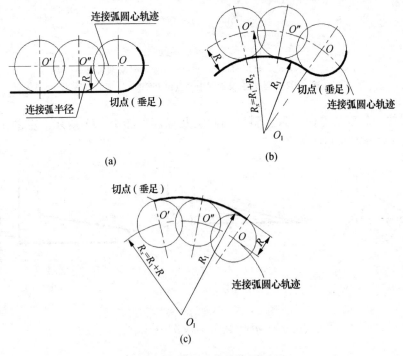

图 1-35 圆弧连接的作图原理

(2) 已知圆弧(圆心 O_1,半径 R_1)和相切的圆弧(半径为 R),其圆心轨迹为已知圆弧的同心圆。如果与已知圆弧外切,则该圆弧半径 R_x 为两圆半径之和($R_x = R_1 + R$),切点

在连心线上;如果内切,则该圆弧半径为两圆半径之差($R_x = |R_1 - R|$),两圆弧的切点在连心线或其延长线与已知圆弧的交点处,如图1-35(b)、图1-35(c)所示。

五、椭圆的画法

椭圆的常用画法有两种。

(1) 同心圆作椭圆。以长轴AB和短轴CD为直径画同心圆,然后过圆心作一系列直径与两圆相交。由各交点分别作与长轴、短轴平行的直线,即可相应找到椭圆上各点。最后,光滑连接各点即可,如图1-36(a)所示。

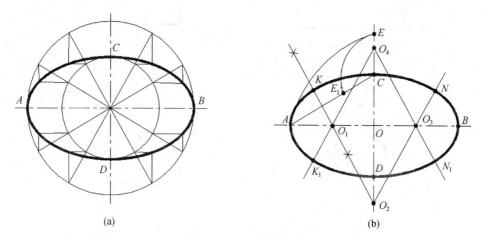

图1-36 椭圆画法
(a)用同心圆法作椭圆;(b)用四心法作椭圆。

(2) 椭圆的近似画法(四心圆弧法)。已知椭圆的长轴AB与短轴CD,连AC,以O为圆心,OA为半径画弧,交CD延长线于点E,再以C为圆心,以CE为半径画弧,截AC于E_1。作AE_1的中垂线,交长轴于O_1,交短轴于O_2,并找出O_1和O_2的对称点O_3和O_4,然后把O_1O_2、O_2O_3、O_3O_4、O_4O_1连直线。以O_1、O_3为圆心,O_1A为半径;O_2、O_4为圆心,O_2C为半径,分别画弧到连心线。K、K_1、N_1、N为连接点即可。这种画法主要用在轴测图画法中,如图1-36(b)所示。

第四节 平面图形的尺寸注法及画图步骤

一、平面图形的尺寸分析

平面图形的尺寸按其功能可分为定形尺寸、定位尺寸两大类。定形尺寸为确定各部分形状大小的尺寸。如直线的长度、圆弧的直径或半径等,如图1-37中$\phi20$、$\phi12$等。

定位尺寸为确定各部分之间相对位置的尺寸。如图1-37(a)中42、22,用于确定$\phi20$、$\phi12$的位置,为定位尺寸。在注写尺寸时首先要确定长度方向和宽度方向的尺寸基准。对于平面图形,常以对称图形的对称线、较大圆的中心线或较长直线为基准。

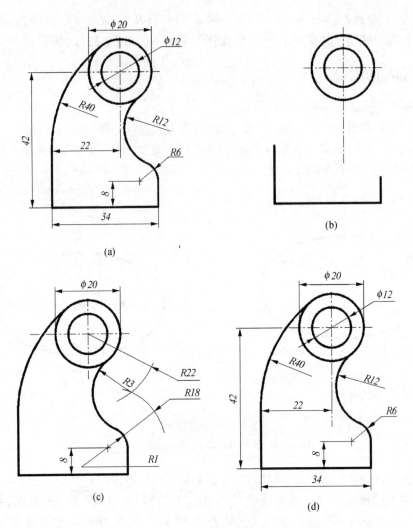

图 1-37 平面图形画图步骤
(a)已知图形;(b)确定基准,画已知线段;(c)画中间线段与连接线段;(d)标注尺寸。

二、平面图形的图线分析和画法

根据定形、定位尺寸是否齐全,可以将平面图形中的图线分为已知线段、中间线段和连接线段。定形、定位尺寸齐全、可以直接画出的图线称为已知线段。注有定形尺寸和一个方向定位尺寸的线段称为中间线段。只注有定形尺寸需要利用连接条件才能画出的线段称为连接线段。画平面图形时首先要分析清楚图形中各个线段的已知条件。具体步骤如图 1-37 所示。

(1) 分析平面图形中哪些是已知线段,哪些是连接线段,以及所给定的连接条件。
(2) 根据各组成部分的尺寸关系确定作图基准,如先确定中心线、轴线位置等。
(3) 依次画已知线段、中间线段和连接线段。
(4) 标注尺寸。

三、平面图形的尺寸标注

标注平面图形的尺寸,要求正确、完整、清晰。正确是指平面图形的尺寸要按照国家标准的规定进行标注,尺寸数值要正确。完整是指尺寸要注写齐全,不要遗漏,也不要重复标注尺寸。清晰是指尺寸的布局整齐,标注清楚。尺寸标注步骤如图1-38所示。步骤如下:

(1) 确定尺寸基准。
(2) 标注定形尺寸。
(3) 标注定位尺寸。
(4) 校对并调整尺寸布局。

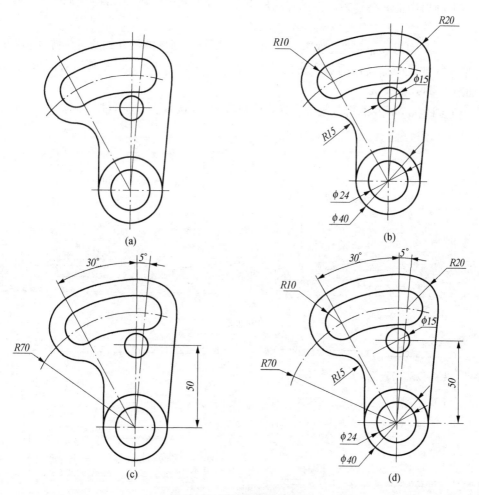

图1-38 平面图形尺寸标注

第五节 绘图技能

绘图技能包括仪器绘图和徒手绘图两种方法。

一、仪器绘图方法步骤

(一) 制图前的准备工作

(1) 准备好必需的制图工具和仪器。

(2) 确定图形采用的图幅大小和绘图比例。

(3) 固定图纸。把图纸铺在图板的适当位置,放正图纸后,用胶带纸将其固定,如图1-39(a)所示。

(二) 画底稿

(1) 底稿一般用削尖的 H 或 2H 铅笔轻轻地画出,并经常磨削铅笔。

(2) 画出图框和标题栏。按国标的规定先用细线画出图框和标题栏,如图1-39(b)所示。

(3) 布置图形。布置图形要匀称、美观。根据每个图形的尺寸确定其位置,同时要考虑标注尺寸或说明等其他内容所占的位置,如图1-39(c)所示。并画出各图形的基准线,如图1-39(d)所示。

(4) 画主要的轮廓,再画细部。在画图过程中,要认真、一丝不苟。

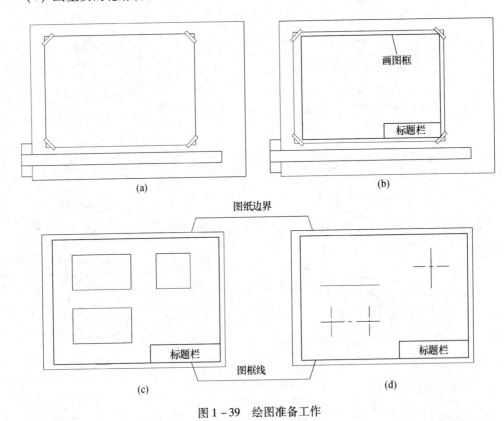

图1-39 绘图准备工作

(三) 铅笔加深

加深要用 HB 或 B 铅笔。加深过程中尽量将同一类型、同样粗细的图线一起加深。顺序为:

(1) 加深粗实线。先加深圆或圆弧,再从图形的左上方开始,顺次向下加深水平粗实线,其次顺次加深铅垂方向粗实线,最后加深其余粗实线。要求加深后的直线和曲线均应达到整齐、均匀(同类型粗细深浅一致)、黑、光亮。
(2) 加深细线。按上述顺序,用 H 或 HB 铅笔加深所有细实线、点画线和虚线等。
(3) 画箭头、注写尺寸、画代号等。

(四) 完成图样
填写标题栏和其他必要说明,完成图样。

(五) 检查全图
检查全图,如有错误和缺点,及时修正,并作必要的修饰。

二、徒手草图绘图方法

(一) 概述
以目测估计图形与实物的比例,按一定画法要求徒手(或部分使用绘图仪器)绘制的图称为草图。草图常用于以下几种情况。
(1) 设计最初阶段的构思,以形成设计对象的雏形。
(2) 设计方案的初稿。
(3) 设计思想的传递及技术交流。
(4) 零件或实物的测绘。
(5) 需要快速出图的场合等。

熟练掌握绘制草图的方法与技能是工程技术人员必备的基本功。

草图不是潦草的图,除比例外,其余必须遵守国家标准规定,要求做到图线清晰、粗细分明、字体工整、投影正确等。为了便于控制尺寸大小,经常在网格纸上画徒手草图,网格纸不要求固定在图板上,是为了作图方便,可以任意转动或移动。

(二) 草图的绘制
1. 画直线
画直线时,手腕靠着纸面,沿着画线方向,保证图线画得直。眼要注意终点方向,便于控制图纸。

画水平线时由左向右运笔,画垂直线时由上而下运笔,如图 1-40(a)、(b)所示的方向最为顺手,这时图纸可以放斜;斜线一般不好画,故画图时可以转动图纸,使要画的斜线正好处于顺手方向,如图 1-40(c)所示。画短线,常以手腕用笔,画长线则以手臂动作。

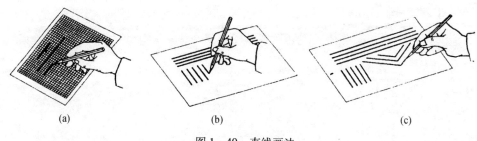

图 1-40 直线画法

2. 圆和曲线画法

画圆时,应先确定圆心的位置,过圆心画对称中心线,在对称中心线上距圆心等于半径处截取四个点,过四个点画圆即可,如图1-41(a)所示。画稍大圆时,可以再加画一对十字线,并同样截取四点,过八点画圆,如图1-41(b)所示。

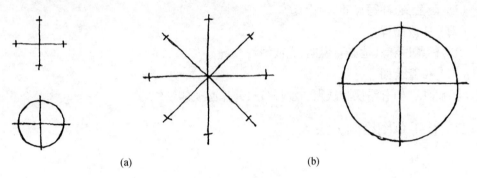

图1-41 圆的画法

对于圆角、椭圆以及圆弧连接,也可尽量利用与正方形、长方形、菱形相切的特点画图,如图1-42所示。

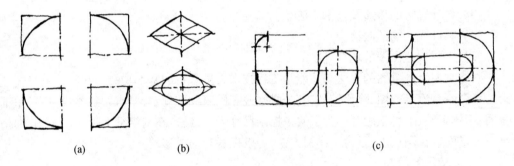

图1-42 圆角、椭圆和圆弧连接的画法
(a) 圆角画法;(b) 椭圆画法;(c) 圆弧连接的画法。

第二章 投影基础

第一节 投影的形成与常用的投影方法

一、投影法的基本概念

在工程上常采用各种投影方法绘制工程图样。如图 2-1 所示,设平面 P 为投影面,在平面 P 外有一点 S 为投射中心,直线 SA、SB、SC 为投射线,△abc 为 △ABC 在投影面 P 的投影,这种利用投射线通过物体向选定的投影面投射,并在该面上得到图形投影的方法称为投影法。

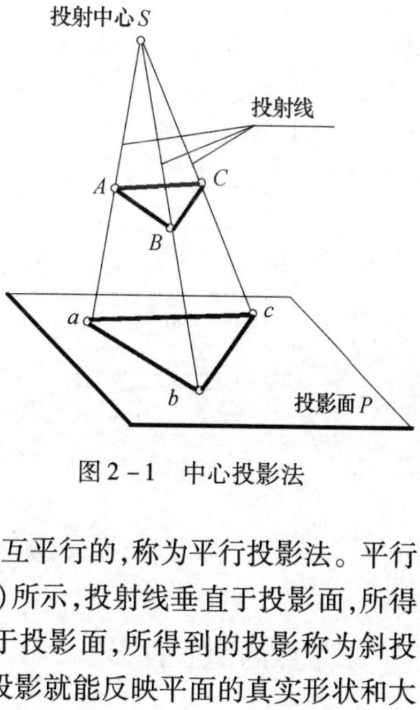

二、常用的投影方法

(一) 中心投影法

在图 2-1 所示的投影法中,所有的投射线都汇交于一点,称为中心投影法。用中心投影法得到的物体的投影与投射中心、空间物体和投影面三者之间的位置有关,投影不能反映物体的真实大小,但是图形富有立体感。因此,中心投影法通常用来绘制建筑物或富有逼真感的立体图,也称为透视图。

图 2-1 中心投影法

(二) 平行投影法

在图 2-2 所示的投影法中,投射线 Aa、Bb、Cc 是相互平行的,称为平行投影法。平行投影法又分为正投影法和斜投影法两种。如图 2-2(a)所示,投射线垂直于投影面,所得到的投影称为正投影;如图 2-2(b)所示,投射线倾斜于投影面,所得到的投影称为斜投影。在平行投影法中,如果平面与投影面平行,得到的投影就能反映平面的真实形状和大小,并且投影与平面和投影面的距离无关。

投影法主要研究的就是空间物体与投影之间的关系。经过投影后,空间物体的哪些几何关系保持不变,哪些几何关系发生了变化,是如何变化的,这是画图和看图的依据。

工程图样通常采用正投影法,它具有以下投影规律:

(1) 真实性。当空间物体(平面或直线)∥投影面时,投影反映空间物体(平面或直线)的实形,如图 2-3(a)所示。

(2) 积聚性。当空间物体(平面或直线)⊥投影面时,投影积聚为直线或点,如图 2-3(b)所示。

(3) 类似性。当空间物体(平面或直线)倾斜于投影面时,投影为类似形,如图 2-3(c)所示。

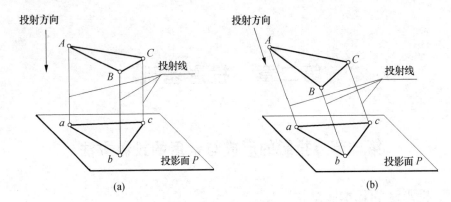

图 2-2　平行投影法
(a)正投影法；(b)斜投影法。

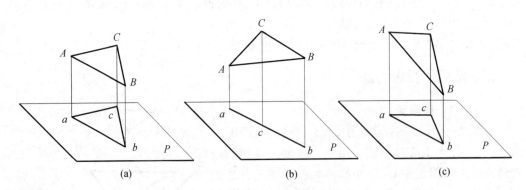

图 2-3　正投影法的投影规律
(a)真实性；(b) 积聚性；(c) 类似性。

第二节　点 的 投 影

一、点的两面投影

(一) 两投影面体系的建立

建立两个相互垂直的投影面 H 和 V，有一空间点 A。采用正投影法，将空间点 A 分别向 H 和 V 面投射，得到点 A 的两个投影 a 和 a′，如图 2-4(a)所示。

在图 2-4(a)中，水平放置的投影面 H 称为水平投影面；垂直放置的投影面 V 称为正立投影面；两投影面的交线称为投影轴，用 OX 表示；空间点 A 在水平投影面 H 上的投影称为水平投影，用相应的小写字母 a 表示；空间点 A 在正立投影面 V 上的投影称为正面投影，用相应的小写字母 a′表示。这里规定：空间的点用大写字母表示，其投影用相应的小写字母表示。

从图 2-4(a)中可知，投射线 Aa 和 Aa′垂直相交，处于同一平面内，所以，根据点的两个投影 a 和 a′就可以唯一地确定该点的空间位置。同时，由于两个投影面 H 和 V 相互垂

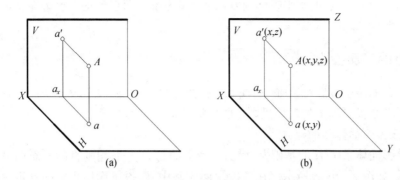

图 2-4 点的两面投影
(a)点的两面投影;(b)根据点的两个投影可以唯一确定该点的空间位置。

直,可以建立笛卡儿坐标系,如图 2-4(b)所示。点 A 的正面投影 a' 反映了点 A 的 x 和 z 坐标,水平投影 a 反映了点 A 的 x 和 y 坐标,也就是说,知道了空间点 A 的两个投影 a'、a,就确定了空间点 A 的三个坐标 x、y、z,即唯一地确定了该点的空间位置。

(二) 点的两面投影图的形成

如图 2-5(a)所示,为了把投影面 H 和投影面 V 及其投影 a、a' 同时绘制在一个平面(图纸)内,国家标准规定:V 面保持不动,将 H 面绕 OX 轴按图示箭头方向旋转 90°,使它与 V 面展开在一个平面上,展开后得到点 A 的两面投影图,如图 2-5(b)所示。由于投影面的边界大小与投影无关,所以通常在投影图上不画投影面的范围,如图 2-5(c)所示。

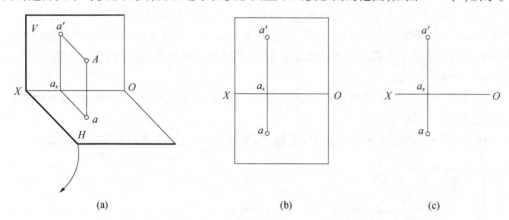

图 2-5 两面投影图的画法和性质
(a)两投影面体系;(b)两面投影图;(c)不画投影面的范围。

(三) 点的两面投影图的性质

(1) 点的正面投影和水平投影的连线 aa' 垂直于对应的投影轴 OX,即 $aa' \perp OX$。从图 2-5(a)可知,因为 $Aa \perp H$,$Aa' \perp V$,所以由 Aa 和 Aa' 决定的平面 Aaa_xa' 同时垂直于 V 面和 H 面,也必垂直于 V 面和 H 面的交线 OX。那么,平面 Aaa_xa' 上的直线 aa_x 和 $a'a_x$ 也必垂直于 OX,即 $aa_x \perp OX$、$a'a_x \perp OX$。当投影面展开后,aa_x 和 $a'a_x$ 与 OX 的垂直关系保持不变。因此,在投影图上的 a、a_x、a' 三点共线,且 $aa' \perp OX$。

(2) 点的正面投影到 OX 轴的距离等于空间点到水平投影面 H 的距离,都反映点的 z

29

坐标,即 $a'a_x = Aa = z$;点的水平投影到 OX 的距离等于空间点到正立投影面 V 的距离,都反映点的 y 坐标,即 $aa_x = Aa' = y$。

二、点的三面投影

已知由点的两个投影可以唯一确定该点的空间位置。但对于较复杂的几何形体,有时需要采用三个投影面上的三个投影才能更清楚地表示其形状。

(一) 三投影面体系的建立

在两投影面体系 V/H 的基础上,增加一个新的与 H、V 面均垂直的投影面 W,建立三投影面体系,如图 2-6(a) 所示。在三投影面体系中,两投影面体系中的规定、投影图的性质仍然适用。与正立投影面 V 和水平投影面 H 同时垂直的新投影面 W 称为侧立投影面;点 A 在 W 面上的投影称为侧面投影,用相应的小写字母 a'' 表示;W 面和 H 面交于 OY 轴,W 面和 V 面交于 OZ 轴。

(二) 点的三面投影图的形成

规定 V 面保持不动,将 H 面、W 面按图 2-6(a) 所示的箭头方向,分别绕 OX 轴、OZ 轴旋转 90°,使它与 V 面展开在同一个平面上,展开后得到点 A 的三面投影图,如图 2-6(b) 所示。在投影图中,OY 轴分为两处,随 H 面转动的称为 OY,随 W 面转动的称为 OY_1。

(三) 点的三面投影图的性质

在点的两面投影的基础上,三面投影增加了以下两个特性:

(1) 点的正面投影和侧面投影的投影连线 $a'a''$ 垂直于 OZ 轴,即 $a'a'' \perp OZ$。

(2) 点的侧面投影到 OZ 轴的距离和点的水平投影到 OX 轴的距离均等于空间点 A 到 V 面的距离,都反映点的 y 坐标,即 $a''a_z = aa_x = Aa' = y$;点的侧面投影到 OY_1 轴的距离和点的正面投影到 OX 轴的距离均等于空间点 A 到 H 面的距离,都反映点的 z 坐标,即 $a''a_{y1} = a'a_x = Aa = z$。

在图 2-6(b) 中,要实现 $a''a_z = aa_x = Aa' = y$ 这个相等关系,也可采用 45°辅助线的作图方法,如图 2-6(c) 所示。

根据三面投影图的特性,已知点的任意两个投影,就可以求出点的第三个投影。

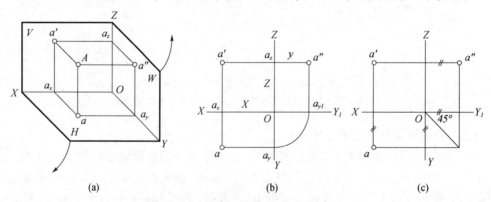

图 2-6 三面投影图的画法和性质
(a)三投影面体系;(b)三面投影图;(c)45°辅助线。

例 2-1 已知点 M 的正面投影 m' 和侧面投影 m''，求水平投影 m（图 2-7(a)）。

解：根据点的投影特性可知，投影连线 $mm' \perp OX$，所以 m 一定在过 m' 与 OX 垂直的直线上；又因为 m 到 OX 轴的距离等于 m'' 到 OZ 轴的距离，由 $m''m_z = mm_x$，即可确定水平投影 m 的位置，如图 2-7(b) 所示。具体作图过程如下：

(1) 过 m' 作 $m'x \perp OX$。

(2) 过 O 点作 45°辅助线。

(3) 过 m'' 作 OY_1 的垂线，与 45°辅助线相交于一点 b。

(4) 过交点 b 作 OX 的平行线与 $m'x$ 线相交，交点即为水平投影 m。

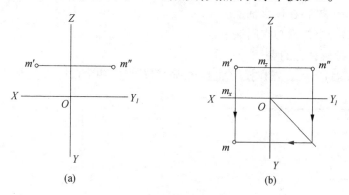

图 2-7 求点的第三投影
(a)已知条件；(b)作图。

例 2-2 已知空间点 A 的坐标 (20, 10, 15)，求作 A 点的三面投影图及立体图（图 2-8）。

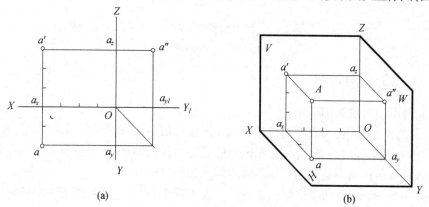

图 2-8 点的三面投影图及立体图
(a)三面投影图；(b)立体图。

解：(1) 先画出投影轴，再由 O 点向左沿 OX 轴量取 $x = 20$，得 a_x。

(2) 过 a_x 作垂直于 OX 的投影连线，在投影连线上由 a_x 向下量取 $y = 10$，得水平投影 a；在投影连线上由 a_x 向上量取 $z = 15$，得正面投影 a'。

(3) 由 a、a' 求出侧面投影 a''，如图 2-8(a) 所示。

(4) 根据点的坐标绘制直观图，如图 2-8(b) 所示。

通过此例，可以更进一步地了解点的投影和坐标之间的关系。利用投影和坐标之间的关系,可以画出已知坐标值的点的投影图,也可由投影量出空间点的坐标值。

三、特殊位置点的投影

空间点除了位于不同的分角内以外,还可以位于投影面上、投影轴上、分角等分面上,把这些点称为特殊位置的点。

(一) 位于投影面上的点

点 A 在前一半 H 面上,点 B 在后一半 H 面上,点 C 在上一半 V 面上,点 D 在下一半 V 面上,如图 2-9(a)所示。它们的投影图具有如下性质:

(1) 点的一个投影在投影轴上。
(2) 点的另一个投影与空间点重合。

(二) 位于投影轴上的点

如图 2-9(a)所示,E 点在投影轴上,很显然,E 点的两个投影重合于 OX 轴。

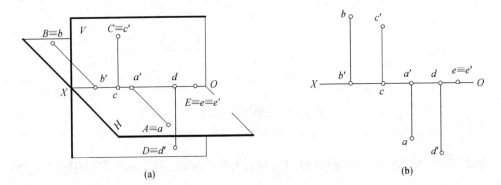

图 2-9 投影面和投影轴上的点
(a)立体图;(b)投影图。

四、两点的相对位置

(一) 两点相对位置的确定

在笛卡儿坐标系中,如果空间任意一点 A 的坐标值(x、y、z)给定,即 A 点的位置已知,其余点位置的确定有两种方法:一是根据点的三个坐标值确定;二是根据各点到已知点 A 的坐标差确定,即根据两点间的坐标差确定两点的相对位置。

如图 2-10 所示,有两个空间点 A、B。在 X 方向上,根据 x 坐标值的大小可判断两点的左右位置,由于 $XB - XA < 0$,所以点 B 在点 A 的右方,其距离等于 $|XB - XA|$;在 Y 方向上,根据 y 坐标值的大小可判断两点的前后位置,由于 $YB - YA < 0$,所以点 B 在点 A 的后方,其距离等于 $|YB - YA|$;在 Z 方向上,根据 z 坐标值的大小可判断两点的上下位置,由于 $ZB - ZA > 0$,所以点 B 在点 A 的上方,其距离等于 $|ZB - ZA|$。

从以上分析可以看出,根据点 B 相对于已知点 A 的坐标差,可以确定 B 点的空间位置;通过点的三面投影图,也可以判断两点间的相对位置。

(二) 重影点

1. 重影点的概念

空间两点的连线垂直于某一投影面(即两点处于垂直于某一投影面的同一条投射线

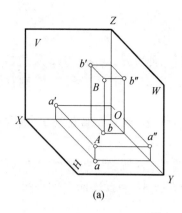 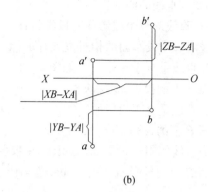

图 2-10 两点间的相对位置
(a)立体图;(b)投影图。

上)时,这两点在该投影面上的投影重合为一点,此两点称为对该投影面的重影点。

如图 2-11(a)所示,点 A、点 B 是对 V 面的重影点;点 C、点 D 是对 H 面的重影点。

两个重影点的三个坐标值中,有两个坐标值相等,一个坐标值不等。例如,A、B 两点的 x、z 坐标相等,y 坐标不等;C、D 两点的 x、y 坐标相等,z 坐标不等。

2. 重影点的可见性判别

沿投射线方向进行观察,看到者为可见,被遮挡者为不可见,即距投影面远的点的投影可见,距投影面近的点的投影不可见。

如图 2-11(b)所示,对 V 面而言,A 点比 B 点远,所以 a' 可见,b' 不可见;对 H 面而言,C 点比 D 远,所以 c 可见,d 不可见。为了区别点是否可见,不可见的点的投影加括号表示。

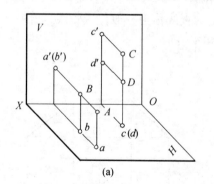 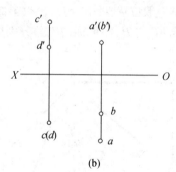

图 2-11 重影点
(a)立体图;(b)投影图。

第三节 直线的投影

一、直线的投影特性

两点确定一直线。因此,直线的投影是由该直线上两点的投影确定的。直线的投影问题仍可归结为点的投影,只要找出直线上两个点的投影,并将两点的同面投影连接起来,即得到该直线的同面投影。

(一)直线对一个投影面的投影特性

直线对一个投影面的相对位置有平行、垂直、倾斜三种情况,如图2-12所示。

(1)直线平行于投影面。如图2-12(a)所示,直线 AB 平行于投影面 P,则直线 AB 在投影面 P 上的投影 ab 反映直线的实长,即 $AB=ab$。

(2)直线垂直于投影面。如图2-12(b)所示,直线 AB 垂直于投影面 P,则直线 AB 在投影面 P 上的投影 ab 积聚为一点。

(3)直线倾斜于投影面。如图2-12(c)所示,直线 AB 倾斜于投影面 P,则直线 AB 在投影面 P 上的投影 ab 小于实长,$ab=AB\cos\alpha$(α 为直线 AB 与投影面 P 的夹角)。

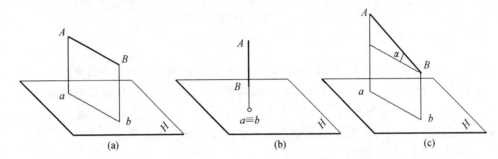

图2-12 直线相对于一个投影面的三种位置
(a)平行;(b)垂直;(c)倾斜。

(二)直线在三投影面体系中的投影特性

在三投影面体系中,直线对投影面的相对位置,可以分为以下三类。

(1)一般位置直线。与三个投影面都倾斜的直线称为一般位置直线,如图2-13所示。直线 AB 与 H、V、W 面的夹角分别用 α、β 和 γ 表示。

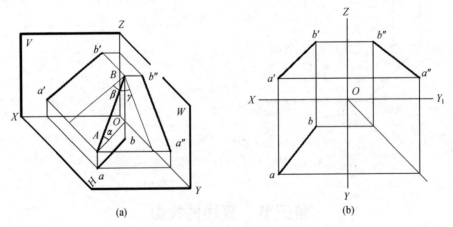

图2-13 一般位置直线的投影
(a)立体图;(b)投影图。

由于直线 AB 与三个投影面都倾斜,所以直线 AB 在各投影面上的投影均小于实长,即 $ab=AB\cos\alpha$、$a'b'=\cos\beta$、$a''b''=\cos\gamma$,且与各投影轴都倾斜。

(2) 投影面平行线。平行于某一投影面而与另外两个投影面倾斜的直线称为投影面平行线。平行于 H 面的直线,称为水平线;平行于 V 面的直线,称为正平线;平行于 W 面的直线,称为侧平线,如表 2-1 所列。

表 2-1 投影面平行线的投影特性

名称	直观图	投影图	投影特性
水平线 ($/\!/H$ 面)			1. $ab = AB$; 2. $a'b'/\!/OX$, 　$a''b''/\!/OY_1$; 3. 反映 β、γ
正平线 ($/\!/V$ 面)			1. $a'b' = AB$; 2. $ab/\!/OX$, 　$a''b''/\!/OZ$; 3. 反映 α、γ
侧平线 ($/\!/W$ 面)			1. $a''b'' = AB$; 2. $ab/\!/OY_1$, 　$a'b'/\!/OZ$; 3. 反映 α、β

(3) 投影面垂直线。垂直于某一投影面而与另外两个投影面平行的直线称为投影面垂直线。垂直于 H 面的直线,称为铅垂线;垂直于 V 面的直线,称为正垂线;垂直于 W 面的直线,称为侧垂线,如表 2-2 所列。

表 2-2 投影面垂直线的投影特性

名称	直观图	投影图	投影特性
铅垂线 ($\perp H$ 面)			1. ab 积聚为一点; 2. $a'b' \perp OX$, 　$a''b'' \perp OY_1$, 　$a'b' = a''b'' = AB$

(续)

名称	直观图	投影图	投影特性
正垂线 （⊥V面）			1. $a'b'$ 积聚为一点； 2. $ab \perp OX$， $a''b'' \perp OZ$， $ab = a''b'' = AB$
侧垂线 （⊥W面）			1. $a''b''$ 积聚为一点； 2. $ab \perp OY$， $a'b' \perp OZ$， $ab = a'b' = AB$

二、一般位置线段的实长及其与投影面的夹角

一般位置直线的投影无法反映直线的实长，也不反映它对投影面的倾角。但是，一般位置直线的两个投影已经唯一地确定了它的空间位置。因此，可在投影图上用图解法求出该线段的实长和与投影面的夹角。下面介绍工程上求解一般位置线段的实长和与投影面夹角常用的方法——直角三角形法。

（一）求线段实长及对H面的夹角α

图2-14(a)所示为空间一般位置线段AB的直观图，下面分析线段、夹角和投影之间的关系，以寻找求线段实长的图解方法。在平面AabB中，过A点作AC平行于ab，△ABC为直角三角形。在△ABC中，斜边AB是空间线段的实长；两直角边的长度均可在投影图上直接量得，直角边AC的长度等于水平投影ab，直角边BC的长度等于直线两端点A、B到水平投影面H的距离差，即$BC = |ZB - ZA|$，其长度等于正面投影$b'c'$；∠BAC为直线AB和水平投影面H的夹角α。已知直角三角形的两个直角边，即可作出直角三角形，如图2-14(b)所示。具体的作图步骤如下：

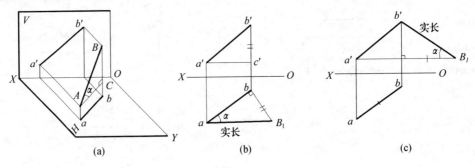

图2-14 求线段实长及α角
(a)立体图；(b)作图；(c)作图。

(1) 以水平投影 ab 为一条直角边。
(2) 以 AB 两端点到水平投影面 H 的距离差 |ZB - ZA| 作另一直角边,使 $bB_1 = b'c'$。
(3) 连接 aB_1,作出直角三角形。

在直角三角形 abB_1 中,斜边 aB_1 即为直线 AB 的实长,$\angle baB_1$ 为直线 AB 对水平投影面 H 的夹角 α。直角三角形也可作在图 2 - 14(c) 所示的位置。

(二) 求线段实长及对 V 面的夹角 β

用同样的原理和作图方法,也可求出直线对 V 面的夹角 β,如图 2 - 15 所示。

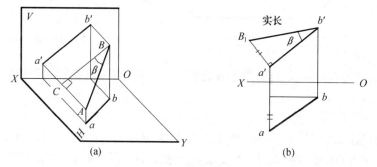

图 2 - 15 求线段实长及 β 角
(a)立体图;(b)作图。

直角三角形法求线段实长和夹角的作图步骤如下:
(1) 以线段的某一投影(如水平投影)的长度为一直角边。
(2) 以线段的两端点相对于该投影面(如水平投影面)的距离差(即对该投影面的坐标差)为另一直角边,该距离差可由直线的另一投影图上量得。
(3) 所作直角三角形的斜边即为线段的实长。
(4) 斜边与该投影(如水平投影)的夹角即为直线与该投影面(水平投影面)的夹角(如 α 角)。

三、属于直线的点

(一) 直线上的点

直线上点的各投影,必在直线的同面投影上。如图 2 - 16 所示,直线 AB 上有一点 C,点 C 的水平投影 c 在直线 AB 的水平投影 ab 上;点 C 的正面投影 c' 在直线 AB 的正面投影 a'b' 上。反之,如果一个点的各个投影分别在某一直线的同面投影上,则该点一定是直线上的点。

(二) 直线上的点分线段成定比

属于直线的点,分线段之比等于其投影之比。如图 2 - 16 所示,已知 C 点属于直线 AB,则 $AC:CB = a'c':c'b' = ac:cb$。

例 2 - 3 已知直线 AB 上有一点 C,点 C 分直线 AB 成 1:2,即 $AC:CB = 1:2$,试作出 C 点的投影(图 2 - 17)。

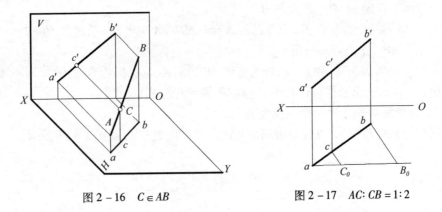

图 2 - 16　$C \in AB$　　　　　图 2 - 17　$AC:CB = 1:2$

解:直线上的点分线段之比,等于其投影之比,所以可以直接利用正投影的定比性作图。具体作图步骤如下:

(1) 过 a 作任意一直线 aB_0。

(2) 把直线 aB_0 三等分,再过 aB_0 上的点 C_0 作 bB_0 的平行线,与直线 ab 交于点 c。

(3) 过 c' 作 OX 轴的垂线与 $a'b'$ 交于 c',c' 和 c 即为所求点 C 的两面投影。

例 2 - 4　已知直线 AB 和点 C 的投影,试判断点 C 是否属于直线 AB(图 2 - 18)。

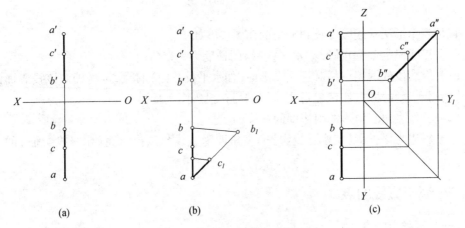

图 2 - 18　点 C 不属于直线 AB
(a)题目;(b)作图;(c)作图。

分析:点 C 的两个投影分别在直线 AB 的同面投影上,但直线 AB 是侧平线,它的正面投影 $a'b'$、水平投影 ab 都垂直于 OX 轴,无法直接确定 C 是否属于直线 AB。

解法一:用定比性判断。若点 $C \in AB$,则 $a'c':c'b' = ac:cb$,如图 2 - 18(b)所示,作图步骤如下。

(1) 过水平投影 a 点作一条辅助线 ab_1,使 $ab_1 = a'b'$,在 ab_1 上找一点 c_1,使 $ac_1 = a'c'$;

(2) 连接 bb_1,过 c_1 作 bb_1 的平行线与 ab 相交,交点与点 C 的水平投影 c 不重合。所以,$a'c':c'b' \neq ac:cb$,点 C 不属于直线 AB。

解法二:用正投影的从属性判断。若点 $C \in AB$,则点 C 的各投影应分别在直线 AB 的同面投影上,如图 2-18(c)所示,虽然 $c \in ab$,$c' \in a'b'$,但是 $c'' \notin a''b''$。所以,点 C 不属于 AB。

四、两直线的相对位置

空间两直线的相对位置有三种情况:平行、相交和交叉(既不平行也不相交)。

(一) 平行两直线

空间平行的两直线,它们的同面投影必相互平行。如图 2-19 所示,若 $AB /\!/ CD$,则 $ab /\!/ cd$,$a'b' /\!/ c'd'$。

反之,若两直线的同面投影相互平行,则此两直线在空间一定相互平行。

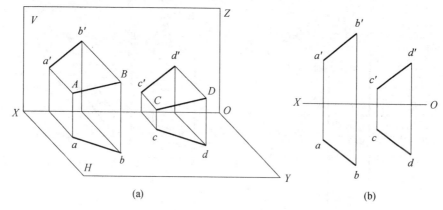

图 2-19 平行两直线

(a)立体图;(b)投影图。

证明:已知 $ab /\!/ cd$,$a'b' /\!/ c'd'$,且投射线 $Aa /\!/ Cc$,$Aa' /\!/ Cc'$,则平面 $AabB /\!/ CcdD$,平面 $Aa'b'B /\!/ Cc'd'D$,所以,两对平行平面的交线必相互平行,即 $AB /\!/ CD$。

当两直线同时平行于某一投影面时,则需检查第三个同面投影。例如在图 2-20 中,AB、CD 是两条侧平线,它们的正面投影和水平投影均相互平行,即 $ab /\!/ cd$、$a'b' /\!/ c'd'$,但侧面投影并不平行,所以,空间两直线 AB、CD 不平行。

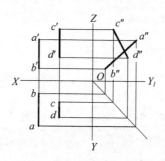

图 2-20 两直线不平行

例 2-5 在图 2-21(a)、图 2-21(c)中,已知侧平线 AB、CD 的两个投影:$ab /\!/ cd$、$a'b' /\!/ c'd'$,且 $ab:cd = a'b':c'd'$,试判断两直线 AB、CD 是否平行。

解:作出侧面投影,如图 2-21(b)、图 2-21(d)所示,可知图 2-21(a)中的两侧平线 AB、CD 是相互不平行的,图 2-21(c)中的两侧平线 AB、CD 是平行的。

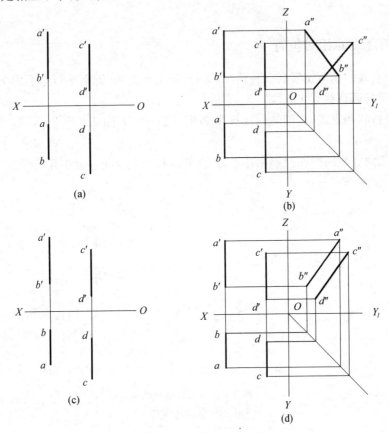

图 2-21 判断两直线是否平行
(a)题目;(b)作图;(c)题目;(d)作图。

（二）相交两直线

空间相交两直线的同面投影均相交,且交点属于两直线。如图 2-22(a)所示,两直线 AB、CD 交于点 K,点 K 是两直线的共有点,所以 ab 与 cd 交于点 k,a'b' 与 c'd' 交于点 k',kk' 连线必垂直于投影轴 OX,如图 2-22(b)所示。

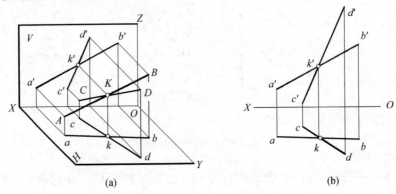

图 2-22 AB、CD 交于点 K
(a)立体图;(b)投影图。

反之,若两直线的同面投影相交,且交点同属于两直线,则该两直线相交。

如图 2-22 所示,根据点分线段之比等于其投影之比,由 $ak:kb = a'k':k'b'$ 可知,点 K 属于直线 AB;又由 $ck:kd = c'k':k'd'$ 可知,点 K 属于直线 CD。由于点 K 同属于直线 AB、CD,因此两直线 AB 和 CD 相交。

在图 2-23(a) 中,两直线 AB 和 CD 不相交。从投影图上可看出,$cm:md \neq c'm':m'd'$,因此点 M 不属于直线 CD,即可判断出直线 AB 和 CD 不相交。也可从其侧面投影判断两直线不相交,如图 2-23(b) 所示。

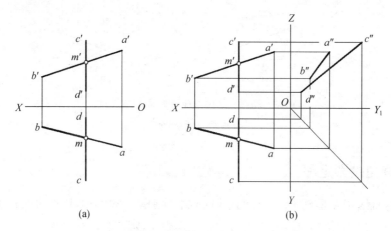

图 2-23 AB 与 CD 不相交
(a) 投影图(一);(b) 投影图(二)。

(三) 交叉两直线

空间中既不平行也不相交的两直线,称为交叉两直线。它们的投影既不符合平行两直线的投影特性,也不符合相交两直线的投影特性。交叉两直线的同面投影可能表现为互相平行,但不可能所有同面投影都平行,如图 2-24(a) 所示;它们的同面投影也可能表现为相交,但交点的连线不垂直于投影轴,如图 2-24(b) 所示,这时的交点是交叉两直线上相对于投影面的一对重影点,可利用它来判断空间两直线的相对位置。

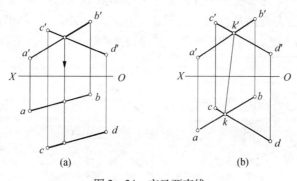

图 2-24 交叉两直线

例 2-6 试判断交叉两直线 AB 和 CD 的水平投影上重影点的可见性(图 2-25)。

解:从投影图可看出,两直线的水平投影 ab 和 cd 的交点 $e(f)$ 是两交叉直线对 H 面的

一对重影点 E、F 在 H 面上的投影。点 E 属于直线 AB，点 F 属于直线 CD。从点 $e(f)$ 处作投影连线垂直于 OX 轴，得到正面投影 $e'f'$。可以看出，点 E 在点 F 的上方，所以，在水平投影面上，E 点遮住了 F 点，F 点的水平投影不可见，加括号表示，如图 2-25(b) 所示。

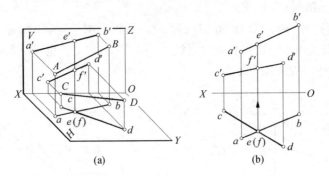

图 2-25　交叉两直线对 H 面的重影点
(a)立体图；(b)投影图。

五、直角投影定理

空间两直线相互垂直时，如果两直线同时平行于某一投影面，则两直线在该投影面上的投影仍为直角；如果两直线都不平行于某一投影面，则两直线在该投影面上的投影不是直角；若其中一条直线平行于某一投影面，则两直线在该投影面上的投影仍是直角，称为直角投影定理。

（一）垂直相交两直线的投影

直角投影定理Ⅰ：空间垂直相交的两直线，若其中一条直线是某投影面的平行线，则两直线在该投影面上的投影仍反映直角。

如图 2-26(a) 所示，已知相交直线 $AB \perp AC$，且 $AB /\!/ H$ 面，AC 不平行于 H 面。因为 $AB \perp Aa$，$AB \perp AC$，所以直线 $AB \perp$ 平面 $AacC$，又因为 $ab\,/\!/ AB$，则 $ab \perp$ 平面 $AacC$，因此，$ab \perp ac$，即 $\angle bac = 90°$。作出投影图，如图 2-26(b) 所示。

反之，如果两相交直线在某一投影面上的投影成直角，且有一条直线平行于该投影面，则空间两直线的夹角必是直角。在图 2-26(c) 中，$\angle d'e'f' = 90°$，且 $de /\!/ OX$，即 DE 为正平线。空间两直线 DE 和 EF 垂直相交，即 $\angle DEF = 90°$。

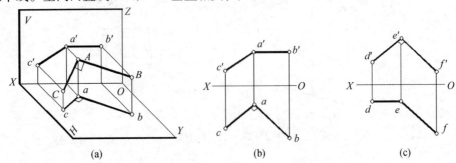

图 2-26　直角投影定理
(a)立体图；(b)投影图；(c)$DE \perp EF$。

例2-7 求点 A 到正平线 CD 的距离(图2-27)。

解:过点 A 作直线 AB 与 CD 垂直相交, B 是垂足。点 A 到直线 CD 的距离等于 A 与垂足 B 之间的距离。CD 为正平线,根据直角投影定理,过 a' 作 $a'b' \perp c'd'$,再求出 B 点的水平投影 b。然后,用直角三角形法求出线段 AB 的实长,即为点 A 到 CD 的距离,如图2-27所示。

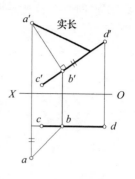

图2-27 求点 A 到正平线 CD 的距离

(二)交叉垂直两直线的投影

直角投影定理Ⅱ:空间垂直交叉的两直线,若其中一条直线是某投影面的平行线,则两直线在该投影面上的投影仍反映直角。

在图2-28(a)中,已知交叉两直线 $AB \perp MN$,且 $AB // H$ 面,MN 不平行于 H 面。过直线 AB 上任意一点 A 作直线 $AC // MN$,则 $AC \perp AB$。由直角投影定理可知,$ab \perp ac$。又因 $AC // MN$,其投影 $ac // mn$,所以 $ab \perp mn$,如图2-28(b)所示。

反之,如果交叉两直线在某一投影面上的投影成直角,且有一条直线平行于该投影面,则空间两直线的夹角必是直角。

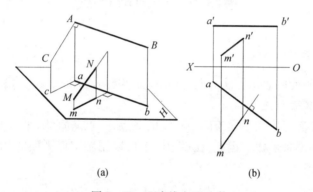

图2-28 两直线交叉垂直
(a)立体图;(b)投影图。

例2-8 已知正方形 $ABCD$ 的顶点 A 的正面投影 a' 和顶点 B 的两面投影 b、b',一条边 BC 在已知的水平线 BM 上,完成正方形 $ABCD$ 的投影(图2-29)。

解:正方形具有边长相等、对边平行、相邻两边垂直的性质。本例就是要利用这些性质,在投影图中求出正方形各顶点的投影。用直角三角形法可求出边长,对边的平行关系在投影图中可以直接反映出来,相邻两边的垂直关系可通过直角投影定理实现。具体作图过程如下:

(1) 求点 A 的水平投影 a。已知 $AB \perp BM$,BM 为水平线,根据直角投影定理,过 B 点的水平投影 b 作 $ab \perp bm$;过 a' 作 OX 轴的垂线与 ab 交于点 a,即得点 A 的水平投影 a。

(2) 运用直角三角形法求正方形的边 AB 的实长。

(3) 求点 C 的投影。已知 $AB = BC$,BC 在水平线 BM 上,可在 bm 上直接取 $bc = AB$,得到点 C 的水平投影 c,再根据点的投影规律求出 c'。

(4) 求点 D 的投影。根据平行两直线投影特性,分别过 a'、c'作 $a'd' \parallel b'c'$、$c'd' \parallel a'b'$,交点即为点 D 的正面投影 d',同样可以求出点 D 的水平投影 d。

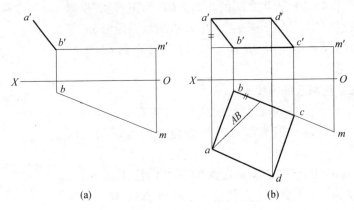

图 2-29 求正方形的投影
(a)已知;(b)作图。

第四节 平面的投影

一、平面的表示方法

在投影图中,平面的表示方法有两种:几何元素表示法和迹线表示法。

(一)几何元素表示法

空间的一个平面可以用不属于同一直线的三点、一点一直线、平行两直线、相交两直线或任何一平面图形来确定。因此,在投影图上可以用确定该平面的几何元素的投影来表示,如图 2-30 所示。

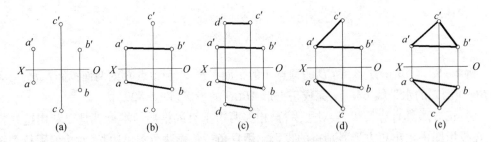

图 2-30 用几何元素表示平面
(a)不在同一直线上的三点;(b)直线和直线外一点;(c)平行两直线;(d)相交两直线;(e)平面图形。

(二)迹线表示法

空间平面与投影面的交线称为平面的迹线。图 2-31(a)所示铅垂面 P 与 H 面的交线,称为水平迹线,用 P_H 表示;铅垂面 P 与 V 面的交线,称为正面迹线,用 P_V 表示;图 2-31(c)所示水平面 Q 与 V 面的交线,称为正面迹线,用 Q_V 表示。用迹线表示铅垂面、水平面如图 2-31(b)、(d)所示。

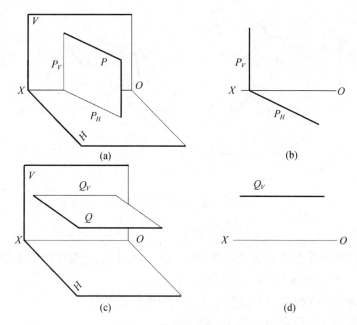

图 2-31 用迹线表示平面
(a)铅垂面；(b)用迹线表示铅垂面；(c)水平面；(d)用迹线表示水平面。

二、平面的投影特性

平面按其与投影面的相对位置，可以分为平行、垂直和倾斜三类，如图 2-32 所示。前两类称为特殊位置的平面，第三类称为一般位置的平面。

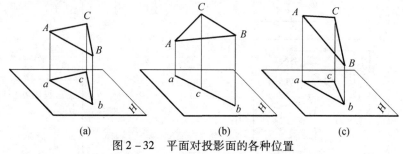

图 2-32 平面对投影面的各种位置
(a)投影面平行面；(b)投影面垂直面；(c)一般位置平面。

1. 一般位置平面

与三个投影面都倾斜的平面称为一般位置平面，如图 2-33 所示。一般位置平面的三个投影均为类似形。

2. 投影面垂直面

与一个投影面垂直、与另两个投影面倾斜的平面称为投影面垂直面。与 H 面垂直的平面，称为铅垂面；与 V 面垂直的平面，称为正垂面；与 W 面垂直的平面称为侧垂面。现以表 2-3 中铅垂面为例，分析其投影特性。

由 $\triangle ABC$ 给定一铅垂面。根据铅垂面的定义，它的投影图具有以下性质：

45

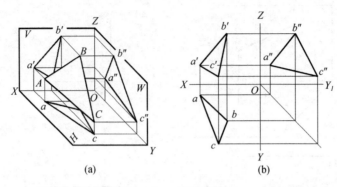

图 2-33 一般位置平面
(a)直观图;(b)投影图。

(1) 铅垂面的水平投影积聚为一条直线,它与 OX 轴的夹角反映该平面与 V 面的夹角,与 OY 轴的夹角反映该平面与 W 面的夹角。
(2) 铅垂面的正面投影和侧面投影为空间图形的类似形。
(3) 铅垂面的水平投影和它的水平迹线重合。

表 2-3 投影面垂直面的投影特性

名称	直观图	投影图	投影特性
铅垂面 (⊥H面)			水平投影有积聚性,反映 β、γ 角
正垂面 (⊥V面)			正面投影有积聚性,反映 α、γ 角
侧垂面 (⊥W面)			侧面投影有积聚性,反映 α、β 角

3. 投影面平行面

平行于一个投影面且同时垂直于另两个投影面的平面,称为投影面的平行面。平行

于 H 面的平面,称为水平面;平行于 V 面的平面,称为正平面;平行于 W 面的平面,称为侧平面。现以表 2-4 中的正平面为例,分析其投影特性。由于三角形构成的平面为正平面。因此,根据正平面的定义,它的投影具有如下性质:

（1）正平面的正面投影反映其实形。

（2）正平面的水平投影和侧面投影分别积聚为一直线,投影具有积聚性,且分别平行于 OX 轴和 OZ 轴。

（3）正平面的水平投影和侧面投影分别与它的水平迹线和侧面迹线重合。

表 2-4　投影面平行面的投影特性

名称	直观图	投影图	投影特性
水平面 （//H 面）			水平投影反映实形,正面投影和侧面投影有积聚性,且分别平行于 OX、OY_1 轴
正平面 （//V 面）			正面投影反映实形,水平投影和侧面投影有积聚性,且分别平行于 OX、OZ 轴
侧平面 （//W 面）			侧面投影反映实形,正面投影和水平投影有积聚性,且分别平行于 OZ、OY_1 轴

三、属于平面的点和直线

（一）在平面上取点和直线

1. 取属于平面的点

点在平面上,则该点一定在这个平面内的一条直线上。因此,只要在平面内任意一条直线上取点,那么所取的点一定在该平面上。图 2-34 所示即为在平面 Q 上取点 M 和 N。

2. 取属于平面的直线

直线在平面上,则该直线一定通过这个平面上的两个点,或通过平面上一点且平行于平面上一直线。因此,只要所作直线通过平面上的两个已知点或过一已知点且平行于平面上一已知直线,则该直线一定在该平面上。图 2-35 所示即为在平面 Q 上取直线 PT。

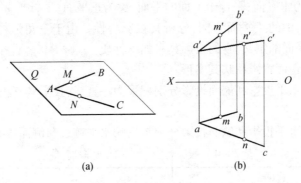

图 2-34 平面上取点
(a)直观图;(b)投影图。

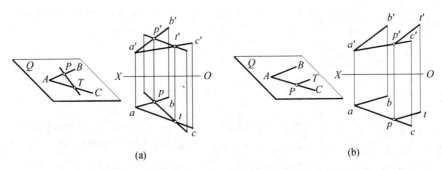

图 2-35 平面上取直线
(a)在平面上取两点;(b)在平面上取一点且平行于平面上一已知直线。

例 2-9 已知两平行直线 AB、CD 确定一平面,试判断点 G 是否属于该平面(图 2-36)。

解:若点 G 在该平面上,则点 G 一定在平面的一直线上。作属于定平面的辅助线 MN（mn、m'n'),先使辅助线 MN 的正面投影 m'n'经过点 G 的正面投影 g';再看点 G 的水平投影 g 是否也在辅助线 MN 的水平投影 mn 上。因为 g 不在 mn 上,所以点 G 不在辅助线 MN 上,即不属于定平面。

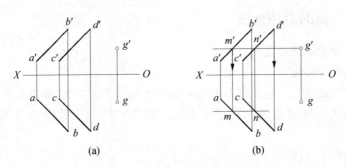

图 2-36 判断点是否属于平面
(a)已知;(b)作图。

当平面是特殊位置的平面时,属于特殊位置平面的点和直线,它们至少有一个投影与平面的积聚性投影重合。如图 2-37 所示,正垂面由迹线 P_V 给定。取属于该平面的点 A、B,先在 P_V 上取点的正面投影 a'、b',再在投影连线上任取水平投影 a、b。如图 2-38 所示,正平面由迹线 Q_H 给定。取属于该平面的直线 CD,先在迹线 Q_H 上取直线的水平投影 cd,再任取直线的正面投影 $c'd'$。

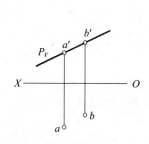
图 2-37 取属于正垂面的点

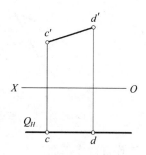
图 2-38 取属于正平面的直线

3. 取属于平面的投影面平行线

属于平面的投影面平行线,既具有投影面平行线的投影特性,又具有平面上直线的投影特性。

属于一般位置平面的投影面平行线的方向是一定的。如图 2-39(a) 所示,属于平面 P 的水平线均相互平行,且平行于平面的水平迹线 P_H;属于平面 P 的正平线均相互平行,它们平行于正面迹线 P_V。

如图 2-39(b) 所示,在平面 ABC 上作一水平线 AE。AE 是水平线,其正面投影平行于 OX 轴;又因为 AE 在平面上,所以 E 点也属于平面。作图时,先作正面投影 $a'e'$,再作出水平投影 ae。同样,可在平面上作正平线 CD。

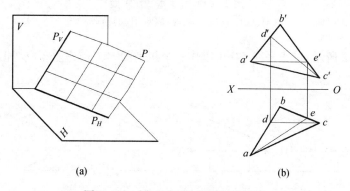

图 2-39 属于平面的投影面平行线
(a)立体图;(b)投影图。

（二）过已知直线作平面

1. 过一般位置直线作平面

过已知直线作平面,可以作无数个平面。如图 2-40(b) 所示,过直线 AB 作一般位置的平面 ABC,因为 C 点是任意的,所以可作无数个平面;图 2-40(c) 是过直线 AB 作正垂面;图2-40(d)是过直线AB作铅垂面。

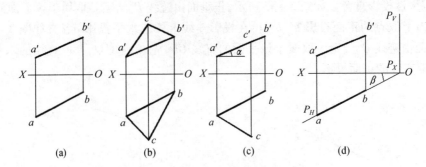

图2-40 过一般位置直线作平面
(a)已知;(b)一般位置平面;(c)正垂面;(d)铅垂面。

2. 过特殊位置直线作平面

如图2-41所示,过铅垂线AB可以作一个正平面P、一个侧平面Q和无数个铅垂面。

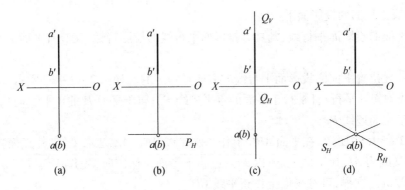

图2-41 过铅垂线作平面
(a)已知;(b)正平面;(c)侧平面;(d)铅垂面。

如图2-42所示,过正平线CD可以作一个正平面P、一个正垂面Q和无数个一般位置平面。

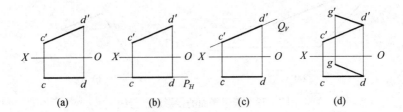

图2-42 过正平线作平面
(a)已知;(b)正平面;(c)正垂面;(d)一般位置平面。

(三)平面的最大斜度线

(1)最大斜度线的定义。属于平面并与该平面的投影面平行线垂直的直线,称为该平面的最大斜度线。平面内垂直于水平线的直线,称为该平面对水平投影面的最大斜度线;平面内垂直于正平线的直线,称为该平面对正立投影面的最大斜度线;平面内垂直于侧平线的直线,称为该平面对侧立投影面的最大斜度线。

如图 2-43 所示,属于平面 P 的直线 AE 与直线 CD 垂直,且直线 CD 是水平线,则直线 AE 即是平面 P 对 H 面的最大斜度线。可以证明,平面 P 对 H 面的所有最大斜度线都相互平行。

(2) 作平面的最大斜度线。$\triangle ABC$ 给定一定平面,作该平面对 H 面的最大斜度线。如图 2-44 所示,先在平面 ABC 上作一条水平线 CD,再根据直角投影定理,在平面上任作 CD 的垂线 AE,AE 即为平面 ABC 对 H 面的最大斜度线。

(3) 最大斜度线与投影面的夹角最大。如图 2-43 所示,最大斜度线 AE 对 H 面的角度为 α,水平线 CD 对 H 面的角度为 $0°$。可以证明,属于平面 P 的其他位置的直线(如 AS)对 H 面的角度(φ)均小于 α,所以,最大斜度线与投影面的夹角最大。

(4) 平面与投影面的夹角。最大斜度线的几何意义是可以用它来测定平面与投影面的夹角。在图 2-43 中,平面 P 与 H 面所形成的两面角 α,即为最大斜度线 AE 与 H 面的夹角。

在图 2-44 中,$\triangle ABC$ 给定的平面对 H 面的夹角为 α,先任作一属于平面的对 H 面的最大斜度线 AE,再用直角三角形法求出直线 AE 对 H 面的夹角 α(即平面对 H 面的夹角 α)。同样,可求出平面对 V 面的夹角 β。

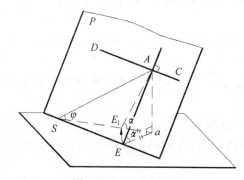

图 2-43 最大斜度线

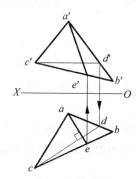

图 2-44 对水平投影面的最大斜度线

例 2-10 试过正平线 AB 作一与 V 面的夹角为 45°的平面(图 2-45)。

解:因为平面上对 V 面的最大斜度线与 V 面的夹角反映该平面与 V 面的夹角,且定平面上对 V 面的最大斜度线相互平行,所以只要作出一条与已知直线 AB 垂直相交,并与 V 面的夹角为 45°的最大斜度线,则直线 AB 与所作的最大斜度线确定的平面即为所求。作图步骤如下:

① 在直线 AB 上取一点 $C(c,c')$,根据直角投影定理,过点 C 的正面投影 c' 作 $c'd' \perp a'b'$;

② 用直角三角形法,过 d' 作夹角为 45°的辅助线与 $a'b'$ 交于点 $1'$,$1'c'$ 即为直线 CD 的 Y 坐标差,由此可求出 D 点的水平投影 d。直线 AB 与 CD 所确定的平面即为所求。

(5) 最大斜度线给定,则平面唯一确定。

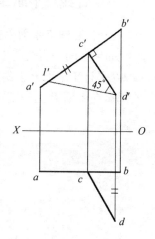

图 2-45 作与 V 面夹角为 45°的平面

例 2-11 已知直线 MN 为某平面对 W 面的最大斜度线,试作出该平面(图 2-46)。

解:因为直线 MN 是平面对 W 面的最大斜度线,所以,属于平面的侧平线与 MN 垂直。过直线 MN 上任意一点 C,作一侧平线 $DE \perp MN$,则两相交直线 MN 与 DE 确定的平面即为所求。

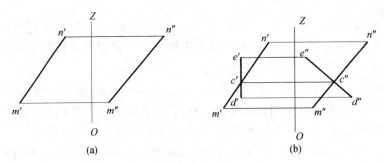

图 2-46 作出最大斜度线所确定的平面
(a)已知;(b)作图。

第五节 直线与平面、平面与平面之间的相对位置

在空间,直线与平面、平面与平面之间的相对位置有平行、垂直和相交三种情况,其中垂直是相交的特例。本节将重点讨论下述三个问题:

(1) 如何在投影图上绘制平面的平行线或平行面,并判断直线与平面及两平面是否平行。

(2) 如何在投影图上求出直线与平面的交点和平面与平面之间的交线。

(3) 如何在投影图上绘制平面的法线或垂直面,并判断直线与平面或两平面是否垂直。

一、直线与平面、两平面平行

(一) 直线与平面平行

如果空间一直线与平面上任一直线平行,则直线平行于该平面。如图 2-47 所示,直线 AB 平行于平面 P 上的直线 CD,则直线 AB 与平面 P 平行;反之,若直线 AB 平行于平面 P,那么在平面 P 上一定可以找到与 AB 平行的直线 CD。

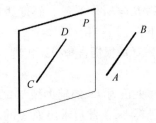

图 2-47 直线与平面平行的几何条件

若平面投影中有一个具有积聚性,则判断直线与平面是否平行只需看该平面的积聚性投影与直线的同面投影是否平行。如图 2-48 所示,平面 P 是铅垂面,水平投影具有积聚性,由于 PH 平行于 AB 的同面投影 ab,所以直线 AB 平行于平面 P。

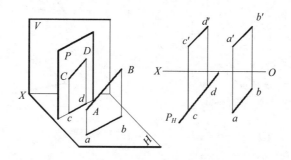

图 2-48 判断直线与平面是否平行

例 2-12 过已知点 M 作一正平线平行于已知平面 ABC(图 2-49)。

解:(1)在平面 ABC 上作一正平辅助线 CD。
(2)过 M 点作直线 EF 平行于 CD,则 EF 一定是正平线,且平行于已知平面 ABC。

(二)平面与平面平行

如果一平面上的两条相交直线分别与另一平面上的两相交直线平行,则此两平面平行。如图 2-50 所示,平面 P 上有两相交直线 AB、AC,平面 Q 上有两相交直线 DE、DF,若 AB∥DE,AC∥DF,则平面 P 与 Q 平行。

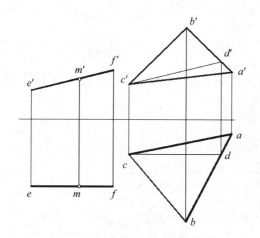

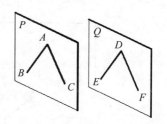

图 2-49 作直线平行于已知平面　　图 2-50 两平面平行的几何条件

例 2-13 已知平面由两平行直线 AB、CD 确定,试过点 K 作一平面与已知平面平行(图 2-51)。

解:根据两平面平行的几何条件,只要过 K 点作两相交直线,使其分别与属于已知平面的两相交直线平行,则所作的两相交直线确定的平面与已知平面平行。

过 K 点作两相交直线 KM、KN,使 KM∥AB,KN∥AC,KM 与 KN 确定的平面即为所求。

若空间两平行平面同时垂直于某一投影面,则两平行平面在该投影面上有积聚性的

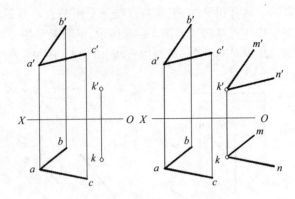

图 2-51 作平面与已知平面平行

投影亦相互平行。如图 2-52 所示,平面 ABC 与平面 KLMN 平行,且两平面同时垂直于 H 面,那么它们在 H 面上的积聚性投影相互平行。

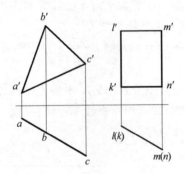

图 2-52 两特殊位置平面平行

若两平行平面与第三平面相交,则它们的交线也相互平行。因此,当两平行平面用迹线表示时,它们的同面迹线互相平行,如图 2-53 所示。

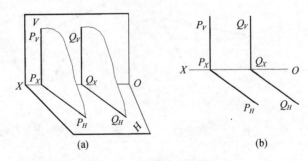

图 2-53 两迹线平面相互平行
(a)立体图;(b)投影图。

二、直线与平面相交、两平面相交

直线与平面相交只有一个交点,它既在直线上,也在平面上,是直线和平面的共有点。

相交两平面的交线是一直线,该交线为两平面的共有线,交线上的每个点都是两平面的共有点。要确定交线的位置,只要求出两个共有点或一个共有点以及交线的方向即可。

(一) 直线与特殊位置平面相交

利用特殊位置平面的投影具有积聚性的特点,可在投影图上直接求出交点。

例 2-14 求直线 MN 与铅垂面 ABC 的交点(图 2-54)。

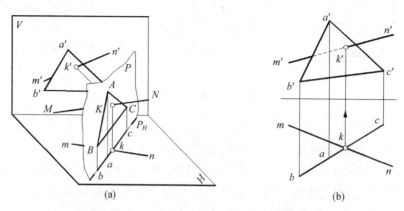

图 2-54 一般位置直线与铅垂面的交点的求法
(a)立体图;(b)作图。

解:如图 2-54(a)所示,设直线 MN 与铅垂面 ABC 交于点 K。△ABC 的水平投影 abc 积聚为一直线,K 点既属于平面 ABC,它的水平投影 k 一定属于△ABC 的水平投影;K 点又属于直线 MN,它的水平投影也属于直线 MN 的水平投影。所以,直线的水平投影 mn 与平面的水平投影 abc 的交点即是 K 点的水平投影 k,然后再求出交点 K 的正面投影 k'。具体作图过程如下:

(1) 在水平投影上,mn 与 abc 的交点即为 k。
(2) 在 m'n'上求出 k',则 K(k,k') 为所求。
(3) 判断可见性。假设平面是不透明的,直线被平面遮住的部分不可见。从水平投影可以看出,线段 nk 在平面之前,线段 mk 在平面之后。因此,NK 的正面投影 n'k' 可见,画成实线;KM 的正面投影 k'm' 被△ABC 的正面投影 a'b'c'遮住的部分不可见,画成虚线,如图 2-54(b)所示。

(二) 一般位置平面与特殊位置平面相交

求两平面的交线问题,实际上就是求交线上两个共有点。当相交两平面之一为特殊位置平面时,可利用该平面的积聚性投影求得交线。

如图 2-55 所示,求两平面△ABC 和△DEF 的交线。根据图 2-55(a)分析,只要求出交线上的两个点(例如 M 和 N 点)即可。M、N 是 AC、CB 两边与△DEF 的交点,其求法在前面已学习过,作图过程如图 2-55(b)所示,M、N 的连线即为两平面的交线;可见性判断如图 2-55(c)所示。

(三) 直线与一般位置平面相交

当直线与一般位置平面相交时,由于一般位置平面的投影没有积聚性,所以在投影图上无法直接求出交点。求直线与一般位置平面的交点采用辅助平面法。

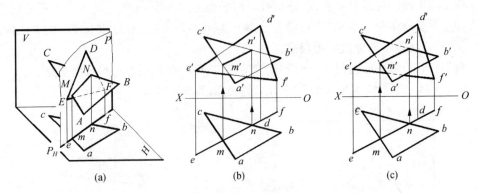

图 2-55　一般位置平面与特殊位置平面的交线
(a)立体图；(b)作图；(c)判断可见性。

例 2-15　求直线 AB 和平面 CDE 的交点(图 2-56)。

解：如图 2-56(a)所示，假设点 K 是直线 AB 和平面 CDE 的交点，过直线 AB 作一辅助平面 R，求出平面 R 与平面 CDE 的交线 MN，交线 MN 与直线 AB 的交点即为 K 点。线面相交问题就转化为了两平面相交问题，为了简化作图过程，辅助平面 R 应为特殊位置的平面，如 R 为铅垂面，这样，就可以利用前面学习过的求一般位置平面与特殊位置平面交线的方法求解。具体作图过程如下：

(1) 包含直线 AB 作辅助平面(铅垂面)R。
(2) 求辅助平面 R 与平面 CDE 的交线 MN。
(3) 求交线 MN 与直线 AB 的交点 K，如图 2-56(b)所示。
(4) 以交点 K 为分界点，判别可见性，如图 2-56(c)所示。

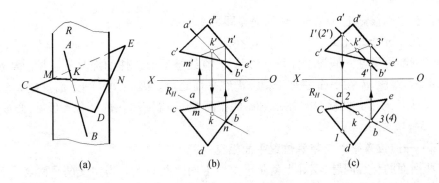

图 2-56　求直线与一般位置平面的交点
(a)立体图；(b)作图；(c)判断可见性。

（四）两个一般位置平面相交

求两个一般位置平面的交线，只需求出交线上的两个点即可。有以下两种方法。

1. 用求直线与一般位置平面交点的方法求两相交平面的共有点

采用求直线与一般位置平面交点的作图方法，通过求属于一平面的直线与另一平面的交点来确定两相交平面的共有点。

例 2-16 求两平面 △ABC 与 △DEF 的交线(图 2-57)。

解:分别求出平面 △DEF 上两条边 DE、DF 与平面 △ABC 的交点 K、L,连线 KL 即为两三角形平面的交线。因为平面 △ABC 是一般位置平面,求交点时,过 DE、DF 分别作了辅助平面(正垂面)S 和 R。

2. 三面共点法求两相交平面的共有点

作图原理:如图 2-58(a)所示,有两已知平面 R、S,作一与两已知平面相交的辅助平面 P,P 与 R、S 面的交线为 Ⅰ Ⅱ、Ⅲ Ⅳ,则交线 Ⅰ Ⅱ 与 Ⅲ Ⅳ 的交点 K_1 为三面共有点,也是 R、S 两平面的共有点;同样,作辅助平面 Q 分别与 R、S 交于直线 Ⅴ Ⅵ 与 Ⅶ Ⅷ,交线 Ⅴ Ⅵ、Ⅶ Ⅷ 的交点 K_2 为三面共有点,则 K_1、K_2 的连线即是 R、S 面的交线。

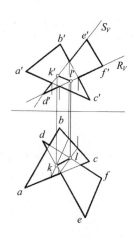

图 2-57 求两个一般位置平面的交线

例 2-17 求两平面 ABC 与 DEFG 的交线(图 2-58(b))。

解:用三面共点法求两平面的共有点。为使作图简便,辅助平面取特殊位置平面,这里取水平面,作图过程如下:

(1) 作辅助平面(水平面)P,求 P 与两平面的交线 Ⅰ Ⅱ、Ⅲ Ⅳ,两交线的交点 K_1 为两平面的一个共有点。

(2) 作辅助平面(水平面)Q,求 Q 与两平面的交线 Ⅴ Ⅵ、Ⅶ Ⅷ,两交线的交点 K_2 为两平面的另一个共有点。

(3) 共有点 K_1、K_2 的连线即为所求。

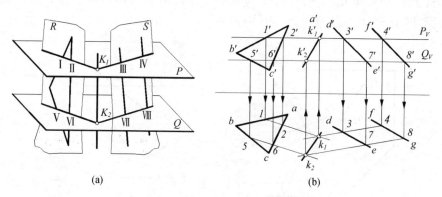

图 2-58 三面共点法求两一般位置平面的交线
(a)三面共点的示意图;(b)求两一般位置平面的交线。

(五) 两相交平面可见性的判断

两平面相交后互相遮挡,其交线是两平面在投影图上可见与不可见的分界线。根据平面的连续性,只要判断出平面的一部分的可见性,另一部分的可见性就清楚了。如图 2-59 所示,在每个投影上都有四对重影点,只需分别选择一对重影点判别即可。在正面投影上通过重影点 1′(2′)可判断出直线 DF 在 BC 前面,所以,直线 BC 被 △DEF 遮挡的部分不可见;在水平投影上通过重影点 3(4)可判断出直线 AB 在 DF 的上方,所以,以交线为界,直线 DF 被 △ABC 遮住的部分不可见。

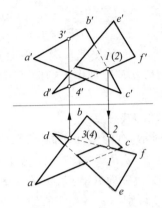

图 2-59 两相交平面可见性的判断

三、直线与平面垂直、两平面垂直

（一）直线与平面垂直

垂直于平面的直线，称作该平面的法线或垂线。这部分内容重点讨论如何在投影图上确定平面的法线及直线与平面垂直的投影特性。

从初等几何知识可知，如果一直线垂直于一平面，则直线必垂直于属于该平面的所有直线。在图 2-60 中，水平线 AB、正平线 CD 属于平面 P。直线 MN 垂直于平面 P，则必垂直于 P 平面上的所有直线，也就垂直于 AB、CD。根据直角投影定理，直线 MN 的水平投影垂直于水平线 AB 的水平投影，即 $mn \perp ab$；直线 MN 的正面投影垂直于正平线 CD 的正面投影，即 $m'n' \perp c'd'$，如图 2-60(b) 所示。

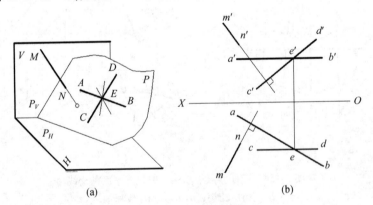

图 2-60 直线与平面垂直
(a) 立体图；(b) 投影图。

如果一直线垂直于一平面，那么直线的水平投影必垂直于属于该平面的水平线的水平投影；直线的正面投影必垂直于属于该平面的正平线的正面投影。

反之，如果一直线的水平投影垂直于属于定平面的水平线的水平投影，直线的正面投影垂直于属于定平面的正平线的正面投影，那么直线必垂直于该平面。

直线垂直于平面的充分必要条件是：直线垂直于属于平面的相交两直线。在图 2-

60 中,直线 MN 垂直于平面 P 的两相交直线——水平线 AB 和正平线 CD,满足了直线垂直于平面的充分和必要条件,所以,可判定直线 MN 垂直于平面 P。

例 2-18　△ABC 给定一平面,试过平面外一点 S 作平面的垂线(图 2-61)。

解:要作平面的垂线(法线),只需知道垂线两投影的方向即可。根据直线垂直于平面的投影定理,在定平面 ABC 上任意作正平线 BD 和水平线 CE,然后过点 S 的正面投影 s′作 s′f′⊥b′d′,过 S 点的水平投影 s 作 sf⊥ce,则直线 SF 即为定平面 ABC 的垂线。

注意:辅助正平线 BD 和水平线 CE 与平面的法线 SF 是不相交的。只是利用 BD 和 CE 确定所求法线的方向,与垂足无关。

平面法线的作图,需依赖于属于该平面的投影面平行线的方向。

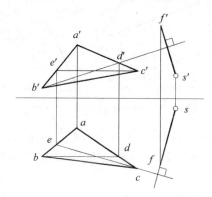

图 2-61　过平面外一点作平面的垂线

(二) 两平面垂直

如果直线垂直于某平面,则包含此直线的所有平面都垂直于该平面。反之,如果两平面相互垂直,则过第一个平面内一点作第二个平面的垂线,此垂线一定属于第一个平面。如图 2-62(a)所示,点 C 属于 P 平面,直线 CD 垂直于 Q 平面。如果直线 CD 属于 P 平面,则两平面垂直;如果直线 CD 不属于 P 平面,则两平面不垂直,如图 2-62(b)所示。

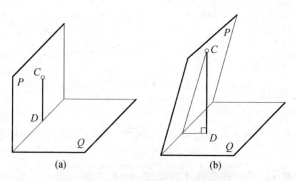

图 2-62　两平面是否垂直的示意图
(a)P 与 Q 垂直;(b)P 与 Q 不垂直。

例 2-19　过点 S 作平面垂直于由 △ABC 给定的已知平面(图 2-63)。

解:先过点 S 作 △ABC 的垂线 SF,包含 SF 的所有平面均垂直于 △ABC,所以有无穷多解。图 2-63 中任作一直线 SN 与 SF 相交,由 SF 与 SN 所确定的平面即是一解。

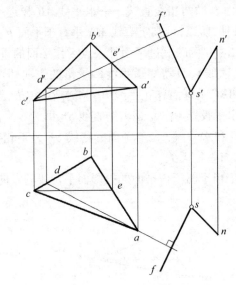

图 2-63 过定点作平面的垂直面

例 2-20 过点 A 作直线与已知直线 EF 正交(图 2-64)。

解:过一点可作无数条直线与已知直线垂直,但只有一条垂线与已知直线垂直且相交。作图过程如下:

(1) 过点 A 作辅助平面垂直于已知直线 EF,辅助平面由水平线 AC 和正平线 AB 确定,如图 2-64(c)所示。

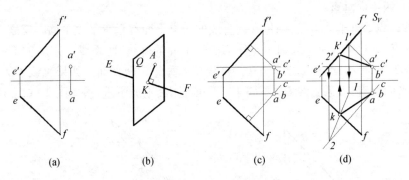

图 2-64 过定点作直线与已知直线正交
(a)已知;(b)立体图;(c)作图;(d)作图。

(2) 求辅助平面与直线 EF 的交点 K,如图 2-64(d)所示,S_V 为过 EF 所作的辅助正垂面。

(3) 连接 AK,则 AK 与已知直线 EF 正交。

四、综合问题举例

例 2-21 已知 $\triangle ABC$、直线 EF 及点 K,试过点 K 作一直线 KL 平行于 $\triangle ABC$ 且与直线 EF 交于点 L(图 2-65)。

解法一:过点 K 可作无数条平行于 $\triangle ABC$ 的直线,这些直线的轨迹为一过点 K 且平

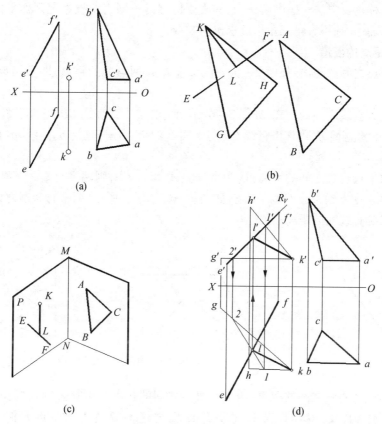

图 2-65 作直线与已知平面平行且和已知直线相交
(a)已知;(b)分析;(c)分析;(d)作图。

行于△ABC的平面,如图2-65(b)所示。但还要求所作直线与EF相交,这样的直线只有一条。在平面KGH上只有唯一点L属于直线EF,所以点K与L的连线即为所求。作图过程如下(图2-65(d))。

(1) 过K点作KG∥AC、KH∥AB,则由两相交直线KG、KH所确定的平面P平行于△ABC。

(2) 过直线EF作辅助正垂面R,求出EF与平面P的交点L。

(3) 连接点K、L,直线KL即为所求。

解法二:过K可作无数条直线与已知直线EF相交,这些直线的轨迹是由点K和直线EF确定的平面P;所作直线还应与△ABC平行,则此直线一定既在平面P上又平行于△ABC上的某直线,所以,该直线必平行于平面P与△ABC的交线MN,如图2-65(c)所示。作图过程如下。

(1) 求由点K和直线EF确定的平面与△ABC的交线MN。

(2) 过K点作交线MN的平行线KL,直线KL与直线EF交于点L,则直线KL为所求。

五、距离和角度的度量

在投影图上,用平面作图的方法解决空间几何元素间的距离和角度的度量问题是画法几何的一种重要方法——图解法,它的主要依据是根据直角投影定理作平面的法线或直线的垂直面,并利用直角三角形法求出实长或实形。

(一) 距离的度量

(1) 两点之间的距离:如图 2-66 所示,求 A、B 两点间的距离,即求两点间连线 AB 的实长。

(2) 点到直线之间的距离:如图 2-67 所示,求点 A 到直线 CD 间的距离。先过点 A 作直线 CD 的垂直面 P,再求出直线 CD 与平面 P 的交点——垂足 B,连线 AB 的实长即为点 A 到直线 CD 的距离。

(3) 两平行直线之间的距离:过 A 点作直线 EF∥CD,则两平行直线 EF、CD 之间的距离也就等于点 A 到直线 CD 的距离,如图 2-68 所示。所以,两平行直线之间的距离实质上仍是点到直线间的距离。

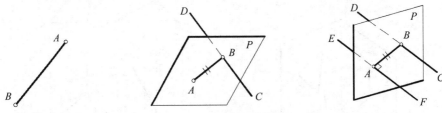

图 2-66 点到点之间的距离　　图 2-67 点到直线之间的距离　　图 2-68 两平行直线之间的距离

(4) 两交叉直线之间的距离:两交叉直线之间的距离等于其公垂线的长度。如图 2-69 所示,包含直线 CD 作直线 AB 的平行面 P,过直线 AB 上任意一点 E 作 P 平面的法线 EF,并求出垂足 F,直线 EF 的实长即为两交叉直线 AB、CD 之间的距离。

(5) 点到平面之间的距离:如图 2-70 所示,过点 A 作平面 P 的法线 AB,B 点为垂足;A 点与垂足 B 之间的连线 AB 的实长即为点 A 到平面 P 之间的距离。

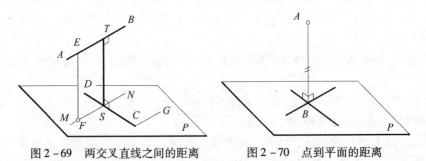

图 2-69 两交叉直线之间的距离　　图 2-70 点到平面的距离

如图 2-71、图 2-72 所示,过 A 点可作直线 CD 或平面 Q 与平面 P 平行,直线 CD、平面 Q 到平面 P 的距离也就等于点 A 到平面 P 的距离。所以,平行于平面的直线到平面之间的距离或求两平行平面之间的距离,实质上就是求点到平面的距离。

(二) 角度的度量

(1) 两相交直线间的夹角:如图 2-73 所示,任作一条与两相交直线 AB、AC 都相交的直线 EF,构成△AEF,分别求出△AEF 各边的实长,再作出△AEF 的实形,则△AEF 中的∠BAC 即为两相交直线间的夹角 θ。

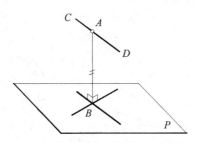 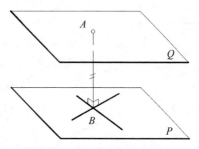

图 2-71　平行于平面的直线到平面之间的距离　　　图 2-72　两平行平面之间的距离

（2）直线与平面间的夹角：初等几何定义，直线和它在平面上的投影所夹的锐角，称为直线和该平面的夹角。如图 2-74 所示，过直线 AB 上任意一点 H 作平面 P 的法线 HO，可以看出，在△HOG 中，法线 HO 和直线 HG 间的夹角 φ 的余角即是直线和平面 P 的夹角 θ。

（3）两平面间的夹角：两平面间夹角的大小就等于两平面所形成的两面角的平面角。如图 2-75 所示，过空间任意一点 L 分别作两平面 P、Q 的法线 LM、LN，两相交直线 LM、LN 所确定的平面 S 就是 P、Q 平面的公垂面，即 P、Q 平面形成的两面角的平面角所在的平面。很显然，直线 LM 和 LN 的夹角 θ 与两面角 φ 互为补角。

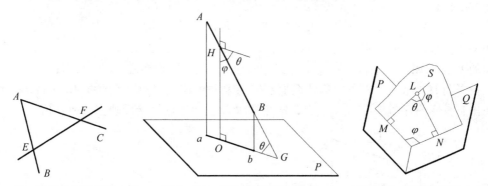

图 2-73　两相交直线间的夹角　　　图 2-74　直线与平面间的夹角　　　图 2-75　两平面间的夹角

第六节　换面法

一、换面法的基本概念

从前面的知识可知，当空间的几何元素相对于投影面处于一般位置时，它们的投影都不反映真实大小，也不具有积聚性；而当它们相对于投影面处于特殊位置时，则投影可以反映真实大小或具有积聚性，如表 2-5 所列。

由此可以看出，当对空间问题进行图示或图解（解决一般位置几何元素的度量或定位问题）时，如果把一般位置的空间几何元素变换到相对于某一投影面处于特殊位置，则问题就容易解决。

表 2-5 几何元素的各种位置

	求实长	求实形	求夹角	求共有点
一般位置时,投影中无实形、实长及实际夹角等				
特殊位置时,可直接在投影上获得实长、实形及实际夹角等	AB 实长	三角形实形	两平面夹角	直线与平面的交点

换面法就是空间几何元素的位置保持不动,用一个新的投影面替换一个旧的投影面,使空间几何元素相对于新投影面处于有利于解题的位置,然后找出几何元素在新投影面上的新投影。新投影面与不变的旧投影面形成一个新的投影体系。

如何建立新的投影面呢？如图 2-76(a) 所示,在投影体系 V/H 中,一般位置直线 AB 的两个投影都不反映实长以及直线与投影面的夹角。现在要求直线的实长和直线与 H 面的夹角 α,用一个平行于直线 AB 的新投影面 V_1 代替旧投影面 V,新投影面 V_1 和不变的旧投影面 H 形成一个新的投影体系 V_1/H。在新投影体系 V_1/H 中,直线 AB 平行于 V_1 面,作出新投影图即图 2-76(b),直线 AB 在 V_1 面上的投影就直接反映实长和 α 角。

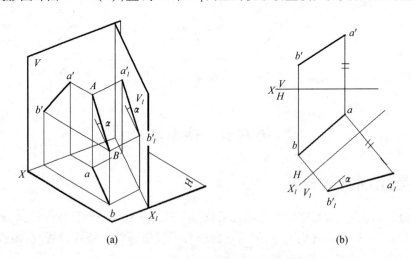

图 2-76 V/H 投影体系变为 V_1/H 投影体系
(a)立体图；(b)作图。

新投影面 V_1 建立的目的:几何元素在新投影面 V_1 上形成的新投影有利于解决问题；另外,新投影面 V_1 必须与不变的旧投影面 H 构成一个直角两面投影体系,这样才能应用正投影法作出几何元素的新投影图。所以新投影面的建立必须满足下列两个条件：

(1) 新投影面相对于空间几何元素的位置必须有利于解题。

(2) 新投影面必须垂直于一个不变的旧投影面。

二、点的投影变换规律

点是最基本的几何元素,研究点的投影变换规律是学习换面法的基础。

(一) 点的一次换面

1. 新投影体系的建立

如图 2-77(a)所示,在投影体系 V/H 中,点 A 的水平投影为 a,正面投影为 a'。现在,H 面保持不变,用一个垂直于 H 面的新投影面 V_1 代替 V 面,形成一个新的投影体系 V_1/H,新投影面 V_1 与 H 面的交线 X_1 是新的投影轴。过 A 点向 V_1 面作垂线,得到 A 点的新投影 a_1'。这样,A 点在新投影体系 V_1/H 中的两个投影 a_1'、a 就代替了旧体系 V/H 中的投影 a_1'、a。

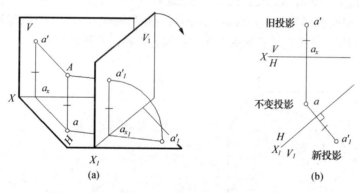

图 2-77 点的一次换面——更换 V 面
(a)立体图;(b)作图。

2. 新旧投影之间的关系

当新投影面 V_1 绕新投影轴 X_1 按图示箭头方向旋转到与 H 面重合时,根据点的投影规律可知:A 点的投影连线 $a_1'a$ 必垂直于 X_1 轴;由于新旧两个投影体系具有同一个水平面 H,所以 A 点到 H 面的距离(即 z 坐标)保持不变,即 $a'a_x = Aa = a_1'a_{x1}$。

根据以上分析,可得到点的投影变换规律:

(1) 点的新投影和不变投影的投影连线,必垂直于新的投影轴。

(2) 点的新投影到新投影轴的距离等于被替换的旧投影到旧投影轴的距离。

3. 求新投影的作图方法

如图 2-77(b)所示,首先作出新投影轴 X_1,新投影轴确定了新投影面在投影图中的位置;然后过不变投影 a 向新投影轴 X_1 作垂线,并在垂线上量取 $a_1'a_{x1} = a'a_x$,得到 A 点在 V_1 面上的新投影 a_1'。

如果要改变空间点 A 相对于 V 面的位置,如图 2-78(a)所示,用新投影面——H_1 代替 V 面,H_1 面与不变的投影面 V 形成新投影体系 V/H_1。新、旧两个投影体系具有公共投

影面 V,即点 A 相对于 V 面的位置保持不变,所以 $aa_x = Aa' = a_1a_{x1}$。图 2-78(b)为求新投影的作图方法。

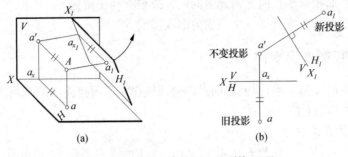

图 2-78 点的一次换面——更换 H 面
(a)立体图;(b)作图。

(二)点的两次换面

在解决实际问题时,有时更换一次投影面还不足以解决问题,必须连续更换两次或多次投影面。如图 2-79 所示为更换两次投影面:第一次换面,用 V_1 面代替 V 面,H 面保持不变,形成一个中间投影体系 V_1/H;第二次换面,用 H_2 面代替 H 面,V_1 面保持不变,形成新投影体系 V_1/H_2。求 A 点新投影的作图方法与更换一次投影面相同。

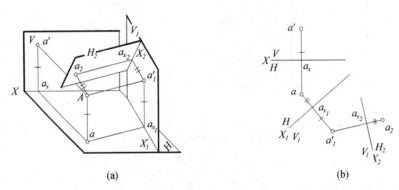

图 2-79 点的两次换面
(a)立体图;(b)作图。

注意:根据新投影面建立的条件——新投影面必须垂直于一个不变的投影面,在连续多次更换投影面时,只允许先更换一个投影面,在第一次换面完成后形成的新投影体系的基础上,再交替地更换另一个投影面。

三、换面法的四个基本问题

(一)把一般位置直线变成投影面平行线

1. 空间分析

如图 2-80(a)所示,直线 AB 在投影体系 V/H 中为一般位置直线。取平行于 AB、垂直于 H 面的新投影面 V_1 代替 V 面,在新投影体系 V_1/H 中,直线 AB 变成了投影面平行线 $(AB/\!/V_1)$,它在 V_1 面上的新投影 $a_1'b_1'$ 反映 AB 的实长,并且 $a_1'b_1'$ 和新投影轴 X_1 的夹角

α 即为直线 AB 与 H 面的夹角。

2. 投影作图

作图的关键是确定新投影轴 X_1 的位置,根据投影面平行线的投影特性:新投影轴 X_1 在投影体系 V_1/H 中应平行于不变投影 ab。作图过程如下:

(1) 在适当位置平行于直线 AB 的不变投影 ab 作新投影轴 X_1。

(2) 分别求出点 A、B 在 V_1 面上的新投影 a_1'、b_1',连接 $a_1'b_1'$ 即为直线 AB 的新投影。

同样,经过一次换面也可以将直线 AB 变成新投影面 H_1 的平行线,如图 2-81 所示,这时 AB 在 H_1 面上的新投影 a_1b_1 反映实长,a_1b_1 与新投影轴 X_1 的夹角即为 AB 和 V 面的夹角 β。

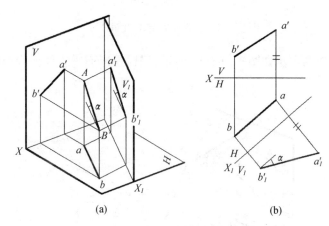

图 2-80 一般位置直线变成投影面平行线
(a)立体图;(b)作图。

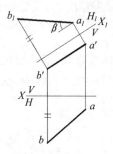

图 2-81 一般位置直线变成投影面平行线

(二) 把一般位置直线变成投影面垂直线

1. 空间分析

从图 2-82 中可以看出,要把一般位置直线 AB 变成投影面的垂直线,只更换一次投影面是不可能的,因为垂直于一般位置直线 AB 的新投影面是一般位置平面,与 H、V 面都不垂直,无法构成一个相互垂直的新投影体系。

如图 2-83(a)所示,AB 为正平线,垂直于 AB 的新投影面 H_1 必垂直于 V 面,这样,新投影面 H_1 与旧投影面 V 构成一个新投影体系,直线 AB 在新投影体系 V/H_1 中变成了投影

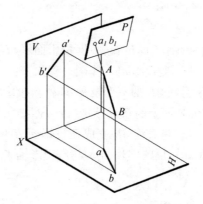

图 2-82 投影面 P 与 V、H 都不垂直

面的垂直线。其作图方法如图 2-83(b) 所示,根据投影面垂直线的投影特性,新投影轴 $X_1 \perp a'b'$。

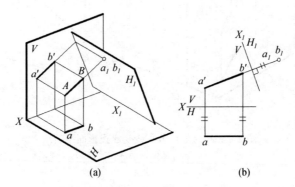

图 2-83 把投影面平行线变成投影面垂直线
(a)立体图;(b)作图。

所以,一般位置直线变成投影面垂直线,必须更换两次投影面,如图 2-84 所示,首先把该直线变成投影面的平行线,然后再把平行线变成投影面垂直线。

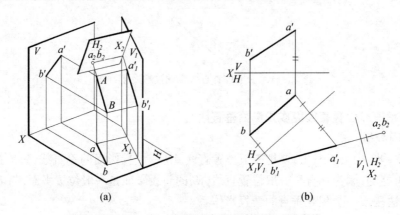

图 2-84 把一般位置直线变成投影面垂直线
(a)立体图;(b)作图。

2. 投影作图

更换投影面的空间过程是,先更换 V 面,把直线 AB 变成投影面(V_1)的平行线;再更换 H 面,把直线 AB 变成投影面(H_2)的垂直线。

(1)第一次换面(V_1面代替 V 面):作新投影轴 $X_1 /\!/ ab$,求出 AB 在 V_1 面上的新投影 $a_1'b_1'$。在新投影体系 V_1/H 中,直线 AB 变成 V_1 面的平行线。

(2)第二次换面(H_2 面代替 H 面):作新投影轴 $X_2 \perp a_1'b_1'$,求出 AB 在 H_2 面上的新投影 a_2b_2。在新投影体系 V_1/H_2 中,直线 AB 变成 H_2 面的垂直线。

同样,通过两次换面也可将一般位置直线变成 V_2 面的垂直线。先将一般位置直线变换成 H_1 面的平行线,再将 H_1 面的平行线变成 V_2 面的垂直线。

(三)把一般位置平面变成投影面垂直面

1. 空间分析

图 2-85(a)所示为把一般位置平面 $\triangle ABC$ 变成投影面垂直面。要将 $\triangle ABC$ 变成投影面的垂直面,必须建立一个与它垂直的新投影面。根据两平面相互垂直的关系,新投影面应当垂直于 $\triangle ABC$ 上的一条直线。由前述可知,要把一般位置直线变成投影面垂直线,必须更换两次投影面,而把投影面平行线变成投影面垂直线只需一次换面。因此,先在 $\triangle ABC$ 上任取一条投影面平行线(水平线 $AⅠ$)为辅助线,再取与它垂直的新投影面 V_1,则 $\triangle ABC$ 一定垂直于新投影面 V_1。

2. 投影作图

如图 2-85(b)所示,首先在 $\triangle ABC$ 上取一条水平线 $AⅠ(a1,a'1')$,然后作新投影轴 $X_1 \perp a_1$;分别求出 A、B、C 各点在 V_1 面上的新投影 a_1'、b_1'、c_1',连接即得 $\triangle ABC$ 的新投影——积聚为一直线。并且 $a_1'b_1'c_1'$ 与 X_1 轴的夹角 α 即为 $\triangle ABC$ 和 H 面的夹角。

如果在 $\triangle ABC$ 上取正平线为辅助线,可将 $\triangle ABC$ 变成 H_1 面的垂直面,$\triangle ABC$ 在 H_1 面上的新投影积聚为一直线,$a_1b_1c_1$ 与 X_1 轴的夹角 β 为 $\triangle ABC$ 和 V 面的夹角。

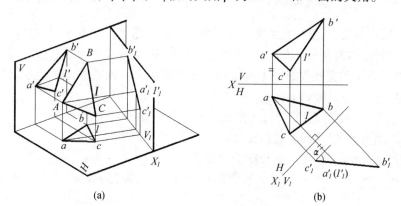

(a)

(b)

图 2-85 把一般位置平面变成投影面垂直面
(a)立体图;(b)作图。

(四)把一般位置平面变成投影面平行面

1. 空间分析

要把一般位置平面变成投影面平行面,必须经过两次换面。因为平行于一般位置平面的新投影面也一定是一般位置平面,它与原投影体系中的两个投影面都不垂直,不能构成新投影体系。所以,要先将一般位置平面变成投影面垂直面,再把投影面垂直面变成投影面平行面。

2. 投影作图

图 2-86 所示为把一般位置平面 △ABC 变成 H_2 面平行面的作图过程。

(1) 在 △ABC 上取水平线 AD 为辅助线。

(2) 第一次换面（V_1 面代替 V 面）:作新投影轴 $X_1 \perp ad$,将 △ABC 变成 V_1 面的垂直面。

(3) 第二次换面（H_2 面代替 H 面）:作新投影轴 $X_2 \parallel a_1'b_1'c_1'$,将 △ABC 变成 H_2 面的平行面。△ABC 在 H_2 面上的新投影 $a_2b_2c_2$ 反映实形。

例 2-22 试过点 M 作一直线与已知直线 AB 垂直相交（图 2-87）。

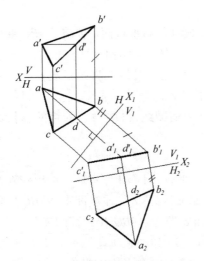
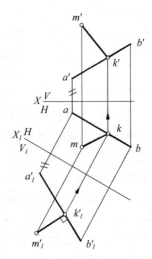

图 2-86 把一般位置平面变成投影面的平行面　　图 2-87 过点作一直线与已知直线垂直相交

解:根据直角投影定理,相互垂直的两直线中有一条平行于某一投影面时,它们在该投影面上的投影仍为直角。所以,只要把已知直线 AB 变成投影面的平行线,由 M 点所作直线与 AB 的正交关系在投影图上就可以直接反映出来。把直线 AB 变成投影面平行线只需一次换面,作图过程如下:

(1) 把 AB 变成 V_1 面的平行线,作 $X_1 \parallel ab$,求出直线的新投影 $a_1'b_1'$。

(2) 求出点 M 在 V_1 面上的新投影 m_1'。

(3) 过 m_1' 作 $m_1'k_1' \perp a_1'b_1'$,k_1' 为垂足。

(4) 由 k_1' 求出 K 点在 V/H 体系中的投影 k 及 k',连接 mk、m'k' 得所求直线 MK 的投影。

例 2-23 求两交叉管线 AB、CD 之间的最短连接距离并确定连接位置（图 2-88）。

解:管线 AB、CD 可看作是两交叉直线。两交叉直线之间的最短距离为公垂线的长度。从图 2-88(a)可以看出,若把两直线中的一直线（如 AB）变成某投影面（如 H_2）的垂线,公垂线 KL 必平行于该投影面。那么,在该投影面上的投影既反映垂直关系也反映两交叉直线间的距离。把直线 AB 变成投影面的垂直线需两次换面,作图过程如下:

(1) 把 AB 变成投影面垂直线。先用 V_1 面替换 V 面,把 AB 变成 V_1 面的平行线;再用

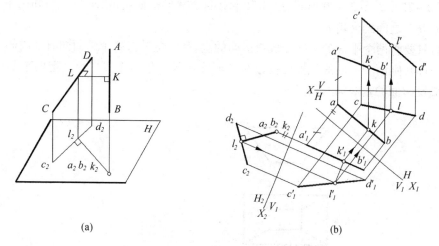

图 2-88 求两交叉管线之间的最短距离
(a)立体图；(b)作图。

H_2 面替换 H 面，把 AB 变成 H_2 面的垂线。直线 CD 随其一起变换。

（2）根据直角投影定理，过 AB 的积聚性投影 a_2b_2 作 $k_2l_2 \perp c_2d_2$，k_2l_2 即为所求公垂线的新投影，并且反映实长。

（3）由 l_2 求出 L 点在 V/H 体系中的投影 l、l'。

（4）由 $KL // H_2$ 可知 $k_1'l_1' // X_2$，与 $a_1'b_1'$ 交于点 k_1'，再由 k_1' 求出 K 点在 V/H 体系中的投影 k、k'；连接 kl、$k'l'$ 即得所求公垂线 KL 的投影。

例 2-24 求点 A 到平面 $\triangle BCD$ 的距离（图 2-89）。

解：过点 A 作 $\triangle BCD$ 的垂线 AK，K 为垂足，垂线 AK 的长度即点 A 到平面 $\triangle BCD$ 的距离。若把平面 $\triangle BCD$ 变成投影面垂直面，则 AK 一定与该投影面平行，在投影图上可直接作出垂线并求出其实长。

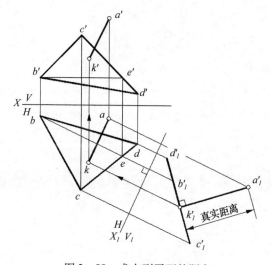

图 2-89 求点到平面的距离

例 2-25 如图 2-90 所示,已知料斗由四个梯形平面组成,求料斗相邻两平面 $ABCD$ 与 $CDEF$ 之间的夹角 θ。

解:只要将两个平面的交线变成投影面的垂直线,也就将两个平面同时变成同一投影面的垂直面,则两个平面的积聚性投影的夹角反映两面角的真实大小。把两平面的交线 CD 变成投影面的垂线需两次换面。

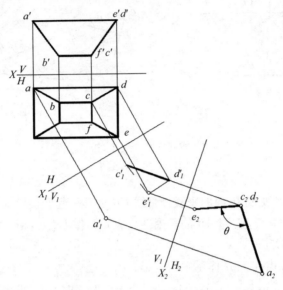

图 2-90 求两平面的夹角

第三章　基本体的投影

不同的机器零件有着不同的功用,它们的形状也各不相同。但不管机器零件的形状多么复杂,都可以看成是由一些基本几何体组成的。常见的基本几何体有棱柱、棱锥、圆柱、圆锥、球、环等。这些基本几何体有时是完整的,有时则被挖切,或者与其他立体相交。熟悉各种情况下基本立体的投影,有助于今后绘制和阅读各种零件图。

基本几何体按其表面的性质可分为平面立体和曲面立体。立体的各表面都是平面的几何体称为平面立体;表面为曲面或者既有曲面又有平面的几何体称为曲面立体。

第一节　平面立体的投影

一、平面立体的投影

平面立体的各个表面都是平面多边形,不同表面的交线(棱线)均称为立体的轮廓线。用三面投影图表示平面立体,可归结为画出围成立体的各个表面的投影,或者是要画出所有轮廓线的投影。为了清晰地表达立体的形状,画图时假定立体的表面是不透明的,将可见的轮廓线画成粗实线,不可见的轮廓线画成虚线。

图 3-1 中,五棱柱的顶面和底面平行于 H 面,它们的水平投影反映实形并且重合在一起。而它们的正面投影及侧面投影分别积聚为水平方向的直线段。五棱柱的后侧棱面 EE_1D_1D 为一正平面,其水平投影及侧面投影都积聚为直线段,而正面投影反映实形。五棱柱的另外四个侧棱面都是铅垂面,它们的水平投影分别积聚为直线段,而正面投影及侧面投影均为比实形小的类似形。

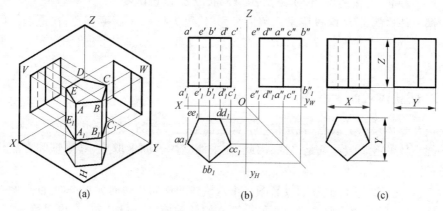

图 3-1　正五棱柱的投影
(a)立体图;(b)投影图;(c)三面投影图。

五棱柱的各个棱面、各条棱线投影的可见性,请读者自行分析。

由图3-1(b)中可以看到,立体距投影面的距离只影响各投影图之间的距离,而不影响各投影图的形状以及它们之间的相互关系。为使作图简便、图形清晰,可省去投影轴不画,五棱柱的三面投影图,如图3-1(c)所示。

取消投影轴以后,立体的各个投影图之间仍要保持正确的投影关系,按规定,立体沿 X、Y、Z 三个方向的尺寸分别称为立体的长、宽、高,显然立体的三面投影之间应有如下关系:正面投影和水平投影都反映了立体的长度(X);正面投影和侧面投影都反映了立体的高度(Z);水平投影和侧面投影都反映了立体的宽度(Y),同时还有立体的前后对应关系。

图3-2为一斜三棱锥的投影图。锥顶为 S,其底面 $\triangle ABC$ 为一水平面,其水平投影 $\triangle abc$ 反映实形,而正面投影和侧面投影积聚为一水平方向的直线段。斜三棱锥的三个侧棱面 $\triangle SAB$、$\triangle SAC$、$\triangle SBC$ 都是一般位置平面,其三面投影均为类似形。

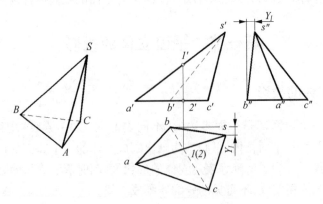

图3-2 斜三棱锥的三面投影图

作图时先画出底面 $\triangle ABC$ 的三面投影,再作出锥顶 S 的三面投影,然后连接各棱线,完成斜三棱锥的三面投影图。棱线的可见性则需要根据具体情况进行判断。如水平投影中的 sa 和 bc 的可见性要通过比较棱线 SA 和 BC 的高低来确定。取棱线上的对 H 面的一对重影点 Ⅰ 和 Ⅱ,由作图可知 SA 棱比 BC 棱高,故 bc 画成虚线。

根据三棱锥的 V、H 两投影求作侧面投影时,可先据 s''、s' 高度一致,在适当的位置上定出 s'',那么求作 b'' 可根据 b' 以及 B 点在 S 点之后 y_1 来确定。同理再确定 a'' 和 c'' 即可完成作图。

二、在立体表面上取点

所谓在立体表面上取点,就是根据立体表面上已知点的一个投影求出它另外的投影。由于平面立体的各个表面都是平面,因此,在平面立体表面上取点,其原理和方法与平面上取点相同。

图3-3为正六棱柱的三面投影图。正六棱柱的顶面和底面为水平面,前后两侧棱面为正平面,其他四个侧棱面均为铅垂面。正六棱柱的前、后对称,左、右也对称,在三面投影图上用点画线画出了相应的对称中心线。

若已知六棱柱的表面上点 A 的正面投影 a',求 A 点的水平投影 a 和侧面投影 a'',如

图3-3所示,首先应确定A点在哪个棱面上。由于a'是可见的,故A点应属于六棱柱的左前棱面。此棱面是铅垂面,水平投影有积聚性。因此,可由a'直接求得a,接下来可根据a'、a求得a"。为保证a与a"正确的投影关系,作图中可借助六棱柱的前、后对称中心线。由于点A属于六棱柱的左前棱面,因此a"可见。

若已知三棱锥表面上M点的侧面投影(m"),求M点的水平投影m和正面投影m',如图3-4所示。由于(m")是不可见的,可知M点属于三棱锥的SBC棱面。△SBC是一般位置平面,为求得M点的另外两个投影,可借助SBC棱面上的辅助线SN。为此先过S"及m"画出SN的侧面投影s"n",然后根据投影关系找出SN的水平投影sn及正面投影s'n',进而求得m'和m。由于SBC棱面的正面投影及水平投影都是可见的,因此m'和m都可见。

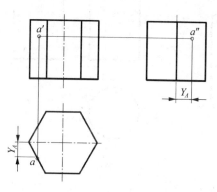

图3-3 六棱柱表面上取点

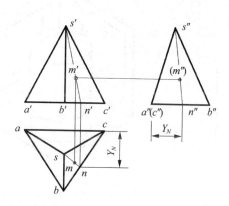

图3-4 三棱锥表面上取点

第二节 曲面立体的投影

常见的曲面立体有圆柱、圆锥、球、圆环等。这些立体表面上的曲面都是回转面,因此又称它们为回转体。回转面是由一条母线(直线或曲线)绕某一轴线回转而形成的曲面,母线在回转过程中的任意位置称为素线;母线上各点的运动轨迹皆为垂直于回转体轴线的圆。用投影图表示曲面立体就是要把组成立体的回转面或平面和回转面表示出来。

一、圆柱

1. 圆柱面的形成

圆柱表面是由圆柱面和两端圆平面组成的。圆柱面是由一直母线AA_1绕与之平行的轴线OO回转而生成的曲面,如图3-5(a)所示。

2. 圆柱的投影

图3-5(b)为三投影面体系中的圆柱,图3-5(c)为圆柱的三面投影图。图中圆柱的轴线垂直于H面,圆柱面上的所有素线都垂直于H面,圆柱面的水平投影积聚为一个圆,圆柱面上任何点、线的水平投影必定落在圆上。这个圆还是圆柱平行于H面的上、下两端面的水平投影。圆柱面的正面投影和侧面投影都是矩形,矩形的上、下两边分别为圆

75

柱上、下端面有积聚性的投影。正面投影中的左、右两边 aa_1' 和 bb_1' 分别为圆柱面上最左素线 AA_1 和最右素线 BB_1 的正面投影,又称为圆柱面对 V 面投影的轮廓线。AA_1 和 BB_1 的侧面投影与圆柱轴线的侧面投影重合,画图时不需表示。圆柱的侧面投影中,矩形的前、后两边 $c''c_1''$ 和 $d''d_1''$ 分别为圆柱面上的最前素线 CC_1 和最后素线 DD_1 的侧面投影,又称为圆柱面对 W 面投影的轮廓线。CC_1 和 DD_1 的正面投影与圆柱轴线的正面投影重合,画图时也不需表示。

作图时,先用点画线画出轴线的各个投影及圆的对称中心线,再画出水平投影的圆,最后完成圆柱的其他投影。

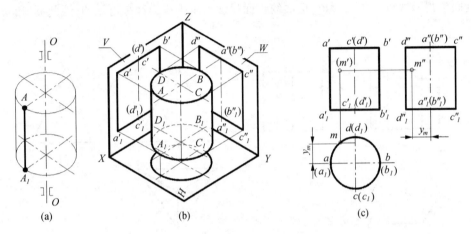

图 3-5 圆柱
(a)圆柱面的形成;(b)立体图;(c)投影图。

3. 圆柱表面上取点

已知圆柱表面一点 M 的正面投影 (m'),求其水平投影 m 及侧面投影 m'',如图 3-5(c)所示。圆柱面的水平投影有积聚性,故点 M 的水平投影 m 必在圆周上。又由于 (m') 不可见,故点 M 位于后半个圆柱面上,m 应在后半个圆周上。确定了 m 后,由 (m')、m 可求出 m''。为保持 m 与 m'' 之间正确的投影关系,可借助于前、后对称中心线来量取 y,由于 M 在左半个圆柱面上,因此 m'' 可见。

在圆柱表面上取线,可先取属于线上的特殊点,再取属于线上的一些一般点,经判别可见性后,再顺序连成所要取的线。如图 3-6 所示,已知圆柱表面上的曲线 AC 的正面投影 $a'c'$,试求其另两面投影。其作图方法如下:先求特殊点,如点 A 和 B,可直接求出其水平投影 a、b 和侧面投影 a''、b'';再选取几个一般点,如点 C 和点 Ⅰ、Ⅱ,并求出其水平投影和侧面投影;经判别可见性后,将曲线 AC 的侧面投影依次连成光滑曲线。

二、圆锥

1. 圆锥面的形成

圆锥表面由圆锥面和底圆平面组成。圆锥面是由一直母线 SA 绕与它相交的轴线 OO 回转而生成的曲面,如图 3-7(a)所示。圆锥面上通过锥顶的任意直线称为圆锥面的素线。

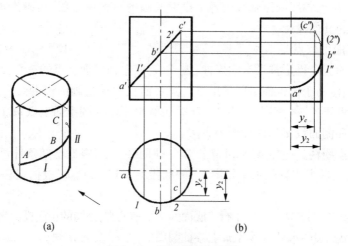

图 3-6 圆柱表面上取线
(a)立体图;(b)投影图。

2. 圆锥的投影

图 3-7(b)为三面投影体系中的圆锥,图 3-7(c)为圆锥的三面投影图。图中圆锥的轴线垂直于 H 面。圆锥的水平投影为一个圆,这个圆既是圆锥平行于 H 面的底圆的实形,又是圆锥面的水平投影。圆锥面的正面投影和侧面投影都是等腰三角形,三角形的底边为圆锥底圆平面有积聚性的投影。正面投影中三角形的左、右两腰 $s'a'$ 和 $s'b'$ 分别为圆锥面上最左素线 SA 和最右素线 SB 的正面投影,又称为圆锥面对 V 面投影的轮廓线。SA 和 SB 的侧面投影与圆锥轴线的侧面投影重合,画图时不需表示。圆锥的侧面投影中,三角形的前、后两腰 $s''c''$ 和 $s''d''$ 分别为圆锥面上最前素线 SC 和最后素线 SD 的侧面投影,又称为圆锥面对 W 面投影的轮廓线。SC 和 SD 的正面投影与圆锥轴线的正面投影重合,画图时也不需表示。

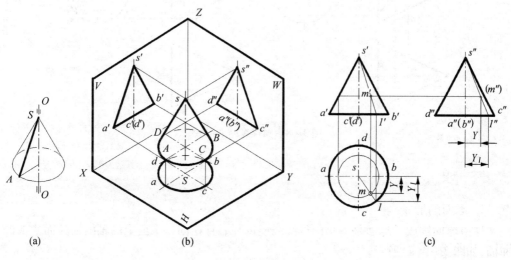

图 3-7 圆锥
(a)圆锥面的形成;(b)立体图;(c)投影图。

作图时,先用点画线画出轴线的各个投影及圆的对称中心线,再画出水平投影的圆,最后完成圆锥的其他投影。

3. 圆锥表面上取点

由于圆锥的三个投影都没有积聚性,因此,若根据圆锥面上点的一个投影求作该点的其他投影,必须借助于圆锥面上的辅助线。圆锥面上简单易画的辅助线有过锥顶的素线及垂直于圆锥轴线的圆(纬圆)。图3-7(c)中给出了已知圆锥面上点 M 的正面投影 m',求其水平投影和侧面投影的两种作图方法。

(1) 辅助素线法。过锥顶 S 和 M 点作一辅助线 $S\text{Ⅰ}$,根据已知条件可以确定 $S\text{Ⅰ}$ 的正面投影 $s'1'$,然后求出它的水平投影 $s1$,侧面投影 $s''1''$,再由 m' 根据点在直线上的投影性质求出 m 和 m''。

(2) 辅助圆法。过 M 点作一平行于底面的水平辅助圆,该圆的正面投影为过 m' 且平行于 $a'b'$ 的直线,作出此圆的水平投影后,m 必在此圆周上,由 m' 求出 m,再由 m'、m 求出 (m'')。

在圆锥表面上取线,可先取属于线上的特殊点,再取属于线上的一些一般点,经判别可见性后,再顺次连成所要取的线。如图3-8所示,已知圆锥表面上 $ABCDE$ 线的正面投影 $a'b'c'd'e'$,求其水平投影和侧面投影。圆锥面上只有过锥顶的素线是直线,$ABCDE$ 线为曲线。由已知的正面投影 $a'b'c'd'e'$ 可判定曲线在前半个锥面上,ABC 段在上半个圆锥面上,CDE 段在下半个圆锥面上。其作图方法如下:先求特殊点,如点 A、C、E,点 A 在圆锥面的最高素线上,由 a' 可直接得到 a 和 a''。点 C 在圆锥面最前素线上,其水平投影 c 可直接得到,由 c'、c 确定 c''。E 点在底圆周上,e' 可直接得到,由 e'、e'' 确定 e。再利用过 B 点和 D 的辅助圆(侧平圆),先求得 b''、d'',而后确定 b、d。曲线 $ABCDE$ 的侧面投影是可见的,将 $a''b''c''d''e''$ 用粗实线光滑连接;曲线的水平投影中,abc 段是可见的,连成粗实线,而 cde 段不可见,用虚线连接。

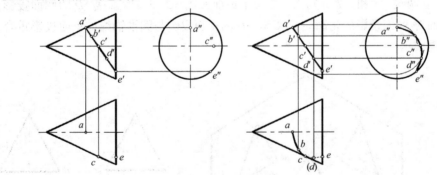

图3-8 圆锥表面上取线

三、球

1. 球面的形成

球由球面围成。球面是一个圆母线绕经过圆心且在同一平面上的轴线回转而生成的曲面,如图3-9(a)所示。

2. 球的投影

图3-9(b)为三投影面体系中的球,图3-9(c)为球的三面投影图。球的三面投影

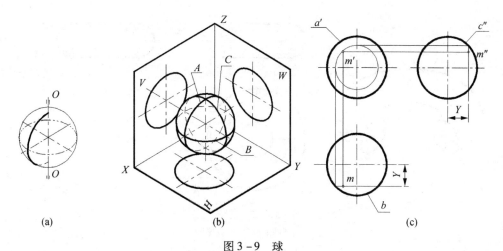

图 3-9 球
(a) 球面的形成；(b) 立体图；(c) 投影图。

均为大小相等的圆，其直径等于球的直径，但三个投影面上的圆是不同转向线的投影。正面投影 a' 是球面平行于 V 面的最大圆 A 的投影（区分前、后半球表面的外形轮廓线），水平投影 b 是球面平行于 H 面的最大圆 B 的投影（区分上、下半球表面的外形轮廓线），侧面投影 c'' 是球面平行于 W 面的最大圆 C 的投影（区分左、右半球表面的外形轮廓线）。这三个转向线圆的另两个投影均与相应投影的中心线重合，不必画出。

作图时，可先用点画线画出各投影的对称中心线，然后画出与球等直径的圆。

3. 球面上取点

由于球的三个投影均无积聚性，所以在球面上取点、线，除特殊点可直接求出之外，其余点均需用辅助圆法作图，并表明可见性。如图 3-9(c) 中，已知球面上 M 点的水平投影 m，求作点 M 的另两个投影。根据 m 可确定点 M 在上半球面的左前部。过 M 点作一平行于 V 面的辅助圆，m' 一定在该圆周上，由 m 可求得 m'，再由 m 和 m' 可求出 m''。由于 M 点在前半球面上，m' 可见，同理，M 点在左半球面上，m'' 也是可见的。

当然，也可用平行于 H 面的辅助圆来作图，读者自行分析并想象当点位于后半球时，其投影的可见性。

四、圆环

1. 圆环面的形成

圆环由圆环面围成。圆环面是一个圆母线绕不通过圆心但在同一平面上的轴线回转而形成的曲面，如图 3-10(a) 所示。

2. 圆环的投影

图 3-10(b) 为轴线垂直于 H 面的圆环的三面投影图。圆环的正面投影中，左、右两圆为圆环面上平行于 V 面的最左、最右素线圆的投影。侧面投影中前、后两圆为圆环面上平行于 W 面的最前、最后素线圆的投影。在这两面投影中，上、下两段水平方向切线段为内、外环面分界圆的相应投影。水平投影中画出了圆环面上最大圆和最小圆的投影，并用点画线画出了母线的圆心旋转成的中心圆的投影。图 3-10(b) 中圆环向 V 面投影时，

79

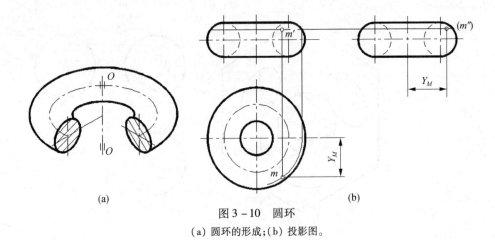

图 3-10 圆环
(a) 圆环的形成;(b) 投影图。

前一半外环面是可见的,而后一半外环面及内环面都是不可见的。圆环向 W 面投影时,左一半外环面是可见的,而右一半外环面及内环面都是不可见的;圆环向 H 面投影时,内、外环面的上半部分可见,而下半部分是不可见的。

作图时,先用点画线画出各投影的轴线及对称中心线,然后画出三面投影图。

3. 圆环表面上取点

如图 3-10(b) 所示,已知圆环面上 M 点的正面投影 m',求作其水平投影和侧面投影。由于 m' 是可见的,可知点 M 位于前半个外环面上。借助于过 M 点平行于水平面(垂直于圆环面轴线)的辅助圆,求出水平投影 m,由于 M 在上半个外环面上,故 m 可见。再由 m'、m 确定 m'',由于 M 点在右半个外环面上,故 (m'') 不可见。

假设 m' 是不可见的,请读者分析可能的答案。

图 3-11 中列出了一些常见的不完整的或组合的曲面立体,熟悉它们的投影图对今后的画图、读图很有帮助。

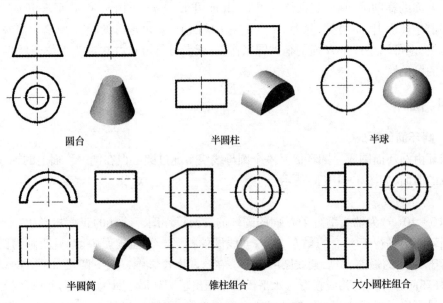

圆台　　　　半圆柱　　　　半球

半圆筒　　　锥柱组合　　　大小圆柱组合

图 3-11 曲面立体的常见形式

第三节 平面与立体相交——截交线

在机器零件上常见到立体被一个或几个平面截切掉一部分的情况,如图 3-12 所示。在画图时,为了准确地表达它们的形状,必须画出平面与立体相交所产生的交线的投影。

平面与立体相交,该平面称为截平面,截平面与立体表面的交线称为截交线,由截交线围成的图形称为截断面。

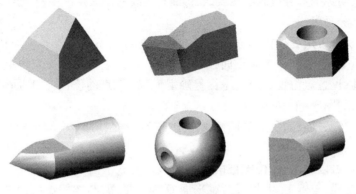

图 3-12 立体的截交线

一、平面与平面立体相交

平面与平面立体相交,截交线一定围成封闭的平面多边形。多边形的各条边是平面立体相应的棱面与截平面的交线,其各顶点是平面立体的棱线与截平面的交点或两条截交线的交点。因此,求平面立体的截交线可以归结为求两平面的交线和求直线与平面的交点。

例 3-1 图 3-13(a)所示的四棱锥上部被截切掉一块,已知正面投影,完成其水平投影,画出其侧面投影,并求作截断面的实形。

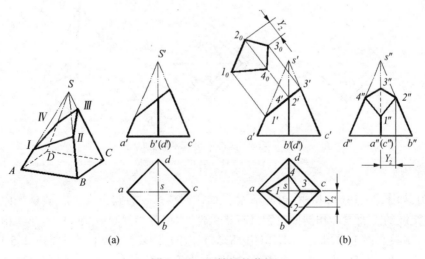

图 3-13 四棱锥的截切
(a)已知条件;(b)作图过程。

由正面投影可以看出，四棱锥是被一正垂面截切。截平面与四条侧棱都相交，截交线一定围成四边形。设截平面与 SA、SB、SC、SD 的交点分别为 Ⅰ、Ⅱ、Ⅲ、Ⅳ，它们的正面投影 $1'$、$2'$、$3'$、$4'$ 可直接确定，如图 3-13(b)所示，根据点在直线上的投影特性，可由 $s'a'$ 上的 $1'$ 求得 sa 上的 1 以及 $s''a''$ 上的 $1''$；由 $s'c'$ 上的 $3'$ 求得 sc 上的 3 以及 $s''c''$ 上的 $3''$。Ⅱ点的另两个投影的求法是：由 $s'b'$ 上的 $2'$ 求得 $s''b''$ 上的 $2''$，再根据图 3-13(b)中所标的 y_2 值求得 sb 上的 2。Ⅳ点的另两个投影的求法与Ⅱ点相同。依次连接Ⅰ、Ⅱ、Ⅲ、Ⅳ各点的同面投影，即得四棱锥上截交线的投影。注意图 3-13(b)中，四条棱线被截切掉的部分不再画出，未被切掉的部分应画成粗实线，但ⅢC棱线的侧面投影中与ⅠA重影的部分画粗实线，其余部分画虚线。

截断面的实形可用更换投影面法求得。作图时可以不画出投影轴而按下述方法进行。自 $1'$、$2'$、$3'$、$4'$ 各点作截平面正面投影的垂线，并在适当的位置先确定一个点如 3_0，然后根据Ⅰ、Ⅱ、Ⅳ各点与Ⅲ点的 Y 坐标差确定 1_0、2_0、4_0 点的位置。四边形 $1_0 2_0 3_0 4_0$ 即所求截断面实形，如图 3-13(b)所示。

例 3-2 图 3-14(a)所示的四棱锥左中部分已被截切掉，已知正面投影，补全其水平投影，并求侧面投影。

由正面投影可以看出，四棱锥被两个平面截切。截平面 P 为正垂面，其与四棱锥的四个侧棱面的交线，与例 3-1 相似。截平面 Q 为水平面，与四棱锥底面平行，所以其与四棱锥的四个侧棱面的交线，同底面四边形的对应边相互平行，利用平行线的投影特性很容易求得。此外，还应注意 P、Q 两平面相交也会有交线，所以 P 平面和 Q 平面截出的截交线均为五边形。

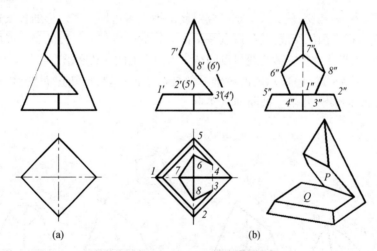

图 3-14 四棱锥被两平面截切
(a)已知条件；(b)作图过程。

作图：如图 3-14(b)所示，可先求 Q 平面截四棱锥后的截交线。由于 Q 平面为水平面，其截交线的正面投影和侧面投影具有积聚性，水平投影反映截交线的实形。由正面投影 $1'$ 在水平投影面上求出 1，由 1 作四边形与底面四边形对应边平行可得 1、2、5 点，Q 平面与 P 平面的交线Ⅲ、Ⅳ可由正面投影 $3'$、$4'$ 在水平投影面上求得 3、4。所求 1、2、3、4、5

即为截交线在水平投影面上的投影,其正面投影和侧面投影分别为 1′、2′、3′、4′、5′ 和 1″、2″、3″、4″、5″。再求 P 平面截四棱锥后的截交线。可按例 3-1 的方法求出 6′、7′、8′ 和 6″、7″、8″ 及 6、7、8。将Ⅲ、Ⅳ、Ⅵ、Ⅶ、Ⅷ各点同面投影连接起来,即得截交线在三投影面上的投影。在连线时应注意判断线段的可见性,Q 平面与 P 平面交线的水平投影 3 4 应为虚线。四棱锥上未被截切到的最右边的棱线,在侧面投影图上,没有与实线重合的部分应为虚线。

例 3-3 图 3-15(a)中,已知压块的正面投影和水平投影,补画其侧面投影。

由已知的两面投影可以看出,该立体相当于一长方体左上方和左前方各截切掉一块,如图 3-15(b)所示。图 3-15(a)中,平面 P 的水平投影是一个五边形线框 P,根据投影关系在正面投影中找不到与它对应的类似形线框,只有线段 p′ 与其对应。所以,P 平面为正垂面,其侧面投影必定是与水平投影类似的五边形线框。平面 Q 的正面投影是一个四边形投影 q′,对应的水平投影为直线段 q,因而 Q 平面为铅垂面,其侧面投影应是与正面投影类似的四边形线框。立体上其他各表面均为投影面平行面,其中左、右两侧面为侧平面,它们的侧面投影反映实形,而上、下、前、后几个侧表面的侧面投影积聚为直线段。根据立体上各表面的 V、H 投影可求出它们的侧面投影。作图时要注意正确地求出 P、Q 两平面交线 AB 的侧面投影 a″b″,如图 3-15(a)所示。

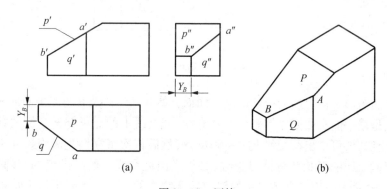

图 3-15 压块
(a)投影图;(b)立体图。

例 3-4 图 3-16(a)所示的八棱柱左端被截切掉一块,已知正面和侧面投影,完成其水平投影。

分析:该棱柱左端被截平面 P 截切,P 为正垂面,所得到的截断面为一平面多边形,其顶点为 A、B、C、D、E、F、G、H;并且该截断面为一正垂面,其正面投影已知,侧面投影也是已知的。顶点 A、B、C、D、E、F、G、H 位于棱柱的棱线上,如图 3-16(a)所示。

作图:首先作出未截切时棱柱的水平投影,如图 3-16(b)所示;根据截断面的正面投影和侧面投影,各顶点位于棱柱的棱线上,依次求出顶点 A、B、C、D、E、F、G、H 的水平投影;将各顶点的水平投影依次连接,即可求得截断面的水平投影,如图 3-16(c)所示;将截去的棱线的水平投影擦去;检查、加深,如图 3-16(d)所示。

二、平面与回转体相交

平面与回转体相交所得到的截交线一般是一封闭的平面曲线,或是由平面曲线和直

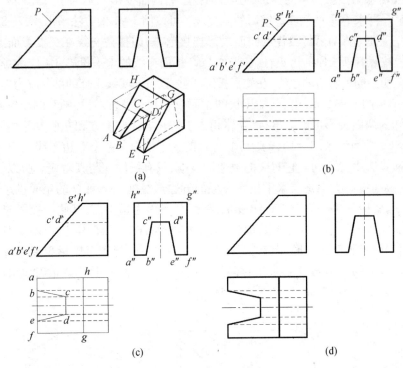

图 3-16 棱柱的截切

线围成的平面图形。截交线的形状取决于曲面立体几何性质及其与截平面的相对位置。

截交线是截平面和曲面立体表面的共有线,截交线上的点也都是它们的共有点。因此,求作截交线时,可求出截交线上一系列的点,然后依次将它们光滑连接起来。为了更准确地控制截交线的形状和分清可见性,必须求出截交线上的特殊点,如最高、最低、最左、最右、最前、最后点以及立体投影的转向轮廓线上的点等。当截平面为特殊位置平面时,截交线至少有一个投影积聚成直线段,此时求截交线其他投影的问题可看成是已知立体表面上点、线的一个投影,求解其他投影的问题。

(一) 圆柱的截交线

平面截切圆柱时,由于截平面与圆柱轴线的相对位置不同,截交线有三种情况,如表 3-1 所列。

表 3-1 圆柱面的截交线

截平面位置	平行于轴线	垂直于轴线	倾斜于轴线
截交线形状	矩形	圆	椭圆
立体图			

(续)

截平面位置	平行于轴线	垂直于轴线	倾斜于轴线
投影图			

例 3-5 补画图 3-17 被截切圆柱的侧面投影。

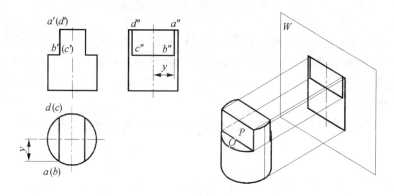

图 3-17 圆柱被两平面截切

分析:圆柱的轴线垂直于 H 面,其上方左右对称地被 P、Q 两平面截切。Q 平面垂直于圆柱轴线,其与圆柱表面交线为一段圆弧,积聚在水平投影的圆上。P 平面为与圆柱轴线平行的侧平面,其与圆柱表面交线为两条与轴线平行的铅垂直线,与圆柱顶面交得一条正垂线,此外 P、Q 两平面也交得一正垂线。上述四条直线围成与 W 面平行的矩形,其 V、H 投影都积聚为直线。

作图:先画出完整圆柱的侧面投影,再按投影关系求出左方侧平矩形的投影 $a''b''c''d''$,Q 平面的侧面投影积聚在 $b''c''$ 上。右方截切的结果与左方完全相同,它们的侧面投影重合。需注意,由于圆柱的最前、最后轮廓线没有被截切,故在侧面投影中都应完整画出。

图 3-18 所示圆柱被截切的情况与图 3-17 完全相同,只是圆柱有上、下贯通的孔。由于圆柱孔的存在,P 平面切得的侧平矩形分成前、后两个。作图时需注意分析截平面与圆柱孔表面的交线。

例 3-6 补画图 3-19 被开一方槽口圆柱的侧面投影。

分析:圆柱的轴线垂直于 H 面,圆柱上方的方形槽口是由两个与轴线平行的平面 P、Q 和一个与轴线垂直的平面 R 切出的。P、Q 平面与圆柱面的交线是两条与轴线平行的铅垂直线,P、Q 平面与圆柱的顶面及 R 平面均交得正垂线,其交线围成了两个平行于 W 面的矩形,侧面投影反映实形,并重合在一起,而其在 V、H 面的投影均积聚为直线。R 平面与圆柱面的交线是两段水平圆弧,连同与 P、Q 两平面的交线构成一平面图形,其水平投影反映实形,而 V、W 面投影积聚为一直线。

85

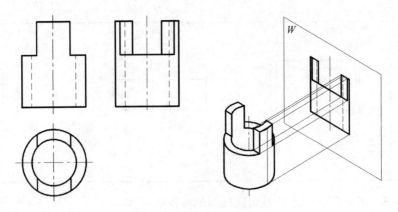

图 3-18 圆筒被两平面截切

作图:先画出完整圆柱的侧面投影。按投影关系求出左边侧平矩形的投影 $a''b''c''d''$,其中 $b''c''$ 不可见,画成虚线。右边侧平矩形的侧面投影与其重合。再作出槽口底平面图形的侧面投影,其中 $b''m''$ 及 $c''n''$ 画成粗实线。需注意,圆柱的最前、最后轮廓线由于被 R 平面切断,故 m'' 和 n'' 之上不画线。

图 3-20 所示圆筒上方开一方槽,请注意分析截平面与圆孔表面的交线。

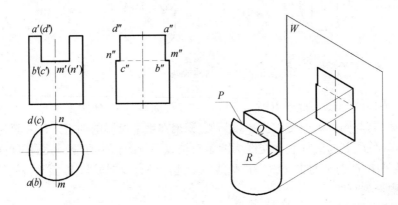

图 3-19 圆柱上方开一方槽

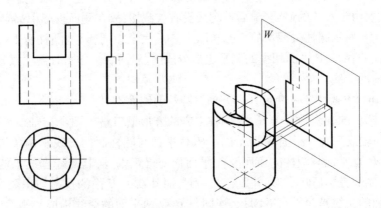

图 3-20 圆筒上方开一方槽

例 3 – 7 补画图 3 – 21 所示截头圆柱的侧面投影。

分析：圆柱的轴线垂直于 H 面，截平面为与圆柱轴线倾斜的正垂面，其与圆柱表面的交线为一椭圆。椭圆的正面投影积聚为一直线，水平投影与圆柱面有积聚性的投影重合。椭圆的侧面投影在一般情况下仍为椭圆。

作图：先画出完整的圆柱侧面投影，再求出截交线的侧面投影。

先求出特殊点，椭圆长轴 AB 与短轴 CD 互相垂直平分。A、B 两点的正面投影位于圆柱面轮廓线上，C、D 两点的正面投影位于 $a'b'$ 的中点，重合为一点 $c'(d')$。水平投影 a、b、c、d 均积聚在圆上。根据点的投影规律可求出 a''、b''、c''、d''。

再求中间点，如中间点 E，可先确定点 e' 的位置，然后求得 e，再由 e、e' 求得 e''。适当地求出若干中间点，将各点的侧面投影依次光滑连接，即求得椭圆的侧面投影。需注意，圆柱最前、最后轮廓线的投影应分别画到 c'' 和 d'' 点。

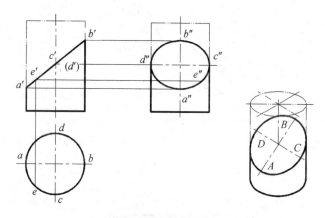

图 3 – 21 截头圆柱

图 3 – 22 中，圆柱的轴线垂直于 W 面，被 P、Q 两平面截切。P 平面与圆柱表面的交线为部分椭圆，Q 平面与圆柱表面交得两条侧垂线，此外，P 与 Q 相交得铅垂线。请自行分析 P、Q 截切圆柱的三面投影。

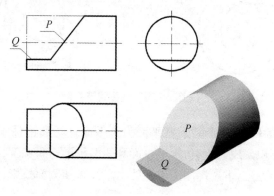

图 3 – 22 圆柱被 P、Q 两平面截切

（二）圆锥的截交线

平面截切圆锥时，由于截平面与圆锥轴线的相对位置不同，截交线有五种情况，如

表3-2所列。

表3-2 圆锥的截交线

截平面的位置	过锥顶	不过锥顶			
		$\theta=90°$	$\theta>\alpha$	$\theta=\alpha$	$0\leq\theta<\alpha$
截交线的形状	两直线	圆	椭圆	抛物线	双曲线
立体图					
投影图					

例3-8 已知截头圆锥的正面投影,求作水平投影和侧面投影,如图3-23所示。

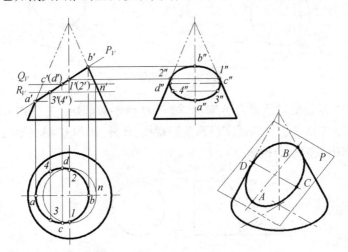

图3-23 截头圆锥

分析:由于圆锥的轴线为铅垂线,截平面为正垂面且与圆锥轴线斜交,故截交线为椭圆。椭圆的正面投影积聚成一直线,水平投影和侧面投影均为椭圆,不反映实形。可应用在圆锥表面上取点的方法,求出椭圆上诸点的水平投影和侧面投影,然后将它们依次光滑连接。

作图:(1)求特殊点。圆锥最左素线上的点 A 及最右素线上的点 B 是椭圆长轴的端点,它们的水平投影 a、b 及侧面投影 a''、b'' 可直接求出。椭圆短轴的端点 C 和 D 的正投影 $c'(d')$ 重影在 $a'b'$ 的中点,可利用圆锥面上的辅助圆求出它们的水平投影 c、d,进而求得

c''、d''。圆锥最前素线上的点Ⅰ和最后素线上的点Ⅱ的正面投影为$1'(2')$，其侧面投影可直接求得，进而确定水平投影1和2。

(2) 求一般点。椭圆上一般点的水平投影及侧面投影的作法与Ⅰ、Ⅱ两点的作图完全相同，例如Ⅲ点和Ⅳ点。

(3) 连线并判别可见性。圆锥顶部分被截切，截平面左低右高，所以截交线的水平投影和侧面投影均为可见，用粗实线依次光滑连接各点的水平投影和侧面投影。

(4) 整理图形。注意截头圆锥的侧面投影中，最前和最后轮廓线在$1''$、$2''$之上无线。

例 3-9 图3-24中，圆锥被水平面截切去上部分，已知正面和侧面投影，求作水平投影。

分析：圆锥的轴线垂直于W面，截平面是与轴线平行的水平面，故截交线由双曲线与直线组成。截交线的水平投影反映实形，V、W面投影积聚为直线。

作图：先求特殊点，双曲线上最左点D，在圆锥最高素线上可由d'直接得到水平投影d，双曲线上最右点A和G，在圆锥的底圆上，可由侧面投影a''、g''确定其水平投影a、g，AG线是截平面与圆锥底圆的交线。

再求一般点，如根据双曲线上一般点C、E的正面投影$c'(e')$利用圆锥面上的辅助圆求得它们的侧面投影c''、e''，进而确定其水平投影c、e。

依次光滑连接双曲线上各点的水平投影即完成作图。注意圆锥的最前、最后素线没有被截切，它们的水平投影应完整画出。

图3-25所示的圆锥轴线垂直于H面，被P、Q两平面截切。截平面P为通过锥顶S的正垂面，Q平面为与圆锥轴线平行的侧平面。P平面与圆锥表面交得两条过锥顶的直素线，连同P、Q两平面的交线构成一个三角形SAB。Q平面与圆锥表面的交线为双曲线的一部分，连同直线AB及Q平面与圆锥底面的交线CD构成一个平面图形。请读者自己分析被切割后圆锥的三面投影。

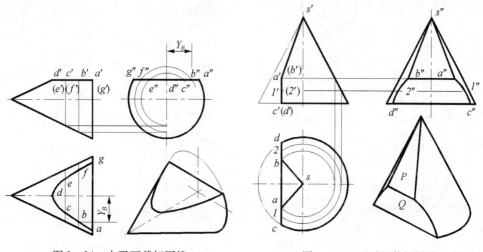

图3-24 水平面截切圆锥　　图3-25 两平面截切圆锥

(三) 球的截交线

球被任何位置的平面截切，其截交线总是圆。该圆的直径与截平面到球心的距离有关。由于截平面对投影面位置不同,截交线圆的投影也不同,当截平面与投影面平行时,截交线的投影为圆,如图 3 - 26(a)所示;截平面垂直于投影面时,截交线的投影积聚为直线,如图 3 - 26(b)的正面投影;截平面倾斜于投影时,截交线的投影为椭圆,如图 3 - 26(b)的水平投影。

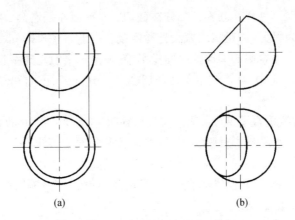

图 3 - 26 球的截交线
(a)球被一水平面截切;(b)球被一正垂面截切。

例 3 - 10 完成图 3 - 27 所示开槽半球的水平投影和侧面投影。

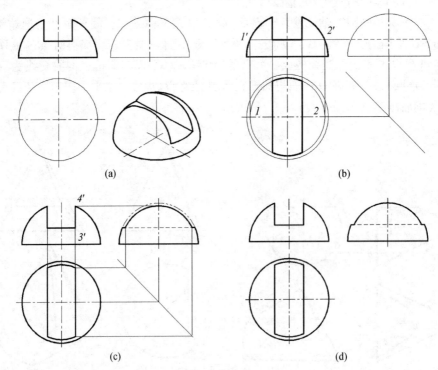

图 3 - 27 开槽的半球

分析:半球所开前、后通槽是由两个侧平面和一个水平面(方槽的底部)截切而形成的。水平面与半球相交得前、后两段圆弧(其直径为正面投影中的 1′2′),连同与两侧平面交得的两直线构成一平面图形,水平投影反映实形。而正面投影和侧面投影积聚为直线。两侧平面与半球相交得左右两段侧平圆弧(其半径为正面投影中的3'4'),连同它们与水平面交得的左、右两直线构成一平面图形,侧面投影反映实形且重影在一起,而正面投影和水平投影积聚为直线。

作图:读者自行分析。

(四) 截交线综合举例

图3-28 所示顶尖由垂直于 W 面的同轴线的圆锥和圆柱组成,左上方被一水平面 Q 和一正垂面 P 截切。水平面 Q 与顶尖轴线平行,截切圆锥得截交线为双曲线 EDF,与圆柱表面的交线为两条侧垂线 EA、FB。正垂面 P 与圆柱表面的交线为部分椭圆 ACB,两截平面还交得一正垂线 AB。

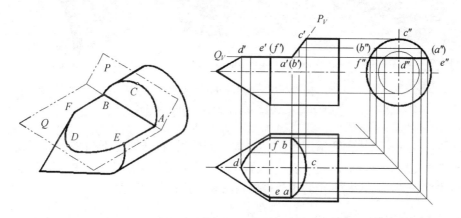

图3-28 顶尖的截交线

顶尖被截切后,圆锥与圆柱的分界圆剩下 E、F 两点之下的一大段圆弧。注意应画出它的投影,可见部分应画成粗实线,不可见部分要画成虚线。

图3-29 所示为一连杆头,它的外表面由轴线为侧垂线的圆柱面、内环面和球面组成。前、后被正平面截切,球面部分的截交线为平行于 V 面的圆弧,其正面投影应画到 $1'$。环面部分截交线的正投影可通过侧平纬圆求得,通过截交线上最右点Ⅲ的纬圆应与截平面相切,圆柱面部分未被截切。作图时先要在图上确定球面与环面的分界线,然后按照它们的几何特性求出截交线的投影。

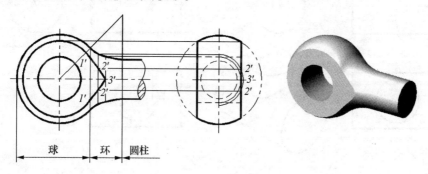

图3-29 连杆头的截交线

91

第四节 两回转体相交——相贯线

通常把两立体相交称为相贯,其表面产生的交线称为相贯线。零件上常见的是两回转体相贯,如图3-30所示的实例。为了完整清楚地表达机器零件的形状,画图时要正确地画出相贯线。

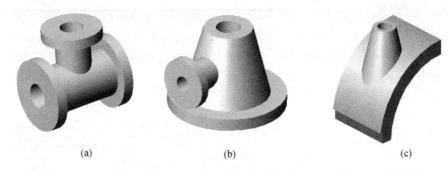

图3-30 机器零件上的相贯线
(a)三通管;(b)三通管;(c)轴承盖的一部分。

两回转体的相贯线一般情况下为闭合的空间曲线,特殊情况下为平面曲线或直线。由于相贯线是两立体表面的共有线,也是两立体的分界线,相贯线上的每一点都是两立体表面的共有点,所以,求相贯线的作图可以归结为找共有点的作图。

一、利用积聚性求相贯线

当相交的两回转体中有一个(或两个)圆柱面,且其轴线垂直于投影面时,则圆柱面在该投影面上的投影积聚为一个圆,相贯线上的点在该投影面上的投影也一定积聚在该圆上,而其他投影可利用表面上取点、线的方法作出。

例3-11 求作轴线正交的两圆柱表面相贯线,如图3-31所示。

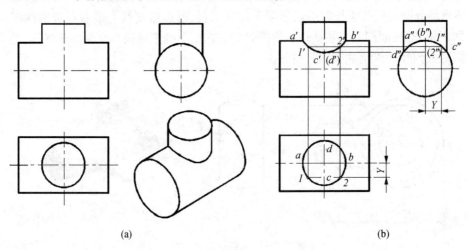

图3-31 轴线正交的两圆柱相贯
(a)已知条件;(b)作图。

分析:小圆柱的轴线垂直于 H 面,大圆柱的轴线垂直于 W 面,两圆柱轴线在同一正平面内垂直相交,相贯线是一封闭的空间曲线,且前后、左右对称。相贯线的水平投影重影在小圆柱面的水平投影上,相贯线的侧面投影重影在大圆柱面的侧面投影的一段圆弧上。因此,需要求作的是相贯线的正面投影,故可利用积聚性和表面取点的方法作图。

作图:(1)先求特殊点,在相贯线的水平投影上定出最左点 A、最右点 B、最前点 C、最后点 D 的水平投影 a、b、c、d,并作出它们的侧面投影 a''、b''、c''、d'',进而确定正面投影 a'、b'、c'、d'。A、B 还是相贯线上的最高点,C、D 还是相贯线上的最低点。

(2)作出相贯线上适当数量的一般点。如作一般点 Ⅰ、Ⅱ 时,可先在水平投影上定出 1、2,再按投影关系作出 $1''$、$2''$,最后确定 $1'$、$2'$。

(3)依次光滑连接各点并判别可见性。相贯线前后对称,正面投影重影在一起,按水平投影各点顺序依次连接成光滑曲线。向 V 面投影时,$A I C Ⅱ B$ 曲线同时位于两圆柱的可见表面上,$a'1'c'2'b'$ 画成粗实线。

(4)将两圆柱看成一整体,整理图形。注意大圆柱最高素线的正面投影 a'、b' 之间无线;小圆柱最左、最右素线的正面投影 a'、b' 之下无线。正交的两圆柱在机械零件上经常遇到,除了两实心圆柱相交以外,还可能有实心圆柱与空心圆柱相交及两空心圆柱相交,如图 3-32 所示。

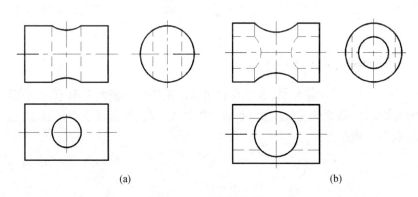

图 3-32 正交圆柱穿孔
(a)圆柱穿孔;(b)圆柱双向穿孔。

例 3-12 求作图 3-33 所示两圆柱表面的相贯线。

分析:直立圆柱的轴线垂直于 H 面,水平圆柱的轴线垂直于 W 面,两圆柱轴线交叉垂直,相贯线为一条左右对称的闭合空间曲线,其水平投影和侧面投影分别重影在两圆柱公共的一段圆弧上,需求作相贯线的正面投影,故可利用积聚性和表面取点法作图。

作图:(1)先求特殊点。水平圆柱的最高、最低、最前素线,直立圆柱的最左、最右、最后素线均参加了相贯,按投影关系将这些线上的点求出来。如水平圆柱最高素线上的点 Ⅱ 和 Ⅻ,最低素线上的点 Ⅵ、Ⅷ,它们的正面投影 $2'$、$12'$、$6'$、$8'$ 可依据水平投影直接得到。直立圆柱最后素线上的点 Ⅰ 和 Ⅶ 的正面投影 $1'$、$7'$ 可依据侧面投影作出。

(2)作出相贯线上适当数量的一般点。作图方法与例 3-11 相同。

(3)依次光滑连接各点并判别可见性。向 V 面投影时,同时位于两圆柱都可见表面上的相贯线,其正面投影 $3'4'5'$ 及 $9'10'11'$ 画成粗实线,其余不可见画成虚线。

（4）将两圆柱看成一整体，整理图形。注意直立圆柱左边轮廓线画到 3′、5′，右边轮廓线画到 9′、11′，在 3′、5′和 9′、11′之间无线；水平圆柱最高轮廓线画到 2′、12′，最低轮廓线画到 6′、8′，其中被直立圆柱挡住的一小段画成虚线，而 2′、12′和 6′、8′之间无线。

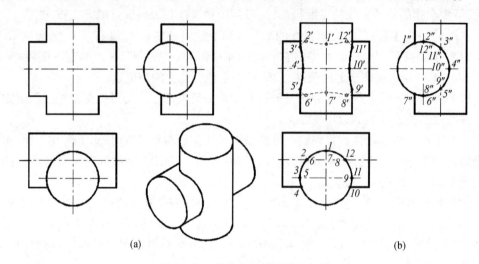

图 3-33　轴线交叉的两圆柱相贯
(a)已知条件；(b)作图。

二、利用辅助平面求相贯线

图 3-34 所示为两立体相贯，假想在相贯线范围内作一辅助平面 Q，Q 平面与两立体产生两条截交线，两截交线的交点 Ⅰ、Ⅱ 即为相贯线上的点，也是辅助平面、两相贯立体表面的共有点，即三面共点。

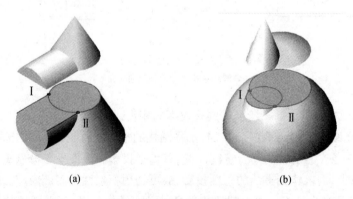

图 3-34　辅助平面法原理
(a)圆柱与圆锥相贯；(b)球与圆锥相贯。

选择辅助平面的原则：应使辅助平面与两相贯立体表面产生的截交线及其投影是简单易画的圆或直线。

例 3-13　求作轴线正交的圆柱与圆锥的相贯线，如图 3-35 所示。

分析：圆柱的轴线垂直于 W 面，圆锥的轴线垂直于 H 面，两轴线在同一正平面垂直相

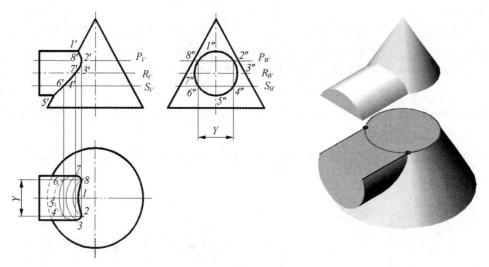

图 3-35 圆柱与圆锥相交

交,相贯线为一条前后对称闭合的空间曲线。显然,相贯线的侧面投影重影在圆柱面的侧面投影上,需求作相贯线的正面和水平面投影。这里采用辅助平面法作图。要使辅助平面与圆锥、圆柱的截交线的投影都简单易画,只有采用水平面作为辅助平面。

作图:(1)求特殊点。由侧面投影可定出相贯线上最高点Ⅰ和最低点Ⅴ的侧面投影1″、5″,又知道Ⅰ、Ⅴ两点位于水平圆柱最上方素线和圆锥最左素线上,所以,其正面投影1′、5′可直接求出,再求出水平投影1、5。相贯线的最前点Ⅲ和最后点Ⅶ,分别位于水平圆柱最前和最后两条素线上,其侧面投影3″和7″可直接求出。水平投影3、7可过圆柱轴线作水平面 R 求出,再由3、7和3″、7″求得正面投影3′、7′。

(2)作出相贯线上适当数量的一般点。如作辅助水平面 P 求得相贯线上的Ⅱ、Ⅷ点;作辅助水平面 S 求得相贯线上的Ⅳ、Ⅵ点。

(3)依次光滑连接各点并判别可见性。向 V 面投影时,Ⅰ、Ⅱ、Ⅲ、Ⅳ、Ⅴ点同时位于两立体可见的表面上,故用粗实线光滑连接1′2′3′4′5′,后半段相贯线不可见,但与前半段相贯线重影。向 H 面投影时,Ⅲ、Ⅱ、Ⅰ、Ⅷ、Ⅶ点同时位于两立体可见的表面上,故水平投影3、2、1、8、7以粗实线光滑连接,相贯线的其余部分点位于不可见的下半个圆柱面上,水平投影3、4、5、6、7连成虚线。

(4)将圆柱、圆锥看成一整体,整理图形。注意在水平投影中,圆柱的前、后轮廓线应分别画到3、7。

例 3-14 求作圆台与部分球体的相贯线,如图 3-36 所示。

分析:部分球体为一前后对称截切的1/4球,圆台的轴线垂直于 H 面,但不通过球心,相贯线为一条前后对称的闭合空间曲线。由于球面及圆锥面的三面投影都没有积聚性,相贯线的三面投影都需要作出,可采用侧平面和一系列的水平面作为辅助平面。

作图:(1)求特殊点。由正面投影可确定相贯线上最左点和最右点的投影1′、4′。Ⅰ、Ⅳ两点位于球面对 V 面的轮廓线圆和圆锥台的最左、最右轮廓线上。然后确定Ⅰ、Ⅳ的水平投影1、4和侧面投影1″、4″。过锥顶可作辅助侧平面 Q,求得圆锥最前素线上的点Ⅲ及最后素线上的点Ⅴ的侧面投影3″、5″,再确定其正面投影3′、(5′)和水平投影 3、5。

(2) 作出相贯线上适当数量的一般点。如选用辅助水平面 R 求得相贯线上的点 Ⅱ 和 Ⅵ 的水平投影 2、6，再确定其正面投影 2′(6′) 和侧面投影 2″、6″。

(3) 依次光滑连接各点并判别可见性。向 V 面投影时，Ⅰ、Ⅳ 点之前的相贯线可见，1′2′3′4′ 以粗实线光滑连接，后半段相贯线不可见，但与前半段重影。向 W 面投影时，Ⅲ、Ⅴ 点之左的相贯线可见，3″2″1″6″5″ 以粗实线光滑相连，其余连成虚线。向 H 面投影时，相贯线都可见，画成粗实线。

(4) 将两立体看成一整体，整理图形。注意圆台最前、最后素线的侧面投影分别画到 3″、5″。

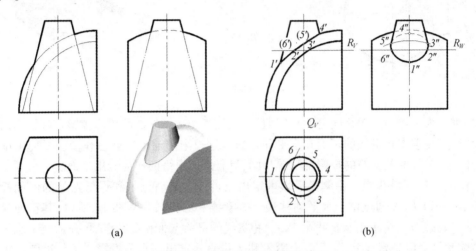

图 3-36　圆台与部分球的相贯线
(a) 已知条件；(b) 作图。

例 3-15　求三通管接头的外部相贯线，如图 3-37 所示。

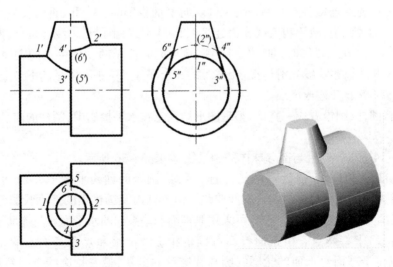

图 3-37　三通管接头的外相贯线

分析：圆锥台 A 与小圆柱 B 及大圆柱 C 均相贯，故相贯线有两条。因两圆柱的轴线垂直于 W 面，故两条相贯线的侧面投影分别积聚在两圆柱侧面投影的圆周上。需求相贯线的正面投影和水平投影。

作图：首先在侧面投影中定出圆台与大圆柱相贯线的最高点Ⅱ和最低点Ⅳ、Ⅵ的投影 2″、4″、6″，以及圆台与小圆柱相贯线的最高点Ⅰ和最低点Ⅲ、Ⅴ的投影 1″、3″、5″。依次求出这些点的正面投影 2′、4′、6′、1′、3′、5′和水平投影 2、4、6、1、3、5。再用水平面作辅助平面求得若干一般点的投影，最后画出相贯线的正面投影和水平投影，请自行分析。

三、相贯线的特殊情况、正交圆柱和相贯线投影的趋势

（一）相贯线的特殊情况

两曲面立体的相贯线一般情况下为闭合的空间曲线，特殊情况下为平面曲线或直线。

（1）两圆柱轴线平行或两圆锥共顶点相贯，其相贯线为直线，如图 3-38 所示。

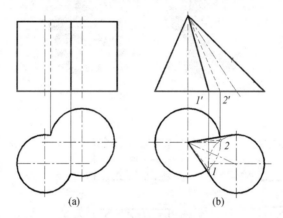

图 3-38　相贯线为两直线
（a）两圆柱轴线平行；（b）两圆锥共顶点。

（2）同轴的回转体相贯时，相贯线为垂直回转轴线的圆，如图 3-39 所示。

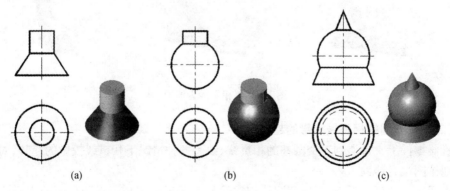

图 3-39　相贯线为圆
（a）圆柱与圆锥相贯；（b）圆柱与球相贯；（c）圆锥与球相贯。

（3）轴线相交的圆柱、圆锥相贯，若它们公切于一个球面，则其相贯线为两条平面曲

线——椭圆。当两立体的相交两轴线同时平行于某投影面时,则此两椭圆曲线在该投影面上的投影为相交两直线,如图3-40所示。

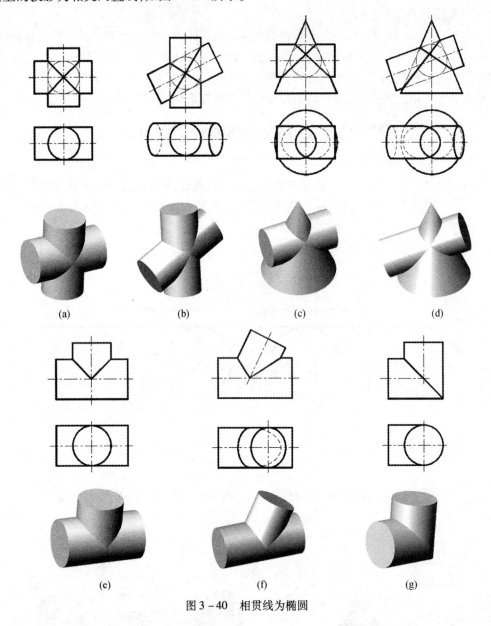

图3-40 相贯线为椭圆

(二) 正交圆柱相贯线投影的趋势

机器零件上常常遇到正交圆柱的相贯线,熟悉各种情况下相贯线投影的趋势,对迅速正确地作图很有帮助。

由图3-41可以看出,正交两圆柱相贯线的水平投影都与直立圆柱面的水平投影重合,而相贯线的正面投影一般为曲线,并且总是向大圆柱轴线方向弯曲。两圆柱直径越接近,这种弯曲就越明显。当两圆柱直径相等时,曲线变成直线。

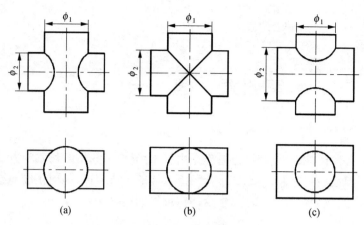

图 3-41 正交圆柱相贯线的变化
(a)$\phi_1 > \phi_2$;(b)$\phi_1 = \phi_2$;(c)$\phi_1 < \phi_2$。

第四章 组 合 体

工程中的各种机件,一般都可以看作是由基本形体经过叠加、切割等方式而形成的组合体。为了正确地表达它们,本章着重介绍组合体的形成规律、如何正确地绘制和读懂组合体的图样,以及组合体尺寸标注与组合体构形等问题。

第一节 三视图的形成及特性

GB/T 4458.1—2002《机械制图 图样画法 视图》规定:绘制机械图样时,物体图形采用第一角画法,物体向投影面作正投影所得到的图形称为视图。如图4-1(a)所示,在三面投影体系中,物体的正面投影图称为主视图;物体的水平投影称为俯视图;物体的侧面投影称为左视图。如图4-1(b)所示,统称为物体的三视图。

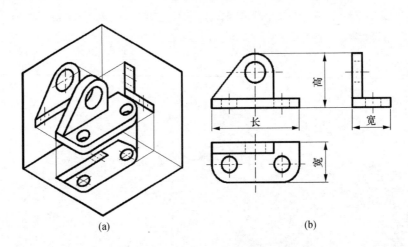

图4-1 三视图的形成和投影规律
(a)三视图的形成;(b)三视图特性。

如图4-1(b)所示,在投影面展开之后的三视图中,主视图表达了机件的长、高;俯视图表达了机件的长、宽;左视图表达了机件的宽、高。运用已掌握的投影规律,可以将三视图之间的关系概括为:主、俯视图长对正,主、左视图高平齐,左、俯视图宽相等。在此规律中要特别注意左、俯视图除了宽相等之外,还有前后位置对应关系,俯视图的下方和左视图的右方表示机件的前方,俯视图的上方和左视图的左方表示机件的后方。

第二节 组合体视图的画法

一、组合体形体分析

(一)组合体的类型

组合体是由基本几何体按照一定方式组成的立体。按照组合方式的不同,组合体可以分为叠加式组合体、切割式组合体、复合式组合体,如图4-2所示。

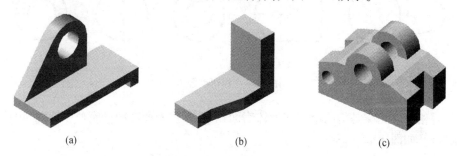

图4-2 组合体示例
(a)叠加式组合体;(b)切割式组合体;(c)复合式组合体。

1. 叠加式组合体

此种类型的组合体由两个或两个以上的基本形体叠加而成。根据构成组合体的各形体邻接表面之间过渡关系的不同又可分为堆积、相切、相交三种情况。

(1)堆积。堆积是指两个邻接形体的表面重合。如图4-3(a)~(c)所示为平面体之间的叠加。应当注意的是,当两个形体堆积在一起之后,如果某个方向的表面平齐,则两表面之间无分界线,如图4-3(a)所示为两个形体前后表面平齐。如果某个方向的表面不平齐,则两个表面之间应有轮廓分界线,如图4-3(b)、(c)所示。

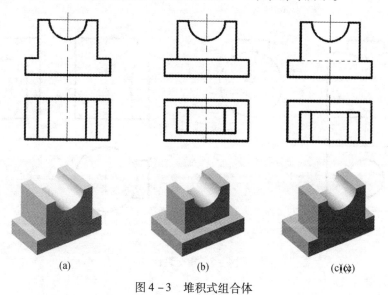

图4-3 堆积式组合体

(2) 相切。相切是指两个邻接形体的表面光滑过渡,此时切线的投影在三个视图中均不画出,如图 4-4 所示。

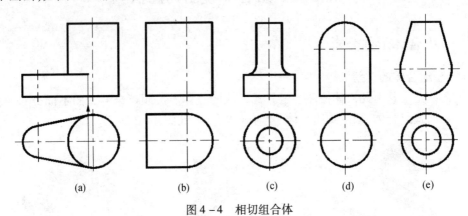

图 4-4 相切组合体

(3) 相交。相交是指两个邻接形体表面相交,邻接表面之间一定产生交线,包括截交线、相贯线,如图 4-5 所示。

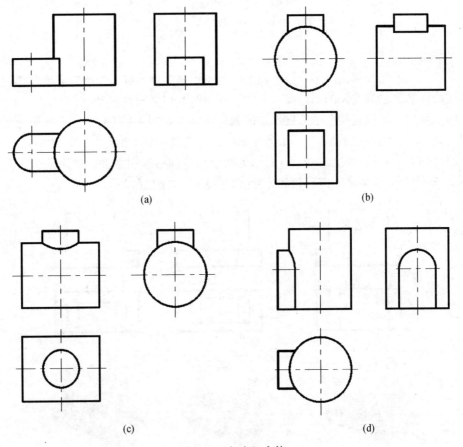

图 4-5 相交组合体

2. 切割式组合体

切割式组合体是指基本形体被平面或曲面切割、穿孔后形成的组合体。如图4-6所示的组合体就是在四棱柱上切割掉Ⅰ、Ⅱ、Ⅲ、Ⅳ形体而成的。

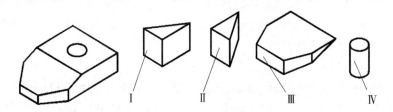

图4-6 切割式组合体

叠加和切割是形成组合体的两种分析方式。多数情况下,它们之间并无严格的界限,同一个组合体的形成常常是叠加与切割的组合,如图4-2所示的复合式组合体。

（二）组合体形体分析法

为了便于画图,可把组合体分解成若干基本形体,并确定各形体间的相对位置、组合形式和表面连接关系,这种方法称为形体分析法。它是组合体画图与组合体读图的基础。画图时,利用形体分析法将组合体分解成若干简单的形体来完成。读图时,运用形体分析法,从简单的形体着手,根据各形体表面连接的投影特性,看明白组合体中各形体的形状及相对位置,便于从总体上理解组合体的形状。

例4-1 分析图4-7(a)中组合体的组成。

解:图4-7中的组合体由顶板Ⅰ、支承板Ⅱ、肋板Ⅲ、底板Ⅳ四个基本形体组合而成。其中,底板Ⅳ与支承板Ⅱ堆积在一起,且右端面平齐,顶板Ⅰ堆积在支承板Ⅱ之上,左面平齐。肋板Ⅲ堆积在底板Ⅳ上与支承板Ⅱ相交,如图4-7(b)所示。

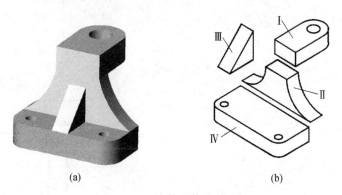

(a)   (b)

图4-7 组合体形体分析示例

二、画组合体视图的方法与步骤

画组合体视图时,首先要进行形体分析,将其分解成若干基本形体,并确定各形体的组合形式和相对位置。在此基础上选择适当的视图,主要是主视图的选择。确定主视图时,要解决组合体从哪个方向投射和怎么放置两个问题。主视图的选择原则:①选择最能反映组合体的形体特征的投射方向;②最能反映组成该组合体的各基本体的相对位置,并能减少俯、左视图上虚线的投射方向;③选择组合体的自然安放位置,或使组合体的表面对投影面尽可能多地处于平行或垂直位置,作为主视图投射方向。

具体画图时,先画出由尺寸可以直接确定的主要形体的投影图,然后画出其他形体的投影图,同时判断各形体表面间的连接关系,正确地画出它们的投影,最后检查描深。下面举例说明画组合体视图的步骤。

例4-2 画出图4-8(a)所示组合体的三视图。

(1) 形体分析与主视图选择。此组合体由形体Ⅰ四棱柱、形体Ⅱ四棱台和形体Ⅲ半圆柱叠加而成。其中,形体Ⅰ上切去两个三棱柱的角,中间对称开槽切割成四棱柱加半圆柱的槽。形体Ⅱ和形体Ⅲ叠加在对称处挖去一圆柱。形体Ⅱ和形体Ⅲ表面过渡关系为相切,如图4-8(b)所示。

主视图的选择:根据主视图选择原则,此组合体应按图4-8(a)放置。形体Ⅰ、Ⅱ、Ⅲ叠加成L形,这是组合体的主要形体特征。俯视图可以反映出底板上切去的两个角和开槽的实形,左视图反映出形体Ⅲ和圆孔的实形,整个组合体表达清晰完整。

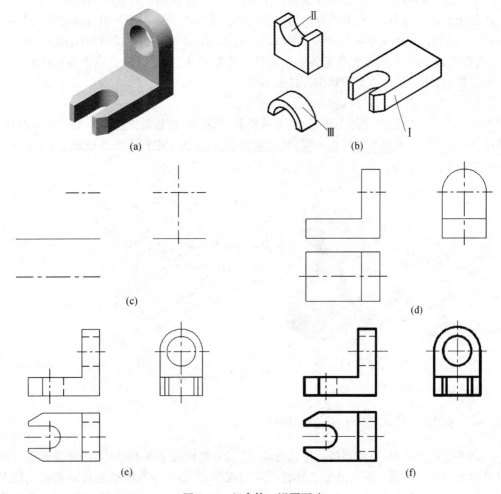

图4-8 组合体三视图画法

(2) 选比例,定图幅。画图时,尽量选用 1∶1 的比例。这样既便于估量组合体的大小,又便于画图。根据组合体的大小选用合适的标准图幅。所选图幅要得当,使视图布置均匀,并在视图之间留出足够的距离,以备标注尺寸。

(3) 布图、画基准线。先固定图纸,然后根据视图的大小和位置,画出作图基准线,合理确定各视图的布局,画底线、中心线和对称线,如图 4-8(c)所示。

(4) 画形体 I、II 和 III,如图 4-8(d)所示。

(5) 画形体 I 上细部结构。画形体 I 上切去的槽和三棱柱时,应先画反映实形的俯视图,然后完成主视图和左视图,如图 4-8(e)所示。

(6) 画形体 II。形体 II 与形体 III 的表面相切过渡,应先画反映实形的左视图,然后完成主视图和俯视图。最后画出在形体 II 和形体 III 叠加对称处挖去的圆柱,如图 4-8(e)所示。

(7) 检查、描深。按形体逐个仔细检查,对形体表面中的垂直面、一般位置面,以及形体间邻接表面处于相切、共面等的面、线利用投影规律重点校核,纠正错误和补充遗漏。最后,按标准图线描深,可见部分用粗实线画出,不可见部分用虚线画出,如图 4-8(f)所示。

例 4-3 画出图 4-9(a)所示组合体的三视图。

(1) 形体分析与主视图选择。此组合体由直立大圆筒 I、底板 II、小圆筒 III 和肋板 IV 组成,如图 4-9(a)、(b)所示。底板位于大圆筒的下方,且右侧与大圆筒相切,小圆筒与大圆筒正交;肋板位于底板上面与大圆筒相交。此组合体应按照图 4-9(a)所示位置放置。

(2) 选比例,定图幅。按 1∶1 的比例,确定图幅大小。

(3) 布图、画基准线,如图 4-9(b)所示。

(4) 逐个画出各形体三视图,如图 4-9(c)~(f)所示。

(5) 检查、描深,如图 4-9(g)所示。

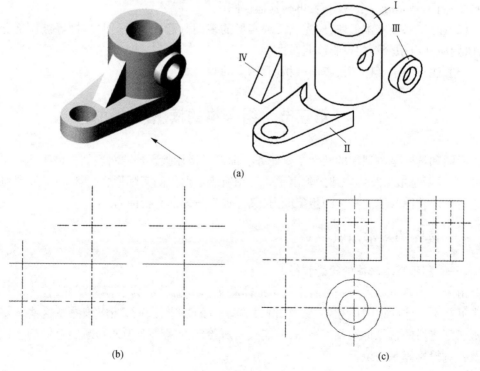

105

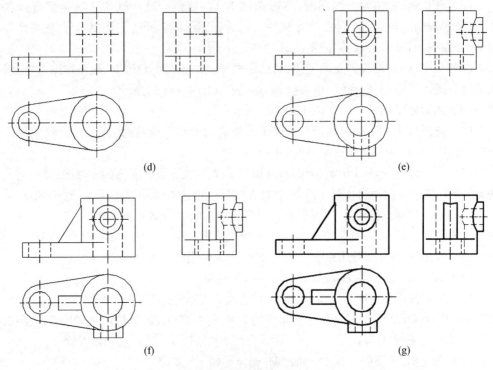

图 4-9 画组合体三视图

注意：

(1) 画组合体三视图时，对于组成组合体的每个基本形体，应将其三视图联系起来同时画图，而不是完成一个视图后，再画其他视图。

(2) 对于每个基本形体，应先从反映实形的视图画起，而对于切口、槽等被切部分的表面，则应从有积聚性的投影画起。

(3) 注意两个形体邻接表面中相切、相交的画法。

第三节　组合体的读图

画图和读图是本课程的两个主要任务。前者是运用投影规律将空间形体表示在平面图纸上，后者是根据投影规律想象出平面视图所表示形体的实际形状，所以说读图是画图的逆过程。读图既能提高空间想象能力，又能提高投影的分析能力。

一、读图的基本知识

（一）熟悉基本形体的投影特征

由于组合体可以看作是由若干基本形体叠加、切割而成，为了读懂图样，首先应该熟悉常见基本形体（如棱柱、棱锥、圆柱、圆锥、球等）的投影，同时，还应该熟悉这些基本形体被切割之后的常见形式及三视图，并能根据所给定的视图准确地判断出它们的空间形状及相对投影体系的位置。

（二）几个视图联系起来读

一个视图通常是不能确定组合体的形状和各表面间相对位置的,有时两个视图也不能确定组合体的形状。如图4-10(a)所示的两个组合体,虽然它们的主视图相同,但是其形状各异。图4-10(b)所示的组合体,虽然主、俯视图均相同,由于左视图不同,它们的形状各不相同。因此,在读图时必须几个视图一起看,互相对照,同时分析,才能正确地想象物体的形状。

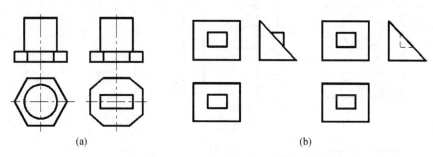

图4-10　几个视图联系起来读图示例
(a)由一个视图可确定多种组合体;(b)由两个视图可确定多种组合体。

（三）从特征视图想象物体形状

1. 从反映形体特征的视图入手,想象组合体形状

由于组成组合体的各基本形体的组合方式不同,一般情况下反映各形体特征的线框分散于各个视图,看图时,首先要从各视图中找出能反映各形体特征的线框,并以此来想象各部分的形状。如图4-11(a)所示,主视图有三个线框1′、2′、3′,对照投影关系可知主视图线框3′、俯视图的线框1和左视图的线框2″分别为三个形体的特征视图,结合另外两个视图,就可以得出各形体的形状,如图4-11(b)所示。

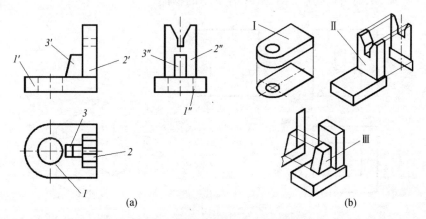

图4-11　从特征视图想象组合体形状

2. 从反映形体位置特征的视图入手,想象各部分的相对位置

组成组合体各部分的相对位置有上下、左右、前后六个方向。其中主、左视图可以反映上下关系,主、俯视图可以反映左右关系,左、俯视图可以反映前后关系。确定相对位置时,首先应找到位置特征视图,并以此想象各部分的相对位置。如图4-12所示,从主视

107

图中清楚地表示了形体的上下、左右关系,但前后位置关系要借助于俯视图或左视图。但由于俯视图投影重合而无法判断,必须依靠左视图决定前后位置关系,图中左视图不同,组合体的形状也不同。此例左视图是反映各形体相对位置最明显的视图,即位置特征视图。

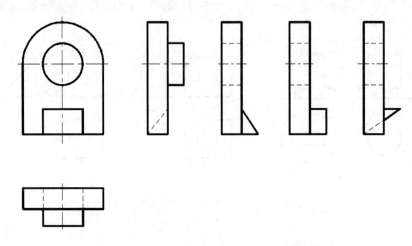

图 4-12 从位置特征视图想象各形体相对位置

(四)依据视图中线段、线框的可见性,判断结构投影重合的形体位置

当视图中有两个或多个线框不能借助于"三等"关系和"方位"关系在其他视图中找到确切对应关系时,可根据视图中线段、线框的可见性判断各自对应关系,从而想象出其相对位置。如图 4-13(a)的三视图,可以判断出在该组合体前、后壁上分别开有圆孔和方孔。借助于主视图中两线框均可见的特点可知道,只有方孔在前、圆孔在后,主视图中其投影才可见,从而可以得出图 4-13(b)所示的物体。

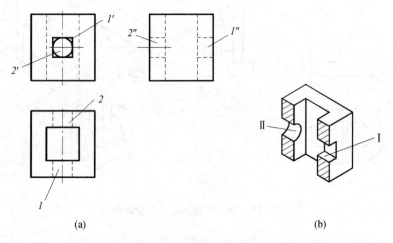

图 4-13 借助线框可见性想象形体
(a)物体的三视图;(b)物体剖开的图形。

（五）明确视图中线条、线框的空间含义

视图中的线条不论是实线、虚线，还是直线或曲线，可能有三种含义，如图4-14(a)所示。

图4-14(a)中数字1处表示组合体上具有积聚性的平面或曲面，数字2处表示组合体上两个表面的交线，数字3处表示曲面的轮廓素线。

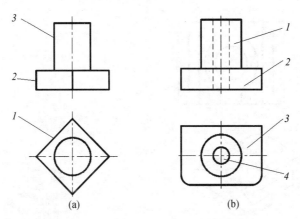

图4-14 视图中线条、线框的各种含义
(a)线条的各种含义；(b)线框的各种含义。

视图中每个封闭的线框，可能有四种含义，如图4-14(b)所示。数字1处表示一个曲面，数字2处表示平面与曲面相切的组合面，数字3处表示一个平面，数字4处表示一个空腔。

要认真分析视图中的线框，识别各形体表面之间的相互位置。视图中相邻两个线框必定是物体上相交的两个表面或同向错位的两个表面的投影。线框内套有线框时，内部的线框一般表示凸起或凹陷的表面。

二、读图的方法

（一）形体分析法

形体分析法是读图的基本方法。其思路为：根据已知视图，初步将组合体分解成若干组成部分，然后按照投影规律和各视图之间的关系，分析出各组成部分的形状及其相对位置，最后，综合想象出整体形状。这种方法主要用在组合体的形体特征明显的情况下。

例4-4 如图4-15(a)所示，根据组合体的三视图，想象出它的整体形状。

解：(1) 分解视图。根据视图间投影规律，从主视图入手，对照俯视图，可以将图形分解为底板Ⅰ、立柱Ⅱ和小圆柱Ⅲ三部分，如图4-15(b)所示。

(2) 单个想象。立柱与小圆柱形状较简单，所以，这里主要是底板，中间对称开槽切割成燕尾槽，并且被正垂面切割，如图4-15(b)所示。

(3) 确定各形体组合方式与相对位置。立柱堆积在底板上，并以立柱的底面为结合面，立柱与小圆柱正交，并且小圆柱在立柱偏上方。综合想象为图4-15(c)所示形体。

109

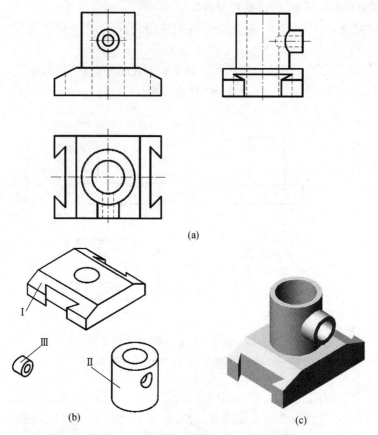

图 4-15 用形体分析法想象组合体形状

例 4-5 如图 4-16(a)所示,已知组合体主、俯视图,补画左视图。

解:(1)分解视图。根据视图间投影规律,从主视图入手,对照俯视图,可以将图形分解为Ⅰ、Ⅱ、Ⅲ三部分。形状如图 4-16(b)所示。其中形体Ⅱ、Ⅲ均含两个相同体。综合想象为 4-16(c)所示形体。

(2)分别画第Ⅰ、Ⅱ、Ⅲ部分的左视图,如图 4-16(d)~(f)所示。

(3)检查加深左视图。

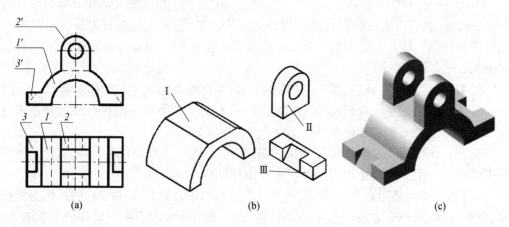

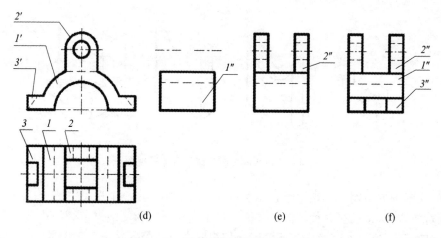

(d)　　　　　　　　　(e)　　　　　　(f)

图 4-16　形体分析法读组合体示例

（二）线面分析法

在读图时，对于较复杂的组合体，尤其是当形体被切割、形状不规则或投影相重合时，需要借助于线面分析法来想象这些局部的形状。它是形体分析法读图的补充方法，主要是通过对各种线面含义的分析来想象组合体的空间形状。

例 4-6　如图 4-17(a)所示为组合体的主视图与俯视图，想象其整体形状，并补画左视图。

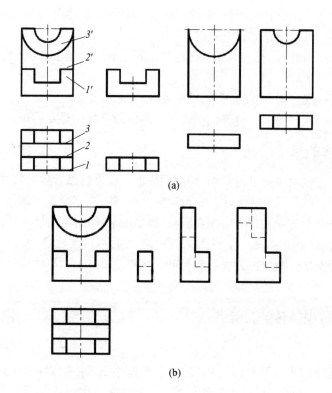

(a)

(b)

111

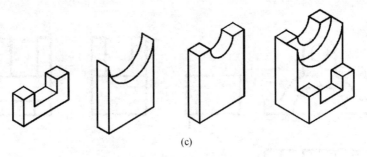

(c)

图 4-17 线面分析法读组合体三视图

解:视图中的封闭线框表示组合体上一个面的投影。在一个视图中,要确定面与面之间的相对位置,必须通过其他视图来分析。对于主视图的封闭线框 1′、2′、3′,按照投影关系,对照俯视图,这三个线框所表示的面在俯视图中可能分别对应 1、2、3 三条线。而且根据主、俯视图的可见性,将其分为前、中、后三层。线框 1 为前层,切割成四棱柱槽,2 为中层,切割成直径较大的半圆柱槽,后层切割成直径较小的半圆柱槽,最后,中层与后层有一个圆柱形通孔。可以想象出空间形状如图 4-17(c)所示。

画图步骤如图 4-17(b)所示。

第四节 组合体的尺寸标注

视图只能表达出组合体的形状,要确定组合体上各部分的真实大小及相对位置,必须标注尺寸。标注尺寸时应做到以下几点:

(1) 正确——所注写的尺寸不仅数值正确,而且要符合国家标准《机械制图》中有关尺寸注法的规定。

(2) 完整——尺寸必须注写齐全,不要遗漏,不应重复。

(3) 清晰——尺寸布置要整齐、清晰,同一形体的尺寸注写要相对集中,便于看图。

一、基本体的尺寸注法

由于组合体是由基本体经过叠加、切割而成的。要掌握组合体的尺寸标注,必须先熟悉和掌握几何形体的尺寸标注方法。一般应标出长、宽、高三个方向的尺寸。但并非每个基本体都需注出三个方向的尺寸。如在圆柱、圆锥的非圆视图上注出直径"ϕ",可以减少一个方向的尺寸,还可以省去一个视图,因为"ϕ"具有双向尺寸功能;在球的一个视图中注出"$S\phi$"就可表示球,因为它表示三个方向的尺寸。如图 4-18 所示为常见基本体的定形尺寸标注方法。

二、截切与相贯体的尺寸注法

几何形体被切割后,除了标注定形尺寸外,还要注出切平面位置,其截交线即可确定。因此不应再在截交线中标注尺寸。同理,两个形体相交,除了标注每个形体的定形尺寸外,还要注出其相对位置,其相贯线亦可确定,因此也不应再在相贯线上标注尺寸。如图 4-19 所示为截切、相贯体的尺寸注法。

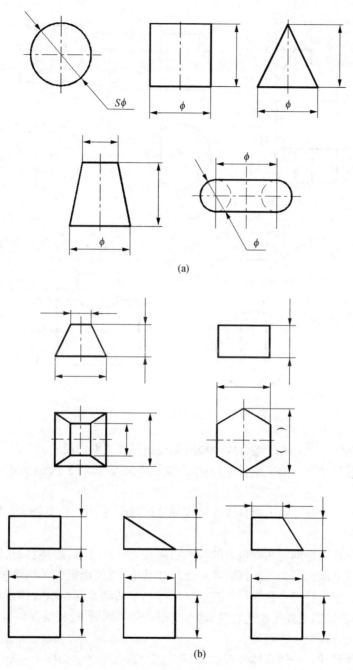

图 4-18 基本体的尺寸标注示例
(a)回转体尺寸标注;(b)平面体尺寸标注。

三、组合体的尺寸注法

(一)标注尺寸要完整

为了表达组合体的真实大小,视图中所注的尺寸应完整,既无遗漏,又无重复,而且每

113

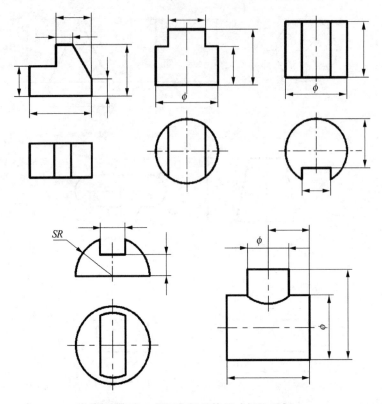

图4-19 截切与相贯体尺寸标注示例

个尺寸只能标注一次。对于组合体一般应标注出三种类型的尺寸：

(1) 定形尺寸——确定组合体各组成部分形状大小的尺寸，如图4-20(a)所示的R5、φ20等。

(2) 定位尺寸——确定组合体各组成部分相对位置的尺寸，如图4-20(b)所示的尺寸为定位尺寸。

由于定位尺寸是确定相对位置的，所以，标注定位尺寸时，必须在长、宽、高三个方向分别选出尺寸基准。每个方向都应有一个尺寸基准，以便确定各基本形体在各方向的相对位置。尺寸度量的起点称为尺寸基准。尺寸基准的确定既与组合体的形状有关，又与其作用、工作位置以及加工制造有关，通常选组合体的底面、较大端面、对称平面以及主要回转体的轴线等作为尺寸基准。

(3) 总体尺寸——组合体外形的总长、总宽、总高尺寸。如图4-20(c)中所注尺寸50、30、27为组合体总体尺寸。注意：如果组合体的定形、定位尺寸已经标注完整，再标注总体尺寸就会多余，就要对已标注的定形定位尺寸进行适当调整。如图4-20(c)中主视图上的高度尺寸，如果标注总高，应减去一个同方向上的尺寸（例如减去圆柱高方向的尺寸20）。

（二）标注尺寸要清晰

标注尺寸除了完整外还应标注得清晰。所谓清晰就是除了遵守国家标准规定外还应注意以下几点：

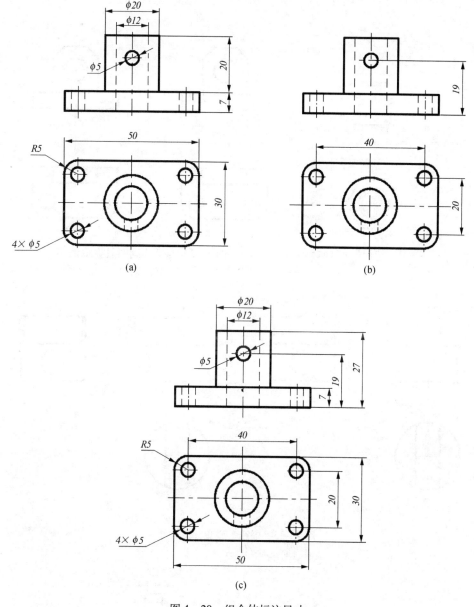

图 4-20 组合体标注尺寸

（1）标注尺寸必须在形体分析的基础上，按所分解的各组成形体分别标注定形和定位尺寸，切忌片面地按视图中的线框或线条来标注尺寸。如图 4-21 中的注法是错误的。

（2）组合体上的对称性尺寸，应以对称中心线为尺寸基准，标注全长。如图 4-22 （a）、（b）所示为正、误注法的比较。

（3）尺寸尽量标注在形体特征最明显的视图上，并且尽量避免在虚线上标注尺寸。如图 4-23 中凹槽的尺寸 $\phi 8$ 和 20 注在左视图上比注在主视图上好。

（4）为了方便看图，同一形体的尺寸尽可能集中标注。如图 4-24 中底板的定形尺寸以及两个小圆孔的定形尺寸和定位尺寸应集中标注在俯视图上；而在长度和高度方向上,竖板的定形尺寸以及圆孔的定位尺寸都应集中标注在主视图上。

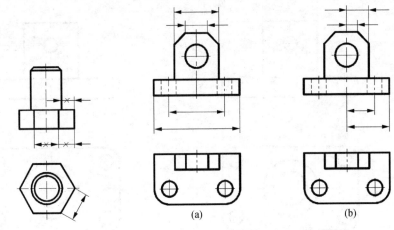

图 4-21 错误尺寸注法图例　　图 4-22 对称尺寸的注法图例
(a)正确;(b)错误。

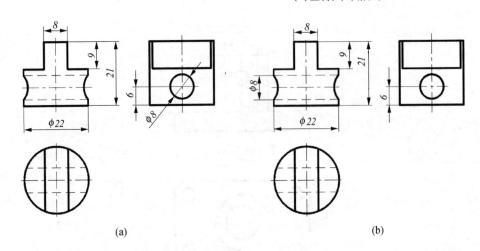

图 4-23 虚线上避免标注尺寸
(a)正确;(b)φ8 标注不妥。

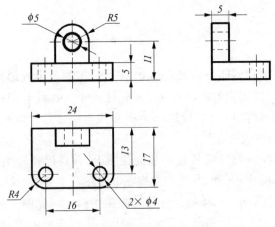

图 4-24 集中标注尺寸示例

(5) 直径尺寸最好标注在非圆视图上,小于或等于半圆的圆弧应标注半径,大于半圆的圆弧标注直径;半径尺寸必须标注在投影为圆弧的视图上,如图4-25所示。

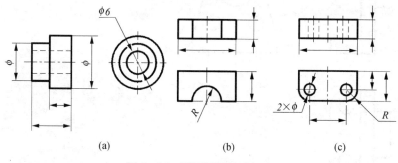

图4-25 圆及圆弧尺寸标注

(6) 尺寸标注要排列整齐,如图4-26所示,图4-26(a)表示同一方向的几个连续尺寸应尽量标注在同一条尺寸线上。图4-26(b)表示应尽量避免尺寸线、尺寸界线与轮廓线相交,所以将大尺寸注在外面,小尺寸注在里面。

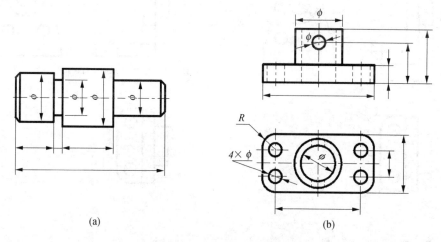

图4-26 尺寸标注应排列整齐

四、组合体尺寸标注的步骤与举例

标注尺寸之前应先读懂组合体三视图,对其进行形体分析,选定三个方向的尺寸基准,注出各基本形体的定形尺寸和定位尺寸,再调整总体尺寸,最后检查。

下面以图4-27(a)所示组合体为例,说明标注组合体尺寸的步骤。

(1) 形体分析。根据已知组合体的视图,可以分解成三个单一基本形体,即圆筒、竖板和底板。圆筒内有通孔,竖板下方有两小圆孔,底板带圆角并有两个小圆孔,如图4-27(b)所示。

(2) 逐个标注各基本形体的定形尺寸,如图4-27(c)所示。

(3) 选定尺寸基准。高度尺寸基准——底板底面,长度尺寸基准——竖板左端面,宽度尺寸基准——对称平面中心线,如图4-27(d)所示。

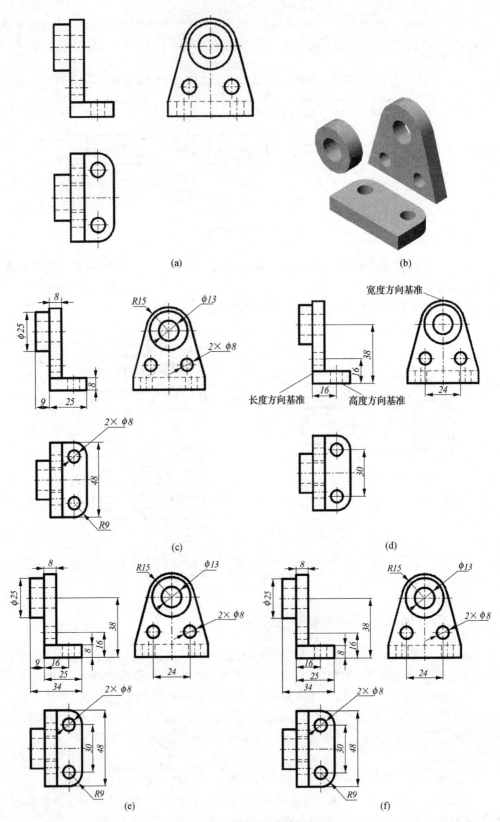

图 4-27 组合体尺寸标注示例

(4) 分析各形体之间的相对位置,标注出各个方向的定位尺寸,如图 4-27(e)所示。

(5) 标注总体尺寸。其中,长度方向总体长度注圆筒长度和底板长度之和;高度方向,因已经注出竖板半圆的半径和圆孔轴线距底面的定位尺寸,不应再重复标注了;同理,宽度方向,总宽尺寸与底板的宽度尺寸相同,不必重复。如图 4-27(e)所示。

(6) 整理尺寸。圆筒和底板的长度尺寸"9"和"25",由于标注了长度方向的总体尺寸"34"而重复。一般应先保证总体尺寸而去掉一个单一尺寸。这里去掉尺寸"9"。最后组合体的完整尺寸标注如图 4-27(f)所示。

第五节 组合体构形设计

前面介绍的有关组合体画图和读图的内容,都是针对已经确定的形体的表达和阅读。但是在工程设计中常常是根据机件的功能和要求,先构思其空间形状然后再绘成平面图形。因此组合体的构形设计作为一种基础训练方法,对于强化空间构思和想象能力、培养创造性思维及工程师素质都是非常有益的。

一、仿形设计

仿形设计是仿照已知物体的结构特点,根据已知的一面视图,设计类似的物体,并画出其他两个视图,如图 4-28 所示,仿照图 4-28(a)组合体的结构特点,根据 4-28(b)的俯视图,进行仿形设计。设计的步骤如下:

(1) 首先读懂所给物体的视图(图 4-28(a)),了解已知物体的结构特点。

(2) 根据图 4-28(b)的俯视图进行构形。

(3) 比较两个俯视图,可发现两者均有相类似的线框 1、2 和 3,因而可构思确定所设计的物体也是前后高、中间低并且有通孔的形状,只是中间的圆孔变成了长圆形孔,两侧的平面变成了圆柱面,如图 4-28(c)所示的立体形状。

(4) 最后画出主视图、左视图。

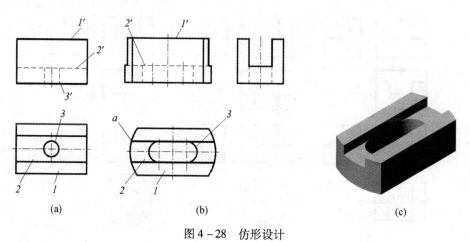

图 4-28 仿形设计

二、限制性构形

限制性构形是在某些给定条件下构思物体的空间形状,然后正确予以表达。

(一) 根据一个视图构思物体的形状

已知物体的一个视图,其空间形状并未确定。此时可在满足该视图投影特征的条件下,进行丰富的构思和联想,从而设计出形状各异的物体,并用其他两个视图表达出来。

如图4-29(a)给出的主视图,由四个矩形线框构成,每个矩形框都可设想表示矩形平面、圆柱面以及矩形平面和圆柱面相切的组合面诸种情况。同时根据相邻线框表示不同位置表面的原则,把这些表面设计成凸、凹、斜交等关系。图4-29(b)和图4-29(c)表示了构思出的物体的形状和它们的三视图。读者还可设计出其他形状的物体。

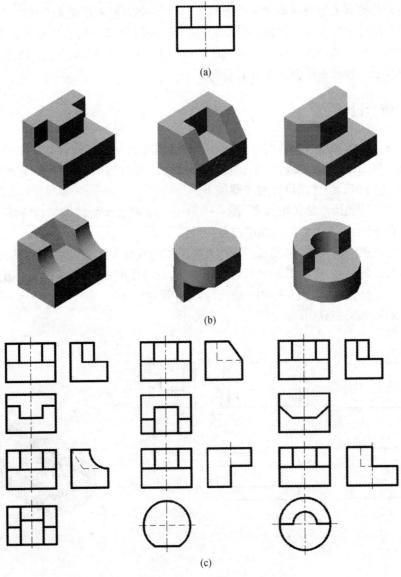

图4-29 由一个视图构思各种物体形状

（二）根据两个视图构思物体的形状

如果已知物体的两个视图，如图4-30(a)所示，该物体的形状仍未确定，同样可以构思出多个形体，当然它必须符合已知的两个视图所给出的投影特征。图4-30(b)、(c)列出了四种物体的形状和它们的三个视图。

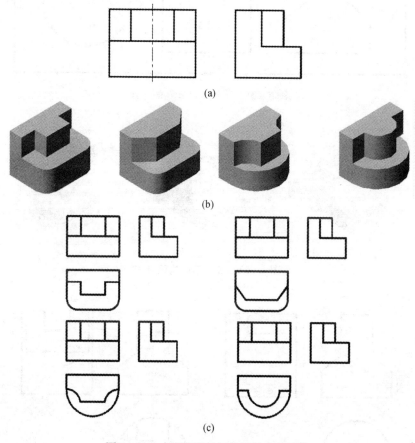

图4-30　由两视图构思物体的各种形状

（三）根据分向穿孔构思物体形状

分向穿孔构形是根据板上的三个孔形，设计一个物体能分别沿着三个不同方向、不留间隙地通过这三个孔。

例4-7　根据一个平板上已知的三个孔，设计一个塞块，要求塞块能够紧密地堵住平板上的三个孔，而且还能无间隙地穿过这些孔，如图4-31所示。

解：先构思形体仅通过孔1，如图4-32(a)所示，再设想形体不仅能沿左右方向通过孔2，而且能沿前后方向通过孔1，如图4-32(b)所示，最后设想形体能沿前后方向通过孔1，左右方向通过孔2，上下方向通过孔3，如图4-32(c)所示。这样设计出的塞块就能满足从前后、左右、上下三个不同方向，不留间隙地通过平板上三个孔的要求。

进一步分析可知，如果把三个孔形按主、俯、左三个视图位置布置，作为塞块的三个视图，则只要补全各视图中缺漏的图线，即可确定塞块的形状，如图4-33所示。

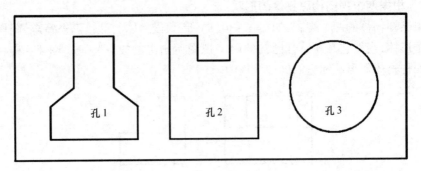

图 4-31 平板上已知孔的形状

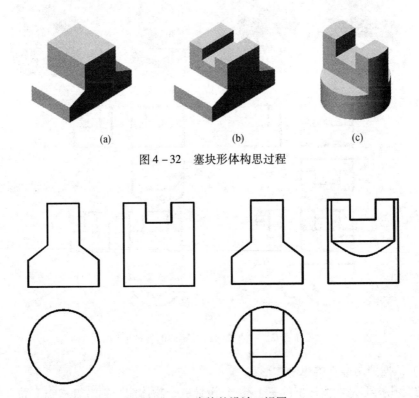

图 4-32 塞块形体构思过程

图 4-33 塞块的设计三视图

(四) 组合构形

组合构形是根据已知的几个单一形体的形状和大小,进行各种位置的组合构思,设计出各种空间形体,然后再正确地画出其视图。组合构形在一定程度上是形体分析的逆过程。单一形体可繁可简、可多可少,组合形式可以叠加、切割,面与面的结合方式可以错位、相交、相切,也可以是各种方式的综合。

例如,在图 4-34 的形体中,任意选择两个组合成一个物体(组合方式和相对位置自定),并正确画出其三视图。根据组合方式和位置的不同,可以组成多个不同的形体。图 4-35 所示为两种形式的组合及其三视图。

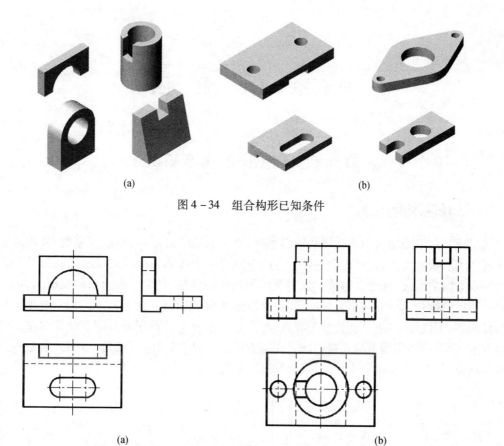

图 4-34 组合构形已知条件

图 4-35 组合构成的形体的三视图

第五章 轴测图

第一节 轴测图的基本知识

一、轴测图的用途

工程上一般采用多面正投影法绘制图样,如图 5-1(a)所示,它能够完整、准确地表达物体的形状和大小,而且作图简便。它的缺点是一个投影不能同时反映出物体长、宽、高三个方向的尺度,缺乏立体感。轴测投影图简称轴测图,是单一投影面的投影图,能同时反映出物体长、宽、高三个方向的形状,立体感较强,如图 5-1(b)所示。但它有手工作图较麻烦、不便度量,表达能力差等缺点,生产中一般作为辅助图样。随着计算机图形学的发展,轴测图的应用也越来越广泛。在工业产品设计、管道运行线路、空间设备架设以及产品说明书等方面都有大量使用轴测图的实例。

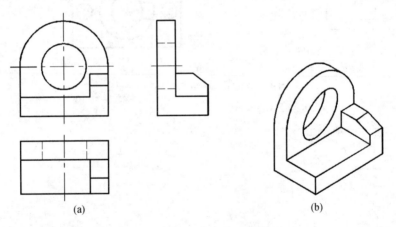

图 5-1 支座
(a)正投影图;(b)轴测图。

二、轴测图的形成和特性

轴测图是将物体连同其参考笛卡儿坐标系,沿着不平行于任一坐标平面的方向,用平行投影法将其投射在单一投影面上所得到的图形,如图 5-2 所示。在该图中,投影面 P 称为轴测投影面;空间笛卡儿坐标系的三条坐标轴 OX、OY、OZ 的轴测投影 O_1X_1、O_1Y_1、O_1Z_1 称为轴测轴;两轴测轴之间的夹角,即 $\angle X_1O_1Z_1$、$\angle X_1O_1Y_1$、$\angle Y_1O_1Z_1$,称为轴间角;轴测轴上的单位长度与相应投影轴上的单位长度的比值,称为轴向伸缩系数,OX、OY、OZ 轴上的伸缩系数分别用 p_1、q_1 和 r_1 表示。即

$$p_1 = \frac{O_1A_1}{OA}, q_1 = \frac{O_1B_1}{OB}, r_1 = \frac{O_1C_1}{OC}$$

轴测投影作为平行投影,必然具有平行投影的投影特性,特别值得指出的是:

(1) 平行性。空间相互平行的直线,它们的轴测投影仍相互平行,因此,物体上平行于三条坐标轴的线段的轴测投影,仍与相应的轴测轴平行。如图 5-2 中,$BE/\!/DF/\!/OX$,则 $B_1E_1/\!/D_1F_1/\!/O_1X_1$。

(2) 定比性。物体上平行于坐标轴的线段的轴测投影与原线段之比,等于相应的轴向伸缩系数。如图 5-2 中,$B_1E_1/BE = D_1F_1/DF = p_1$。

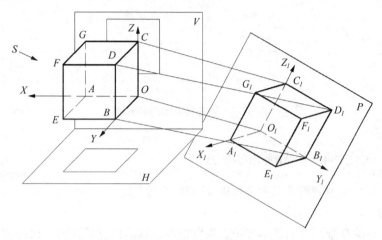

图 5-2 轴测投影的形成

三、轴测图的分类

按轴测图投影方向与轴测投影面间的相对位置,轴测图可分为正轴测图和斜轴测图。

(1) 投影方向垂直于轴测投影面时,所得到的轴测图称为正等轴测图。

(2) 投影方向倾斜于轴测投影面时,所得到的轴测图称为斜等轴测图。

理论上轴测图可以有无数种,但从作图简便等因素考虑,一般常采用国家标准中推荐使用的正等轴测图和斜二等轴测图。本章只介绍这两种轴测图的画法。

第二节 正等轴测图的画法

一、轴间角和轴向伸缩系数

1. 轴间角

正等轴测图的轴间角均为 120°,即 $\angle X_1O_1Y_1 = \angle Y_1O_1Z_1 = \angle Z_1O_1X_1 = 120°$。正等轴测图中轴测轴的画法如图 5-3 所示。一般使 O_1Z_1 处于竖直位置,O_1X_1、O_1Y_1 分别与水平线成 30°。

2. 轴向伸缩系数

根据计算,正等轴测图的轴向伸缩系数为 $p_1 = q_1 = r_1 = 0.82$。为了作图方便,常采用

简化伸缩系数 $p=q=r=1$。这样画出的正等轴测图比用轴向伸缩系数 0.82 所画的正等轴测图沿各轴向都放大了 $1/0.82 \approx 1.22$ 倍。

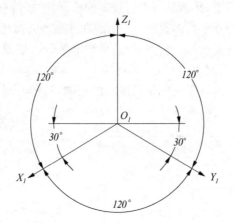

图 5-3　正等轴测图的轴测轴

二、平面立体正等轴测图的画法

绘制平面立体轴测图常采用坐标法、切割法和叠加法。

1. 坐标法

坐标法是绘制轴测图的基本方法。根据物体形状的特点,选定恰当的轴测轴,再按物体上各顶点的坐标关系画出它们的轴测投影,连接各顶点,即完成平面立体的轴测图。轴测图中一般只画出可见部分,必要时才画出其不可见部分。

例 5-1　已知六棱柱的正投影图(图 5-4(a)),求作它的正等轴测图。

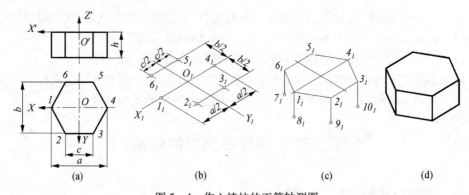

图 5-4　作六棱柱的正等轴测图

作图步骤如下:

(1) 在正投影图中选择顶面中心 O 作为坐标原点,并确定坐标轴,如图 5-4(a)所示。

(2) 画出轴测轴,在 O_1X_1 轴上截取 $O_1 1_1 = O_1 4_1 = a/2$,得 1_1、4_1 两点。同样用坐标法求出 2_1、3_1、5_1、6_1 各点,如图 5-4(b)所示。

(3) 连接相应各点,画出顶面的正等轴测图。再根据 h 求出底面的 7_1、8_1、9_1、10_1 的正等轴测图,如图 5-4(c)所示。

(4) 连接相应各可见点,擦去作图线和不可见的线段,加深图线。即完成正六棱柱的正等轴测图,如图 5-4(d)所示。

2. 切割法

切割法适用于被挖切的立体。它以坐标法为基础,先用坐标法画出完整立体的轴测图,然后用挖切的方法逐步"切割",得到形状较复杂的平面立体轴测图。

例 5-2 求作图 5-5(a)所示立体的正等轴测图。

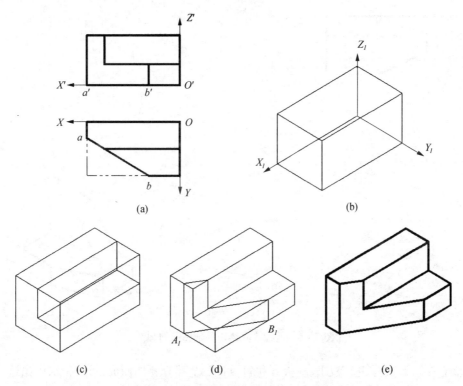

图 5-5 挖切式立体正等轴测图的画法

该立体可看成是由长方体的前上方切去一个长方体,又在左前方被铅垂面切去一个棱柱体后形成的立体。画该立体正等轴测图的步骤如下:

(1) 在投影图上选定原点和坐标轴,如图 5-5(a)所示。

(2) 画出轴测轴,画出完整长方体的正等轴测图,如图 5-5(b)所示。

(3) 切去前上方的四棱柱,如图 5-5(c)所示。

(4) 再切去左前方的棱柱体。应注意,斜线 AB 与三条坐标轴都不平行,画它的正等轴测 A_1B_1 时,应按坐标确定 A_1、B_1 点的位置后连接 A_1B_1。因为 ab 与 A_1B_1 长度不相等,如图 5-5(d)所示。

(5) 检查并擦去作图线和不可见的线段,加深图线,图 5-5(e)为完成的正等轴测图。

3. 叠加法

叠加法适用于叠加而形成的立体。它依然以坐标法为基础,用形体分析法将形状较复杂的立体分成由几个形状简单的基本体组成,画出这些简单基本体的轴测图,再按照相对位置关系堆积叠加从而得到完整立体的轴测图。

例 5-3 求作图 5-6(a)所示立体的正等轴测图。

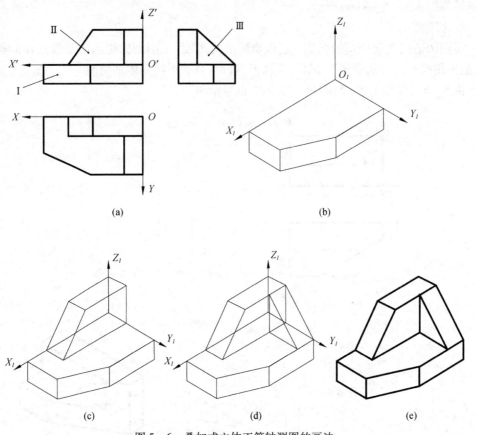

图 5-6 叠加式立体正等轴测图的画法

该立体可看成是由底板Ⅰ、立板Ⅱ和斜板Ⅲ三个部分叠加而成,可以依次画出这三个部分的轴测图,并组合形成叠加式立体。画该立体正等轴测图的步骤如下:

(1) 在投影图上选定原点和坐标轴,如图 5-6(a)所示。

(2) 画出轴测轴,并用切割法画出底板Ⅰ的正等轴测图,如图 5-6(b)所示。

(3) 用坐标法在底板上表面上画出立板Ⅱ的正等轴测图,如图 5-6(c)所示。

(4) 再用坐标法在底板上表面、立板前表面上画出斜板Ⅲ的正等轴测图,如图 5-6(d)所示。

(5) 检查并擦去作图线和不可见的线段,加深图线,图 5-6(e)为完成的正等轴测图。

由于立体形状各异,在绘制轴测图时,以上三种方法可合理选用和交叉使用,力求使作图准确,过程简化。

三、回转体正等轴测图的画法

在平行投影中,当圆所在的平面平行于投影面时,它的投影还是圆。而当圆所在的平面倾斜于投影面时,它的投影变成椭圆。

从正等轴测图的形成可知,各坐标面对轴测投影面都是倾斜的,因此,平行于坐标平面的圆的正等轴测图都是椭圆。图 5-7 画出了立方体表面上三个内切圆的正等轴测图,从图中可以看出:

(1) 三个椭圆的形状和大小是一样的,但方向各不相同。

(2) 各椭圆的短轴方向与相应的轴测轴一致,各椭圆的长轴则垂直于该轴测轴。如图 5-7 所示,椭圆Ⅰ的长轴垂直于 Z_1 轴,椭圆Ⅱ的长轴垂直于 X_1 轴,椭圆Ⅲ的长轴垂直于 Y_1 轴。

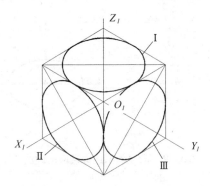

图 5-7　与各坐标平面平行的圆在正等轴测图中的投影

图 5-8 所示为轴线平行于不同坐标轴的圆柱体的正等轴测图。

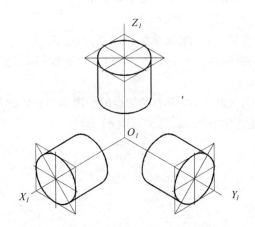

图 5-8　轴线平行于坐标轴的圆柱的正等轴测图

在画正等轴测图椭圆时,为了简化作图,通常采用四段圆弧连成近似椭圆的作图方法。现以平行于 XOY 坐标平面的圆为例,说明作图步骤如下:

(1) 过圆心 O 作坐标轴 OX、OY,再作四边平行于坐标轴的圆外切正方形,切点为 1、2、3、4,如图 5-9(a)所示。

(2) 作轴测轴 O_1X_1、O_1Y_1,从点 O_1 沿轴向按半径量得切点 1_1、2_1、3_1、4_1,通过这些点作轴测轴的平行线,得到菱形,且作菱形的对角线,如图 5-9(b)所示。

(3) 菱形短对角线端点为 O_2、O_3,连 O_23_1、O_24_1,它们分别垂直于菱形的相应边,并交

菱形长对角线于 O_4、O_5，得四个圆心 O_2、O_3、O_4、O_5，如图 5-9(c) 所示。

(4) 分别以点 O_2、O_3 为圆心，O_23_1 为半径，作 $\widehat{3_14_1}$、$\widehat{1_12_1}$；以点 O_4、O_5 为圆心，O_41_1 为半径，作 $\widehat{1_14_1}$、$\widehat{2_13_1}$；光滑连成近似椭圆，如图 5-9(d) 所示。

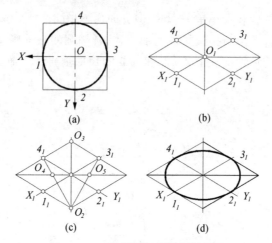

图 5-9 正等轴测近似椭圆的画法

从图 5-9 所示椭圆的近似画法，可以看出：菱形的钝角与大圆弧相对，锐角与小圆弧相对，菱形相邻两条边的中垂线的交点就是圆心。由此可以得出平板上圆角的正等轴测图的近似画法，如图 5-10 所示。具体作图步骤如下：

(1) 平板的正投影图，如图 5-10(a) 所示。

(2) 由角顶在两条夹边上，量取圆角半径的切点 1_1、2_1、3_1、4_1，过切点作相应边的垂线，交点 O_1、O_2 即为上底面的两圆心，从 O_1、O_2 向下量取板厚 h，即得下底面的对应圆心 O_3、O_4，如图 5-10(b) 所示。

(3) 以 O_1、O_2、O_3、O_4 为圆心，由圆心到切点的距离为半径画圆弧，作两小圆弧的外公切线，即画成两圆角的正等轴测图，如图 5-10(c) 所示。

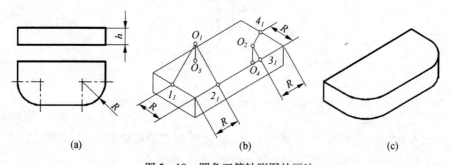

图 5-10 圆角正等轴测图的画法

例 5-4 画圆台的正等轴测图。

作图步骤如下：

(1) 在正投影图中选定坐标原点和坐标轴，如图 5-11(a) 所示。

(2) 画轴测轴，按 h、d_1、d_2 分别作上、下底的菱形，如图 5-11(b) 所示。

(3) 用四心近似椭圆法，画出上、下底的椭圆，如图 5-11(c) 所示。

(4) 作上、下底椭圆的公切线，加深图线，完成全图，如图 5-11(d) 所示。

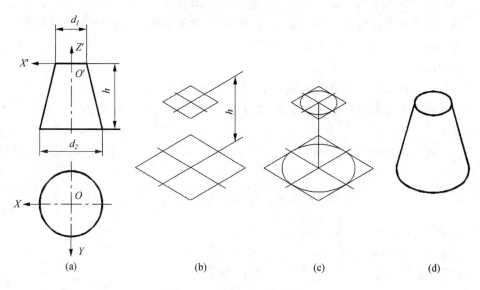

图 5-11 圆台的正等轴测图

例 5-5 画带斜截面的圆柱的正等轴测图。

作图步骤如下：

(1) 正投影图，如图 5-12(a) 所示。

(2) 作完整圆柱正等轴测图，如图 5-12(b) 所示。

(3) 按坐标法作 $1_1 2_1$ 直线，如图 5-12(c) 所示。

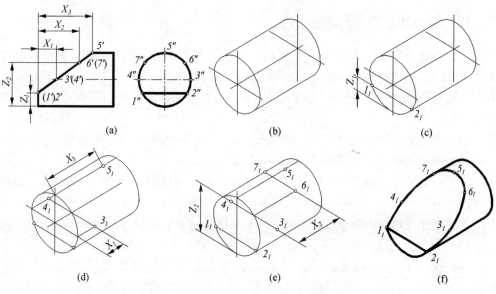

图 5-12 带斜截面圆柱的正等轴测图

(4) 按坐标法求出最前、最后素线上的点 3_1、4_1 及最高素线上的点 5_1，如图 5-12(d) 所示。

(5) 按坐标法求出一般点 6_1、7_1，如图 5-12(e) 所示。

(6) 依次光滑连接 $2_1 3_1 6_1 5_1 7_1 4_1 1_1$，加深图线，完成全图，如图 5-12(f) 所示。

例 5-6　画两相交圆柱的正等轴测图。

作图步骤如下：

(1) 在正投影图中选定坐标原点和坐标轴，如图 5-13(a) 所示。

(2) 画出相交两圆柱的主要轮廓，按坐标法求出点 1_1、2_1、3_1、4_1、5_1，如图 5-13(b) 所示。

(3) 光滑连接相贯线上各点的正等轴测图，加深图线，完成全图，如图 5-13(c) 所示。

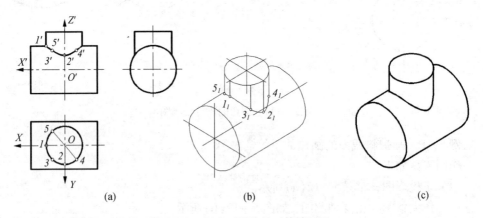

图 5-13　相交两圆柱的正等轴测图

四、组合体正等轴测图的画法

画组合体的正等轴测图时，首先要用形体分析法了解组合体，然后按分解形体的具体情况，用坐标法、切割法或叠加法依次画出各部分的轴测图。图 5-14(a) 所示组合体可分解为底板、支承板和肋板三个简单形体，图 5-14 为该组合体的正等轴测图画法，其作图步骤如下：

(1) 选定坐标轴，因该组合体左右对称，故原点取在图 5-14(a) 所示位置。

(2) 画轴测轴，画出底板的正等轴测图，如图 5-14(b) 所示。

(3) 在轴测图上确定支承板上部半圆柱的圆心 K，画出半圆柱的正等轴测图，如图 5-14(c) 所示。

(4) 画出支承板上的圆柱孔及支承板上切线的正等轴测图，如图 5-14(d) 所示。

(5) 画出肋板及底板上圆柱孔的正等轴测图，如图 5-14(e) 所示。

(6) 擦去作图线，将可见的轮廓线加深，完成组合体正等轴测图，如图 5-14(f) 所示。

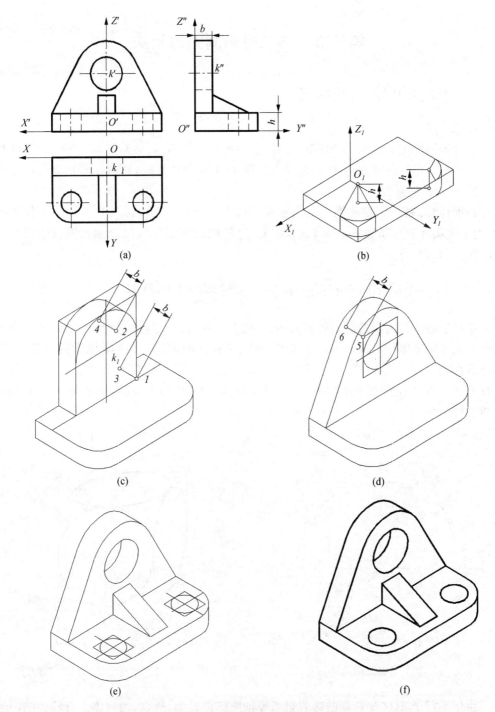

图 5-14 组合体正等轴测图的画法
(a) 已知组合体的三面投影图；(b) 画底板；(c) 画支承板上部圆柱；
(d) 画支承板上的圆柱孔及支承板上的切线；(e) 画肋板及底板上的圆柱孔；(f) 加深，完成全图。

第三节 斜二等轴测图的画法

一、轴间角和轴向伸缩系数

1. 轴间角

斜二等轴测图的轴间角和轴测轴的画法如图 5 – 15 所示，$\angle X_1O_1Z_1 = 90°$，$\angle X_1O_1Y_1 = \angle Y_1O_1Z_1 = 135°$。画图时，$O_1Z_1$ 轴竖直位置，O_1X_1 水平放置，O_1Y_1 轴与水平线成 45°。

2. 轴向伸缩系数

根据计算，斜二等轴测图的轴向伸缩系数为 $p_1 = r_1 = 0.94$，$q_1 = 0.47$。为了作图方便，常采用简化变形系数 $p = r = 1$，$q = 0.5$。这样画出的斜二等轴测图比原投影放大了 $1/0.94 \approx 1.06$ 倍。

二、与各坐标平面平行的圆在斜二等轴测图中的投影

平行于各坐标面圆的斜二等轴测图，如图 5 – 16 所示。其中，平行于 XOZ 坐标面的圆的斜二等轴测图仍是圆。平行于 XOY、YOZ 坐标面的圆的斜二等轴测图都是椭圆，它们形状相同，作图方法一样，只是椭圆的长、短轴方向不同。根据计算，斜二等轴测图中，$X_1O_1Y_1$ 和 $Y_1O_1Z_1$ 坐标面上的椭圆长轴 = $1.06d$，短轴 = $0.33d$。椭圆长轴分别与 X_1 轴或 Z_1 轴偏转 7°。

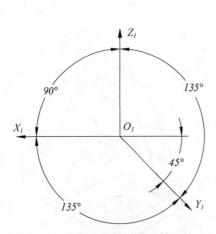

图 5 – 15 斜二等轴测图的轴测轴

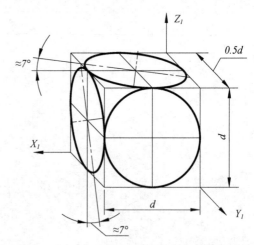

图 5 – 16 平行于各坐标面圆的斜二等轴测图

由于平行于 XOZ 坐标面的圆的斜二等轴测图仍是圆，所以，当物体上有较多的圆平行于 XOZ 坐标面时，宜采用斜二等轴测图。

由于 $X_1O_1Y_1$ 和 $Y_1O_1Z_1$ 坐标面上的椭圆画法麻烦，所以，不推荐使用圆弧代替的近似画法。如有需要可以通过坐标法，求出圆上各点的轴测投影，用曲线板光滑连接各点绘制椭圆。因此，当物体的三个坐标面上都有椭圆时，应避免选用斜二等轴测图。而当物体上只有一个坐标面上有圆时，采用斜二等轴测图画图最为简便。

三、画法举例

例 5-7 画图 5-17(a)所示组合体的斜二等轴测图,作图步骤如图 5-17 所示。

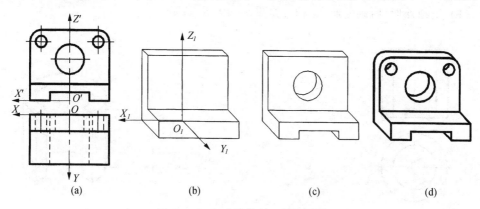

图 5-17 组合体的斜二等轴测图

(a)正投影图;(b)画出挡板的基本形状;(c)画大圆孔和凹槽;(d)画细部,加深图线,完成全图。

第四节 轴测剖视图的画法

为了表达立体的内部形状,可假想用剖切平面将立体的一部分剖去,通常是沿着两个坐标平面将立体剖去 1/4,画成轴测剖视图(剖视图的概念见第六章)。

一、轴测剖视图画法的有关规定

(1) 被剖切平面所截的断面上,应画剖面线,轴测图中剖面线的方向应按图 5-18 绘制。注意,平行于三个坐标面的剖面线方向是不同的。

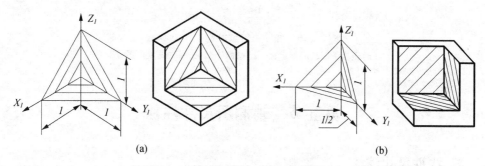

图 5-18 轴测图中的剖面线方向

(a)正等轴测图中的剖面线方向;(b)斜二等轴测图中的剖面线方向。

(2) 当剖切平面通过立体的肋板或薄壁结构的对称平面时,这些结构不画剖面线,而用粗实线将它们与邻接的部分分开,如图 5-20(c)所示。

二、轴测剖视图画法举例

画轴测剖视图的方法一般有两种。

(1) 先画外形,后画断面和内形,如图 5-19 所示。

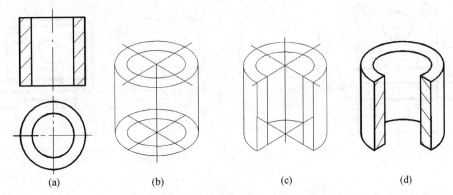

图 5-19　空心圆柱轴测剖视图的画法
(a)正投影图;(b)作完整空心圆柱;(c)画断面和内形;(d)画剖面线,加深图线,完成全图。

(2) 先画断面,后画内外形,如图 5-20 所示。

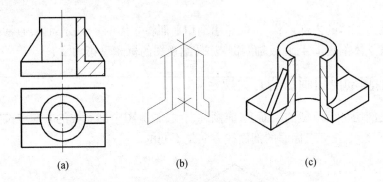

图 5-20　底座正等轴测剖视图的画法
(a)正投影图;(b)画断面;(c)画内外形,加深图线,完成全图。

第五节　轴测图尺寸注法

一、线性尺寸注法

轴测图中的线性尺寸,一般应沿轴测轴的方向标注。尺寸数值为零件的公称尺寸。尺寸数字应按相应的轴测图形标注在尺寸线的上方。尺寸线必须和所标注的线段平行,尺寸界线一般应平行于某一轴测轴。当在图形中出现字头向下时应引出标注,将数字按水平位置注写,如图 5-21 所示。

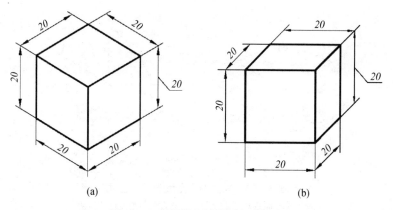

图 5-21 轴测图中线性尺寸注法
(a)正等轴测图中线性尺寸注法;(b)斜二等轴测图中线性尺寸注法。

二、直径与半径尺寸注法

标注圆的直径时,尺寸线和尺寸界线应分别平行于圆所在的平面内的轴测轴。标注圆弧半径或较小圆的直径时,尺寸线可以(或通过圆心)引出标注,但注写数字的横线必须平行于轴测轴,如图 5-22、图 5-23 所示。

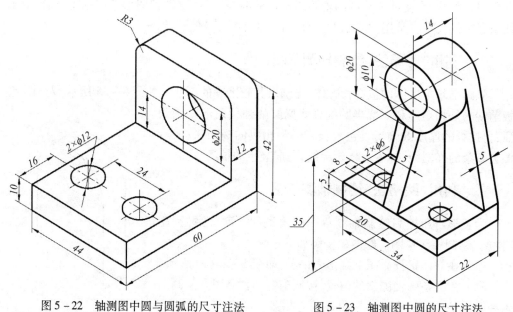

图 5-22 轴测图中圆与圆弧的尺寸注法　　图 5-23 轴测图中圆的尺寸注法

三、角度尺寸注法

标注角度的尺寸线时,应画成与该坐标平面相应的椭圆弧,角度数字一般写在尺寸线的中断处,字头向上,如图 5-24 所示。

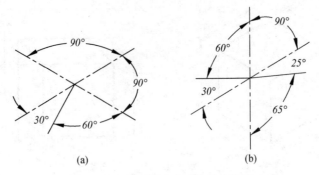

图 5-24 轴测图中角度的尺寸注法
(a)水平方向角度尺寸注法;(b)垂直方向角度尺寸注法.

第六节 轴测草图的画法

在设计构思新产品或结构时,在要求迅速向没有读二维工程图纸能力的人作产品设计介绍、说明时,在学习多面正投影图的过程中,徒手绘制轴测草图是一种非常方便的表达手段。轴测草图的作图原理和过程与尺规绘制形体轴测图是相同的,只是在度量上依靠目测。因此,为使徒手绘制的轴测图比较准确,画图时要做到图形结构基本符合比例、线条之间的关系。常用的绘制方法有"方箱法"和"网格法"等。

一、利用"方箱法"绘制轴测草图

先画出基本形体的包容长方体,再画出其较准确的形状。如图 5-25 所示,先画出竖板前端的外切矩形和上部半圆的投影椭圆的外切菱形及椭圆弧;再按板的厚度 S 画出其包容长方体和相应的椭圆弧;最后擦去多余的作图线,加深形体轮廓线,完成竖板的轴测草图。

二、利用"网格法"绘制轴测草图

为了学习和提高绘制轴测草图的质量和速度,常常利用"网格"绘制轴测草图。绘图的步骤如下:

(1) 在立体正投影图上画出方格子,如图 5-26(a)所示。

(2) 在准备画轴测图的位置,按照确定的轴测图方位画出轴测图格子(也可采用预先印好的方格纸),如图 5-26(b)所示。

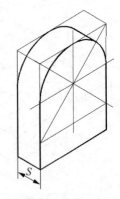

图 5-25 利用"方箱法"绘制竖板正等轴测草图

(3) 按格子数画出长方体的主要轮廓,如图 5-26(c)所示。

(4) 依次画出形体的细部,如图 5-26(d)所示。

(5) 擦去作图线,加深可见的轮廓线,完成形体轴测草图,如图 5-26(e)所示。

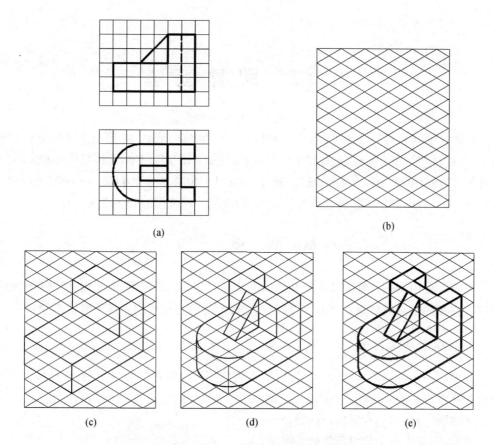

图 5-26 利用"网格法"绘制立体的正等轴测草图
(a)正投影图;(b)画出轴测图的格子;(c)画长方体并切去左上方长方块;(d)画左方半圆柱、三角形板,切去右端竖槽;(e)加深可见轮廓线,完成轴测草图。

第六章 图样画法

物体的形状是多种多样的，在生产实际中，为了完整、清晰、简便地表达出它们的形状，《技术制图》和《机械制图》国家标准的"图样画法"（GB/T 17451—1998、GB/T 17452—1998、GB/T 16675.1—2012、GB/T 4458.1—2002、GB/T 4458.6—2002 和 GB/T 4457.5—2013）中规定了各种表达方法，本章将介绍一些常用的表达方法。

第一节 视 图

视图主要用于表达物体外部轮廓结构形状。它分为基本视图、向视图、局部视图和斜视图。在视图中一般只画物体的可见部分，必要时才画出虚线表示其不可见部分。

一、六个基本视图

基本视图是物体向基本投影面投射所得到的图形。将物体放在中间，六面体的六个面均为基本投影面。将物体向六个投影面投射，所得到的视图为六个基本视图。

主视图：由前向后投射所得到的视图；
俯视图：由上向下投射所得到的视图；
左视图：由左向右投射所得到的视图；
右视图：由右向左投射所得到的视图；
仰视图：由下向上投射所得到的视图；
后视图：由后向前投射所得到的视图。

六个基本投影面的展开方法如图 6-1 所示。

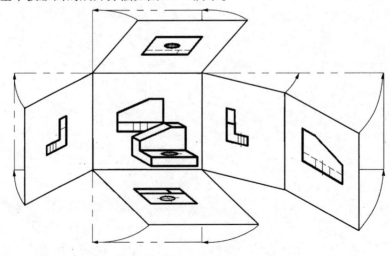

图 6-1 六个基本视图的展开

六个基本视图之间仍应保持"长对正、高平齐、宽相等"的投影关系,即:主、俯、仰、后视图等长;主、左、右、后视图等高;左、右、俯、仰视图等宽。

对于同一物体,并非要同时选用六个基本视图,至于选取哪几个视图,要根据物体的结构特点而定。

在同一张图纸上,各视图按图6-2所示的方式配置时,一律不标注视图的名称。

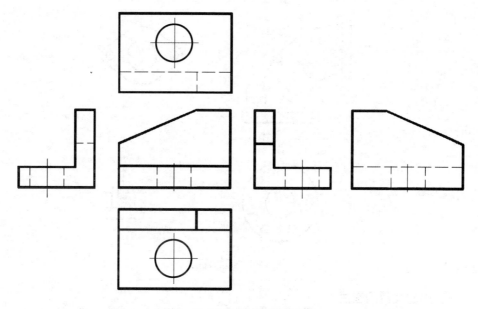

图6-2 六个基本视图的配置

二、向视图

向视图是可以自由配置的基本视图。在向视图上方标注名称"×"("×"为大写的拉丁字母),并在相应视图的附近用箭头指明投射方向,并注相同的字母,如图6-3所示。

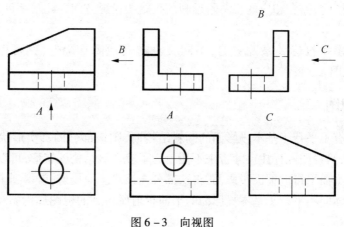

图6-3 向视图

三、局部视图

当物体只有局部形状没有表达清楚时,不必再画出完整的基本视图或向视图,而采用局部视图。将物体的某一部分向基本投影面投射所得到的视图称为局部视图,如图6-4所示。

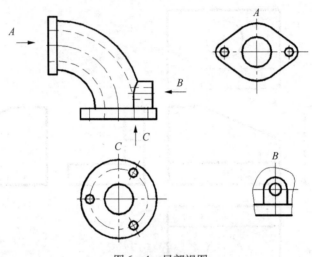

图6-4 局部视图

(一)局部视图的画法

由于局部视图表达的只是物体某一部分的形状,所以需画出断裂边界,其断裂边界用波浪线表示,如图6-4中的"B"视图。当所表示的局部结构形状是封闭的完整轮廓时,波浪线可以省略不画,如图6-4中的"A"和"C"视图。

(二)局部视图的配置

局部视图一般是按照投影关系配置,如图6-4中的局部视图"A",也可以配置在其他适当的位置,如图6-4中的局部视图"B"和"C"。

(三)局部视图的标注

画局部视图时,需在相应的视图附近画箭头指明投射方向并注写字母,在局部视图上方标注相同的字母。

当局部视图按投影关系配置时,中间又没有其他图形隔开,则可以省略标注,如图6-5的俯视图。

四、斜视图

当物体上有不平行于基本投影面的倾斜结构时,则该部分的真实形状在基本视图上无法表达清楚,给看图和标注尺寸带来不便。为了表达该结构的实形,可以选用一个与倾斜结构的主要平面平行的辅助投影面,将这部分向该投影面投射,就得到了倾斜部分的实形。这种将物体向不平行于基本投影面的平面投射所得到的视图称为斜视图,如图6-5和图6-6所示。

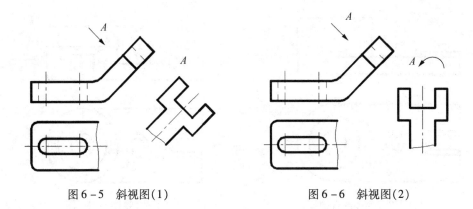

图6-5 斜视图(1)　　　　　图6-6 斜视图(2)

斜视图一般按照投影关系配置，必要时也可以配置在其他适当的位置，在不至于引起误解的前提下，允许将图形旋转配置，如图6-6所示。

斜视图必须标注。在相应视图的投影部位附近，用垂直于倾斜结构主要表面的箭头，指明投影方向并标上字母，在斜视图上方标明相同的字母（字母要水平写）。经过旋转的视图要加上旋转符号"⌒"或"⌒"，旋转符号是半径为字高的半圆弧，半圆的线宽等于字体笔画的宽度，箭头指向要与实际图形的旋转方向一致，表示视图名称的字母应靠近旋转符号的箭头端，如图6-6所示，也允许将旋转角度标注在字母之后。

画斜视图时，可以只表达倾斜部分，其余部分用波浪线或双折线断开而省略不画。

第二节 剖 视 图

当物体内部结构比较复杂时，视图上就会出现许多不可见部分与可见部分的重叠而使视图中产生虚线之间的重影、实线与虚线的重影，从而给看图和标注尺寸带来不便，如图6-7所示的主视图中，物体内部结构均为虚线。因此，为了更清楚地表达物体的内部结构形状，常采用剖视的方法来表达。剖视图主要是用来表达物体的内部结构形状。

一、剖视图的概念

假想用剖切面（平面或柱面）将物体从适当的位置切开，移去观察者和剖切面之间的部分，将余下的部分向投影面进行投射，所得到的图形称为剖视图（简称剖视），如图6-8所示。

在剖视图中，剖切面与物体接触的部分称为剖面区域，一般应画出剖面符号，以区分物体上被剖切到的实体部分和未剖切到的空心部分，同时还表示物体的材料类别。不同的材料采用的剖面符号是不相同的，常用材料的剖面符号如表6-1所列，在机械制图中常常采用的是金属材料的剖面符号，即剖面线最好是与图形主要轮廓线或轴线、对称线成45°且间隔均匀的细实线，左右倾斜均可，如图6-9所示。同一个物体的剖视图中所有的剖面线的方向和间隔必须一致。

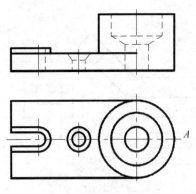
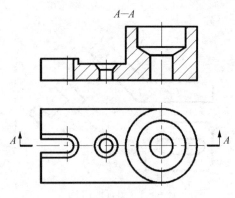

图 6-7 物体的视图　　　　　　　　图 6-8 物体的剖视图

表 6-1　剖面符号

金属材料(已有规定符号者除外)		混凝土	
线圈绕组元件		钢筋混凝土	
转子、电枢、变压器和电抗器等的叠钢片		固体材料	
非金属材料(已有规定符号者除外)		基础周围的泥土	
型砂、填砂、粉末冶金、砂轮、陶瓷刀片、硬质合金刀片等		格网(筛网、过滤网等)	
玻璃及供观察用的其他透明材料		液体	

图 6-9　通用剖面线的画法

画剖视图应注意以下几点：

(1) 因为剖切物体是假想的，所以对每一次剖切而言，只将某一个视图画成剖视，其他视图仍应按照完整的物体进行投射，如图 6-8 所示。

(2) 为了更清楚地表达物体的内部结构形状，应使剖切平面尽量与机件物体的对称平面重合或通过该物体内部结构的孔、沟、槽的轴线，使物体的内部结构在剖视图上能反

144

映实形。

（3）画剖视图时,在剖切面后的可见轮廓线,如台阶孔分界面等的投影线段不能遗漏,如表6–2所列。

（4）剖视图上一般不画虚线,只有当某结构在该剖视图和其他表达方法中仍未表达清楚时才要画出虚线,如图6–10所示。

表6–2 剖视图中易漏画线示例

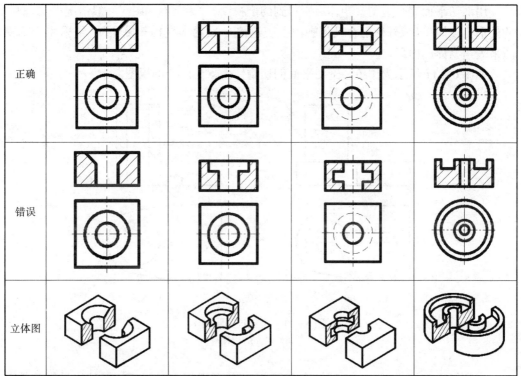

二、剖视图的标注方法

画剖视图时,一般应在剖视图上方用大写的字母标出剖视图的名称,例如"$A—A$",并在相应的视图上用剖切符号(长约5~10mm、断开的、不与图形轮廓线相交的粗短画线)表示剖切位置,在剖切符号的两端则画出与剖切符号相垂直的箭头(为细实线)表示投射方向,在箭头旁注出同一大写字母,如图6–10所示,大写字母总是水平书写。

当剖视图按基本视图位置配置,中间又无其他图形隔开时,可以省略箭头。当剖切位置通过物体的对称平面或基本对称平面,且剖视图按投影关系配置,中间又无其他图形隔开时,可省略标注,如图6–10所示的标注可以省略。

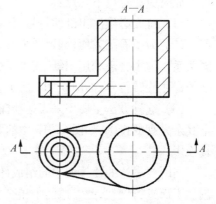

图6–10 画出必要的虚线标注剖切位置及名称

三、剖切平面与剖视图的种类

根据所表达物体的结构形状特征,可以选择用单一的剖切面、多个平行的剖切平面以及多个相交的剖切平面对物体进行剖切,以清楚地表达物体的内部形状结构。根据表达方法的不同,可以将剖视图分为全剖视图、半剖视图和局部剖视图。

(一) 全剖视图

用剖切平面完全地剖开物体后所得到的剖视图,称为全剖视图。一般情况下,当物体的外形比较简单(或外形已在其他视图上表达清楚)、内部结构较复杂时,常采用全剖视图来表达物体的内形。

如图 6-11 所示为用单一剖切平面剖切物体而得到的全剖视图。

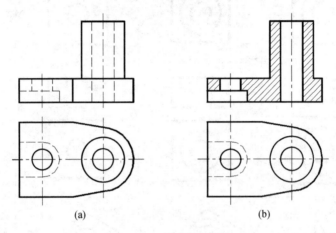

图 6-11　全剖视图示例 1
(a)两视图;(b)剖视图。

当物体上有倾斜部分的内部结构需要表达时,可以用不平行于任何基本投影面的单一平面剖切,如图 6-12 所示。

此时应注意以下几点:

(1) 首先必须注出剖切符号、投射方向和剖视图名称。

(2) 为了看图方便,剖视图最好配置在箭头所指方向上,并与基本视图保持对应的投影关系。为了合理利用图纸,在不至于引起误解的情况下,允许将图形作适当的旋转,但必须标注旋转符号,如图 6-12 所示。

(3) 这种方法主要用来表达物体中倾斜部分的实形,但应避免在剖视图中表达物体上其余失真的投影,如图 6-13 中的"A—A"所示,采用局部剖画出,避免了其余结构的失真投影。

当所要表达的物体的不同组成部分之间有明显的回转轴线时,可以采用两个相交的剖切平面进行剖切,此时这两个相交平面应相交于回转轴线,而且应与某投射面垂直。采用这种方法画剖视图时,应先假想按剖切位置剖开物体,然后将被剖切平面剖开的倾斜结构及其有关的部分,绕两剖切平面的交线旋转到与选定的投影面平行,最后再进行投射,如图 6-14 所示。

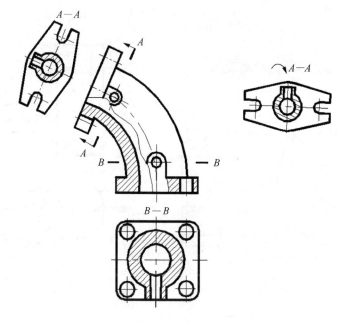

图6-12　全剖视图示例2

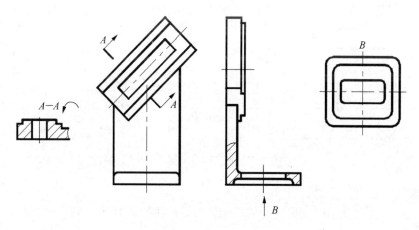

图6-13　全剖视图示例3

这种剖切方法一般用于盘类、端盖类具有回转轴线的物体,也可以用来表达具有公共回转轴线的非回转物体,如图6-15所示。

此时应当注意以下几点:

(1) 必须标注出剖切位置,在剖切平面的起、迄和转折处标注字母,例如A,在剖切符号两端画出剖切后的投射方向的箭头,并在剖视图上方注明剖视图的名称,例如"$A—A$";但是在转折处位置有限又不至于引起误解时,允许省略标注在转折处的字母。

(2) 在剖切平面后面的其他结构要素,一般仍然按照原来的位置画它的投影,而不是随着旋转面一起旋转。

(3) 当剖切物体上产生不完整要素时,应将此部分按不剖绘制,如图6-15所示。

当物体上孔、槽的轴线或中心线处在两个或多个相互平行的平面内时,如图6-16所示的物体有较多的孔,且轴线不在同一个平面内,采用几个相互平行的剖切平面剖切,可以获得较好的效果。

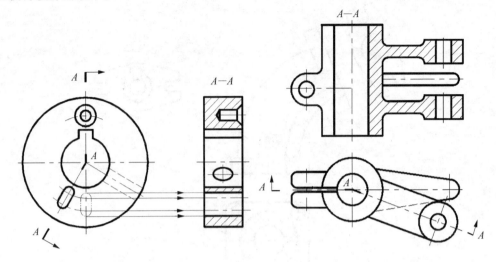

图 6-14 用两相交平面剖切物体的全剖视图　　图 6-15 用相交平面剖切剖视图示例

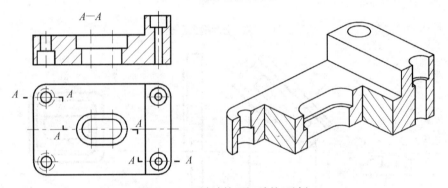

图 6-16 平行剖切平面剖切示例

此时应注意以下几点：

（1）不应在剖视图中画出各剖切平面转折处的投影，如图 6-17(a)中的主视图。

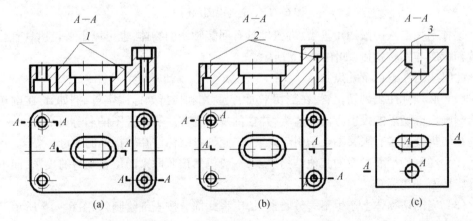

图 6-17 平行剖切平面应注意的问题
(a)剖切平面的交线不应画出；(b)不应出现不完整的要素；(c)允许出现不完整要素。

148

(2) 剖切符号在转折处不允许与图上的轮廓线重合,在转折处位置有限又不至于引起误解时,允许省略标注在转折处的字母。

(3) 在剖视图中,不允许出现物体的不完整要素,如图6-17(b)所示,只有当两个要素在剖视图中具有公共对称轴线时,才能各画一半,如图6-17(c)所示。

对于一些形状结构复杂的物体,当以上几种方法均不足以将内部结构表达清楚时,可以将其组合起来,用组合的剖切平面将物体剖切开从而得到全剖视图,如图6-18所示。

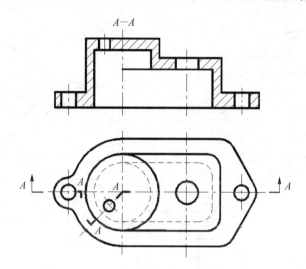

图6-18 用组合的剖切平面将物体剖开示例

当需要用连续几个相交平面剖切物体时,一般采用展开画法,如图6-19所示,此时应标注"A—A展开"。

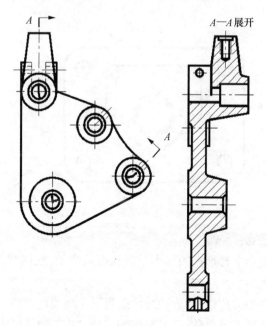

图6-19 展开画法全剖示例

（二）半剖视图

当物体具有对称平面，在垂直于对称平面的投影面上投射时，以对称中心线（细点画线）为界，一半画成视图用以表达外部结构形状，另一半画成剖视图用以表达内部结构形状，这样组合的图形称为半剖视图，如图6-20所示。

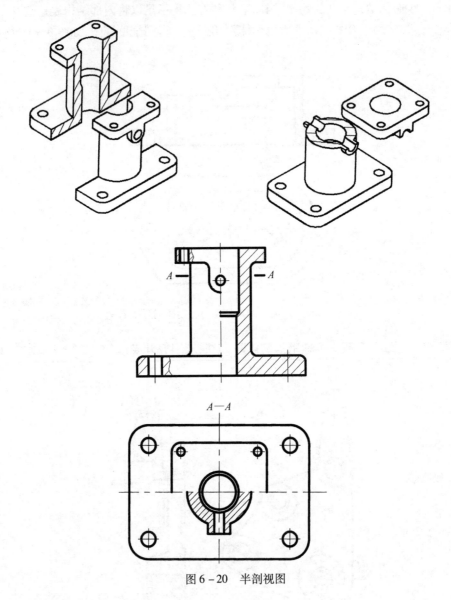

图6-20 半剖视图

画半剖视图时应注意：

（1）半剖视图是由半个外形视图和半个剖视图组成的，视图与剖视图之间的分界线是点画线而不是粗实线。

（2）由于半剖视图的对称性，在表达外形的视图中虚线应省略。

若物体的结构形状接近于对称，且不对称的部分已在其他图形中表达清楚，也可采用半剖视图，如图6-21所示。

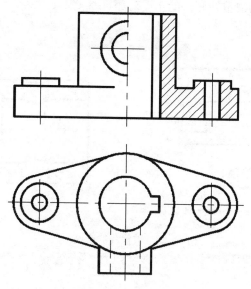

图 6-21 基本对称的机件

（三）局部剖视图

当物体尚有部分内部结构形状未表达清楚，但又不适宜用全剖或半剖时，可以用剖切面局部地剖开物体，所得到的视图称为局部剖视图，如图 6-22 所示。

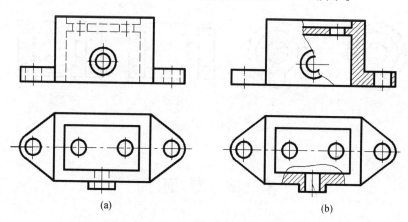

图 6-22 局部剖视图
（a）两视图；（b）剖视图。

局部剖切后，物体断裂处的轮廓线用波浪线表示。局部剖视图比较灵活，应用恰当可以使图形简单明了。

画局部剖视图时应当注意：

(1) 为了不引起误会，局部剖视图上的波浪线不要与图形中其他图线重合，也不要画在图线的延长线上，更不可以画到物体的外部，如图 6-23 所示。

(2) 一个视图上，局部剖切的数量不宜过多，否则会使图形过于零碎。

(3) 剖切平面位置明显时，局部剖视图一般不标注。

（4）局部剖视图的波浪线画法的正误对照可参见图6-24。

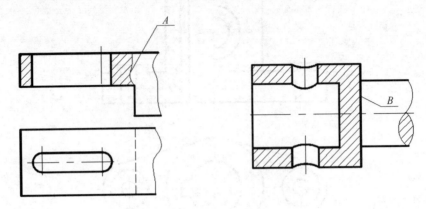

图6-23 波浪线的错误画法

A—波浪线不能画在轮廓线的延长线上；B—波浪线不能与轮廓线重合。

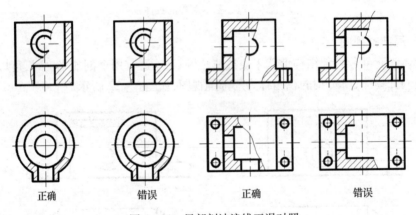

正确　　　错误　　　正确　　　错误

图6-24 局部剖波浪线正误对照

第三节 断 面 图

一、断面图的基本概念

假想用剖切面将物体的某处切断，仅画出该剖切面与物体接触部分的图形，称为断面图（简称断面），如图6-25所示。

断面图常用于表达物体某处断面形状，如轴上的键槽和孔、肋板和轮辐等。

断面图与剖视图的区别在于：断面图仅画出断面的形状，而剖视图除了画出断面的形状外，还要画出断面后面其余可见部分的投影。

二、断面图的种类和标注

断面图分为移出断面图和重合断面图。

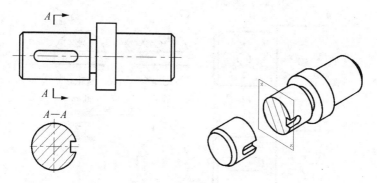

图 6-25 断面的画法

1. 移出断面图

画在视图外面的断面图称为移出断面图,如图 6-26 所示,移出断面图形的轮廓线用粗实线绘制。

国家标准对断面图的画法作了如下规定:

(1) 移出断面应尽量画在剖切位置的延长线上,如图 6-26 所示。为合理利用图纸,也可以画在其他位置,在不致引起误解时,允许将图形旋转配置,此时应在断面图上方注出旋转符号,断面图的名称应注在符号箭头端,如图 6-26 所示的 B—B、D—D 断面。

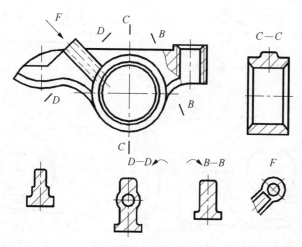

图 6-26 移出断面 1

(2) 画断面图时,一般只画断面的形状,但当剖切平面通过由回转面形成的孔或凹坑的轴线时,这些结构按剖视图画出,如图 6-27 所示。

(3) 当剖切平面通过非圆孔,会导致出现完全分离的两个断面图形时,这些结构也应按剖视图绘出,如图 6-28 所示。由两个或多个相交的剖切平面剖切机件得出的移出断面,中间应断开,如图 6-29 所示。

(4) 当断面图形对称时,也可以画在视图的中断处,如图 6-30 所示。

153

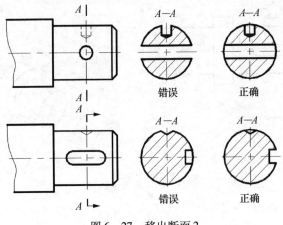

图6-27 移出断面2

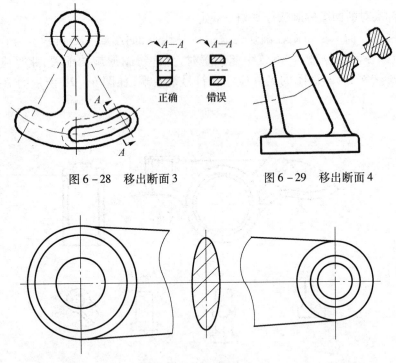

图6-28 移出断面3 图6-29 移出断面4

图6-30 移出断面5

2. 重合断面图

画在视图内的断面图形称为重合断面图,如图6-31所示,重合断面的轮廓线用细实线绘制。当视图中轮廓线与断面的轮廓线重叠时,仍然应将视图中的轮廓完整画出,不可间断。

重合断面图适用于断面形状简单的情况。

3. 断面图的标注

断面图一般要用剖切符号表示剖切位置,用箭头指明投射方向,并注上字母。在断面图上方用相同的字母标注出相应的名称"×—×",如图6-27所示。

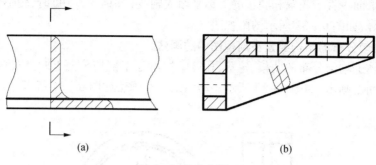

图 6-31 重合断面

下列情况,标注可以省略:

(1) 省略字母。配置在剖切符号延长线上的不对称移出断面、图形不对称的重合断面均可不标注字母。

(2) 省略箭头。断面为对称图形时,如图 6-26 所示,可以省略表示投射方向的箭头。

(3) 省略全部标注。配置在剖切平面延长线上的对称移出断面,如图 6-31(b) 所示的对称重合断面、图 6-30 所示的配置在视图中断处的移出断面,均可以省略全部标注。

第四节　其他规定画法和简化画法

规定画法是指对标准中规定的某些特定表达对象,所采用的特殊图示方法。

一、剖视图中的一些规定画法

(一) 轮辐、肋板在剖视图中的画法

对于机件的肋、轮辐及薄壁等,如按纵向剖切,即剖切平面通过其厚度方向的对称平面进行剖切时,这些结构都不画剖面符号(剖面线),而用粗实线将它与其邻接部分分开,如图 6-32 所示。

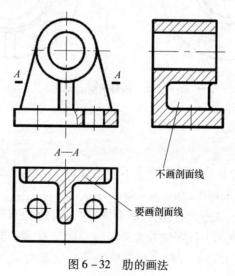

图 6-32 肋的画法

当剖切平面垂直于轮辐和肋板的对称平面或轴线(即横向剖切)时,轮辐和肋板仍要画上剖面符号,如图6-32所示的俯视图。

(二)均匀分布的结构要素在剖视图中的画法

当回转体上均匀分布的肋板、轮辐、孔等结构不处于剖切平面上时,应将这些结构旋转到剖切平面上画出,如图6-33所示。均匀结构的画法如图6-34所示。

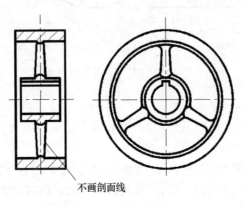

图6-33 轮辐的画法

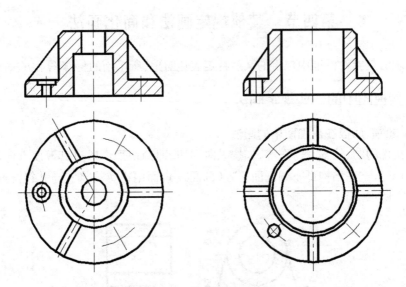

图6-34 均匀结构的画法

二、局部放大图

当物体上某些细小结构在视图上表示不清楚或标注有困难时,可以把这部分按一定的比例放大,再画出它们的图形,如图6-35所示。

局部放大图可以画成视图、剖视图或断面图,它与被放大部分的表达方式无关,画图时一般要用细实线圆在视图上标明被放大部位。当图上有多处部位放大时,需用罗马数字顺序注明,并在局部放大图上方标出相应的罗马数字及所采用的比例,如图6-35所

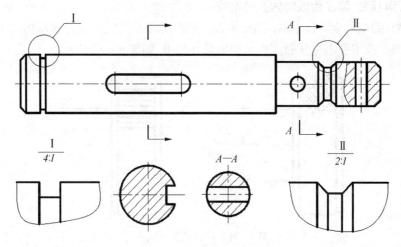

图 6-35 局部放大图的画法

示。当被放大的部位仅有一处时,在局部放大图上方只需注明所采用的比例。局部放大图应尽量配置在被放大部位附近。在局部放大图表达完整的前提下,允许在原视图中简化被放大部分的图形。

三、简化画法

简化画法包括规定画法、省略画法、示意画法等图示方法。简化必须保证不致引起误解和不会产生理解的多义性,应力求制图简便,便于识图和绘制,注重简化的综合效果。在考虑便于手工制图和计算机制图的同时,还要考虑缩微制图的要求。

(一) 相同结构

当物体具有多个按一定规律分布的相同结构(齿、槽等)时,只需画出几个完整的结构,其余用细实线连接,并注明该结构的总数,如图 6-36(a)所示。

对于若干直径相同且呈规律分布的孔(圆孔、螺孔、沉孔等),可以仅画出一个或少量几个,其余只需用细点画线表示其中心位置,并注明孔的总数,如图 6-36(b)所示。

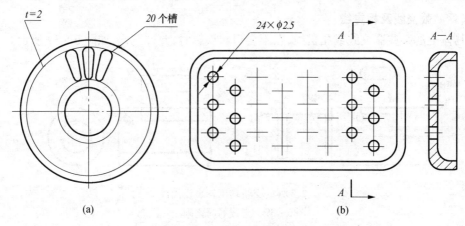

图 6-36 相同结构的简化画法

（二）网状物、编织物或物体上的滚花

网状物、编织物或物体上的滚花，可以在轮廓线附近用粗实线局部画出的方法表示，并在零件图或技术要求中注明这些结构的具体要求，如图 6-37 所示。

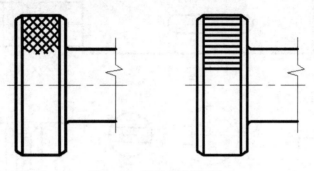

图 6-37　网纹的简化画法

（三）不能充分表达的平面

当图形不能充分表达平面时，可以用平面符号（相交两细实线）表示，如图 6-38 所示。

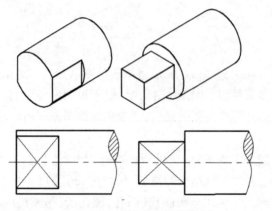

图 6-38　小平面的简化画法

（四）截交线及相贯线

物体上的某些截交线或相贯线，在不会引起误解时，允许简化，如图 6-39 所示。

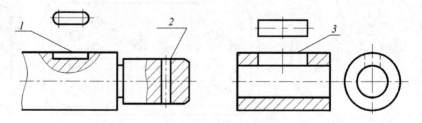

1、2、3 处的交线均用轮廓线代替

图 6-39　交线的简化画法

（五）法兰盘上的孔

圆柱形法兰盘和与其类似的物体上均匀分布的孔，可按照图6-40所示的方法绘出。

（六）对称图形

当图形对称时，在不致引起误会的前提下，可只画视图的一半或1/4，并在对称中心线的两端画出与其垂直的平行细实线，如图6-41所示。

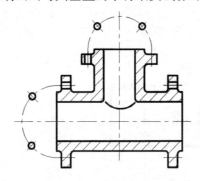

图6-40 法兰盘上均布的孔

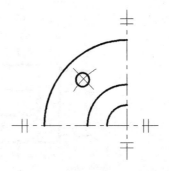

图6-41 对称图形的简化画法

（七）投影为椭圆

与投影面倾斜的角度小于或等于30°的圆或圆弧，可以用圆或圆弧来代替其在投影面上的投影——椭圆、椭圆弧，如图6-42所示。

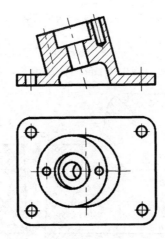

图6-42 椭圆的简化画法

（八）折断画法

较长的物体(轴、杆、型材、连杆等)沿长度方向的形状一致或按一定规律变化时，可断开后缩短绘制。断开后的尺寸仍应按实际长度标注，断裂处用波浪线绘制，如图6-43所示。

（九）省略剖面符号

在不致引起误解的情况下，剖面符号可以省略，但剖切位置和断面图的标注必须遵守规定，如图6-44所示。

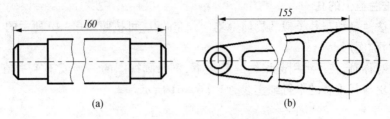

图6-43 较长零件的折断画法

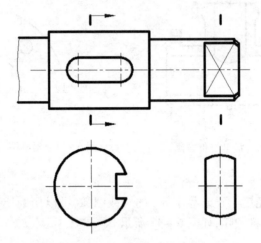

图6-44 剖面符号可省略

(十) 周边画法

剖面区域过大时可以只沿周边画出剖面符号,如图6-45所示。

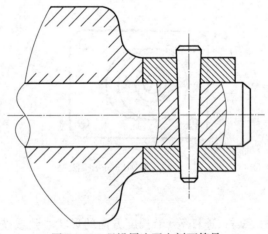

图6-45 只沿周边画出剖面符号

第五节 表达方法综合应用举例

前面介绍了物体的各种表达方法,在绘制图样时,应根据物体的形状和结构特点,灵活选用表达方法。对于同一物体,可以有多种表达方案,应加以比较,择优选取。选择表达方案的基本要求是:根据物体的结构特点,选取适当的表达方法,首先应当考虑看图方便,在完整、清晰地表达物体形状的前提下力求制图的简便,要求每一视图有一个表达的重点,各个视图之间应互相补充不重复。

在选择视图时,应把表示物体信息量最多的那个视图作为主视图,主视图通常是物体的工作位置、加工位置。当需要其他视图(包括剖视图、断面图)时,应按以下原则选取:

(1) 在明确表示物体的前提下,使视图的数量最少。
(2) 尽量避免使用虚线表达物体的轮廓及棱线。
(3) 避免不必要的重复。

例 6-1 四通管的表达方案。

图 6-46 所示的四通管有三个主要部分:中间为带有上、下法兰盘的圆柱筒,左部及右部为倾斜的圆柱筒。为了清楚地表达四通管的外部结构,可以采用图 6-46 所示的两个基本视图和三个局部视图来表达。其中,主视图采用 A—A 旋转剖,主要用来表达四个方向管子的连通情况,是一个特征视图。俯视图 B—B 是两个相互平行的平面剖切而来的。目的是为了表达右部管子的位置以及底板的形状。D 向视图主要表达上端面的形状及孔的分布情况。C 向及 E 向视图主要用于表达两个管子的出口形状。

图 6-46 所示的几个视图,表达方法搭配适当,每个视图都有表达的重点,既起到了相互配合和补充的作用,又使视图的数量不是太多。

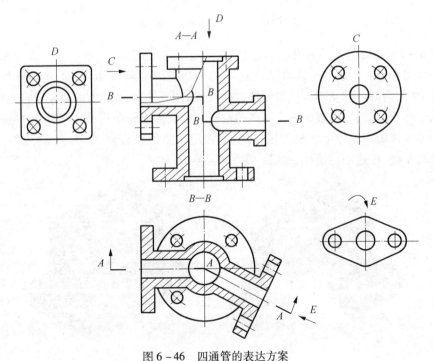

图 6-46 四通管的表达方案

例 6-2 支架的表达方案。

根据图 6-47 所示的支架可以看出,支架共分三个部分:空心圆柱、底板、连接圆柱与底板的十字肋,支架的结构是前后对称的。

如图 6-47 所示的表达方案:主视图两处局部剖视图,既表达了肋、圆柱和底板的外部结构形状及相互的位置关系,又表达了圆柱孔、加油孔以及底板上四个小孔的形状。左视图为局部视图,表示空心圆柱与十字肋的连接关系和相对位置。倾斜的底板采用 A 向斜视图,表示其实形及四个孔的分布位置。移出断面表示十字肋的断面实形。

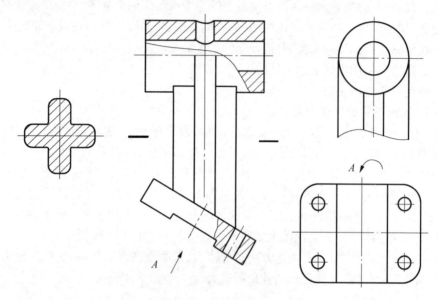

图 6-47　支架的表达方案

例 6-3　箱体的表达方案。

根据图 6-48 所示的箱体可以看出,零件的功能是包容、支承、安装、固定部件中的其他零件,并作为部件的基础与机架相连接。箱体的主要结构按功能需要差异很大,但一般包括以下几个部分:一个较大的空腔,安装、支承轴及轴承的轴孔,与机架相连的底板和与箱盖相连的顶板。箱体上常见的结构为:加强用的肋板和凸台;定位、安装用的凸台、凹坑;定位、安装、连接用的销孔、螺钉孔等。

图 6-48　箱体

如图 6-49 所示的表达方案,主视图采用半剖视图和一个局部剖视图,既表达了箱体的内部结构形状,又表达了顶板和底板上孔的形状。左视图为全剖视图,移出断面表示出了肋板的形状和宽度。A 向视图为局部视图。B 向视图为仰视图,表达了箱体底部的形状。

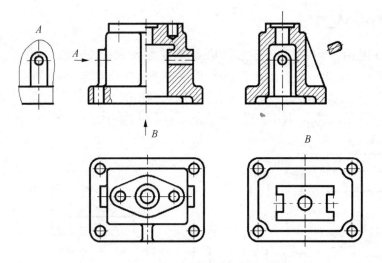

图 6-49 箱体的表达方案

第六节 第三角画法简介

我们国家对工程图样采用第一角画法,也有一些国家采用第三角画法,如美国、日本等。根据国家标准的规定,前面介绍的图样都是在第一角画出的。为了加强国际间的技术交往,本节将对第三角画法作一些简单介绍。

一、物体在投影体系中的位置

两个互相垂直的投影面把空间分成四个分角 Ⅰ、Ⅱ、Ⅲ、Ⅳ。物体放在第一分角表达称为第一角投影,物体放在第三分角表达称为第三角投影,如图 6-50 所示。

采用第三角画法时,将物体置于第三分角内,即投影面处于观察者与物体之间,在 V 面形成由前向后投影得到的主视图(Front view);在 H 面上形成由上向下投影得到的俯视图(Top view);在 W 面上形成由右向左投影得到的右视图(Right view)。令 V 面保持正立位置不动,将 H 面、W 面分别绕它们与 V 面的交线,向上、向右旋转 90°,得到物体的三视图,如图 6-51 所示。

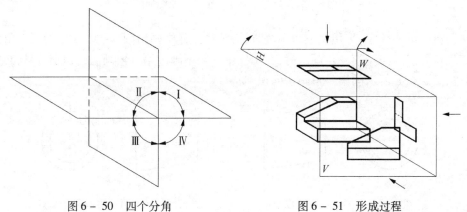

图 6-50 四个分角　　　　　图 6-51 形成过程

163

二、视图的配置

第三角画法的三个视图符合正投影的投影规律:主、俯视图长对正;主、右视图高平齐;俯、右视图宽相等,并且前后对应(注意:俯视图和右视图靠近主视图的一侧为物体的前面)。

用第三角画法画出的三个视图与第一角画法画出的三个视图(见图6-52及图6-53)相比较,它们的主要区别在于视图配置的位置不同,如图6-54所示。

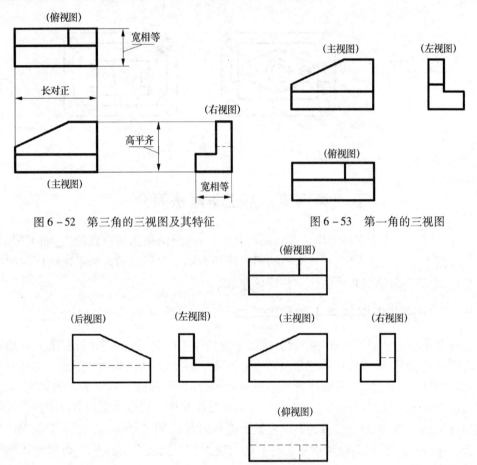

图6-52 第三角的三视图及其特征　　图6-53 第一角的三视图

图6-54 第三角画法六个基本视图的配置

国家标准中规定,采用第三角画法时,必须在图样中画出图6-55所示的第三角画法的识别符号。当采用第一角画法时,在图样中一般不画出第一角画法的识别符号,必要时才画出图6-56所示的第一角画法的识别符号。

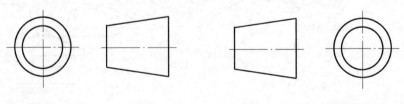

图6-55 第三角识别符号　　图6-56 第一角识别符号

第七章 标准件和常用件

在机器中有许多零件会经常用到,如螺钉、螺栓、螺母、垫圈、键、销和滚动轴承等。这些零件使用量大,需要成批和大量生产。为了便于生产、使用和绘图,它们的结构和尺寸都已标准化,这些零件称为标准件。还有一些零件,它们的部分结构也已标准化,如齿轮的轮齿部分,这些零件称为常用件。本章将对这些零件的结构、规定画法及标注予以介绍。

第一节 螺纹的规定画法和标记

一、螺纹的形成和结构要素

(一) 螺纹的形成

螺纹可认为是由平面图形(三角形、梯形、锯齿形等)绕着和它共平面的轴线作螺旋运动的轨迹。图7-1(a)、(b)所示的是在车床上加工螺纹的方法,开动机床使夹持在车床卡盘上的工件作等速旋转,同时车刀沿轴线方向作等速移动,刀尖相对于工件表面的运动轨迹就是圆柱螺旋线。在圆柱表面上形成的螺纹称为圆柱螺纹;在圆锥表面上形成的螺纹称为圆锥螺纹。在回转体外表面上加工形成的螺纹称为外螺纹;在圆孔内表面上加工形成的螺纹称为内螺纹。对于直径较小的螺纹可以先用钻头加工出光孔,再用丝锥加工内螺纹,如图7-1(c)所示。图7-1(d)所示为圆板牙。板牙按外形和用途分为圆板牙、方板牙、六角板牙和管形板牙,其中以圆板牙应用最广。板牙可装在板牙扳手中用手工加工外螺纹,也可装在板牙架中在机床上使用。板牙加工出的螺纹精度较低,但由于结构简单、使用方便,在单件、小批生产和修配中,板牙仍得到广泛应用。

(二) 螺纹的结构要素

1. 牙型

在通过螺纹轴线的剖面上,螺纹的轮廓形状称为螺纹的牙型,有三角形、梯形、矩形、锯齿形和方形等,不同牙型的螺纹有不同的用途。

2. 直径

螺纹的直径分为大径、小径和中径等三种,如图7-2所示。

大径是指与外螺纹牙顶或内螺纹牙底相重合的假想圆柱面的直径,大径又称为公称直径。外螺纹的大径用 d 表示,内螺纹的大径用 D 表示。小径是指与外螺纹的牙底或内螺纹牙顶相重合的假想圆柱的直径,外螺纹的小径用 d_1 表示,内螺纹的小径用 D_1 表示。中径是一个设计直径,假想有一个圆柱的母线通过牙型上沟槽和凸起二者宽度相等的地方,此假想圆柱称为中径圆柱,外螺纹的中径用 d_2 表示,内螺纹的中径用 D_2 表示。

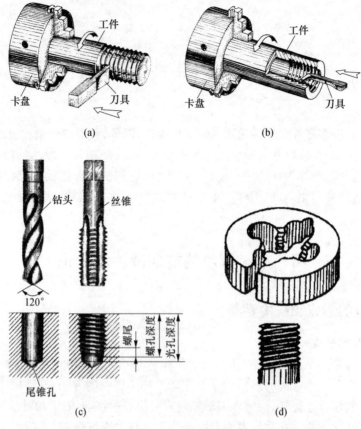

图 7 – 1 加工螺纹

(a) 加工外螺纹;(b) 加工内螺纹;(c) 用钻头和丝锥加工内螺纹;(d) 用圆板牙套扣外螺纹。

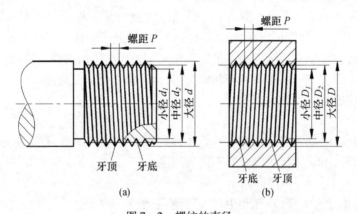

图 7 – 2 螺纹的直径

(a)外螺纹各部分的名称;(b)内螺纹各部分的名称。

3. 线数

螺纹有单线与多线之分,沿一条螺旋线形成的螺纹称为单线螺纹,如图 7 – 3(a)所示,沿两条以上螺旋线形成的螺纹称为多线螺纹,如图 7 – 3(b)所示。线数又称头数,通常用 n 表示。

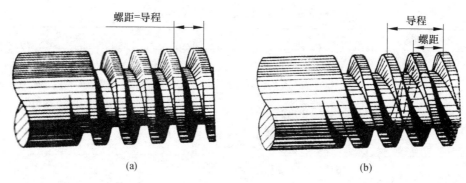

图7-3 螺纹的线数
(a)单线螺纹;(b)双线螺纹。

4. 螺距和导程

螺距是指相邻两牙在中径线上对应两点间的轴向距离,以 P 表示,如图7-2所示。导程是指同一螺旋线上的相邻两牙在中径上对应两点间的轴向距离,即螺纹旋转一周沿轴向移动的距离,用 Ph 表示,导程与螺距及线数的关系为: $Ph = nP$。

5. 旋向

螺纹有左旋和右旋之分,如图7-4所示,常用的是右旋。内、外螺纹通常是配合使用的,上述五个结构要素完全相同的内、外螺纹才能够旋合在一起。

在螺纹的五要素中,螺纹的牙型、大径和螺距是决定螺纹的最基本要素,称为螺纹三要素。凡三个要素都符合标准的称为标准螺纹;仅牙型符合标准的称为特殊螺纹;若螺纹的牙型不符合标准,则称为非标准螺纹。

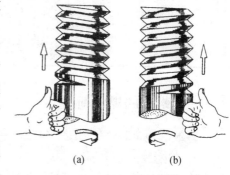

图7-4 螺纹旋向
(a)左旋螺纹;(b)右旋螺纹。

二、螺纹的种类

按螺纹的用途可以将螺纹分为连接螺纹和传动螺纹,如表7-1所列。

常见的连接螺纹有普通螺纹和管螺纹,其中,普通螺纹又分为粗牙普通螺纹和细牙普通螺纹;管螺纹分为55°非密封管螺纹和55°密封管螺纹等。

连接螺纹的共同特点是:牙型都是三角形,其中普通螺纹的牙型角为60°,管螺纹的牙型角为55°。

普通螺纹中的细牙和粗牙的区别是:在大径相同的条件下,细牙普通螺纹的螺距比粗牙普通螺纹的螺距小。细牙普通螺纹多用于细小的精密零件或薄壁件,或者是承受冲击、振动载荷的零件上;而管螺纹多用于水管、油管、煤气管上。

传动螺纹是用来传递动力和运动的,常用的是梯形螺纹,在单方向受力的情况下也用锯齿形螺纹。

表 7-1 常用螺纹的种类与用途

螺纹的种类		外形及牙型	用途
连接螺纹	普通螺纹 粗牙普通螺纹	60°	粗牙普通螺纹一般用于机件的连接,细牙普通螺纹一般用在薄壁零件或细小的精密零件上,普通螺纹是最常用的连接螺纹
	普通螺纹 细牙普通螺纹		
	管螺纹 55°非密封管螺纹	55°	用于管接头、旋塞、阀门及其附件
	管螺纹 55°密封管螺纹		用于管子、管接头、旋塞、阀门及其他螺纹连接的附件
传动螺纹	梯形螺纹	30°	用于必须承受两个方向的轴向力的地方,例如车床的丝杠等

三、螺纹的规定画法

螺纹的规定画法见 GB/T 4459.1—1995。

1. 外螺纹的规定画法

在平行于螺纹轴线的视图上,螺纹的大径用粗实线绘制,小径用细实线绘制,并应画入倒角或倒圆区,通常小径画成大径的 0.85 倍,但是如果大径较大时,小径的尺寸就应当查表得出;螺纹终止线用粗实线表示。在垂直于螺纹轴线的视图上,螺纹的大径用粗实线圆表示,小径用细实线画表示,约 3/4 圆,轴端的倒角圆省略不画,如图 7-5(a)所示。在平行于螺纹轴线的视图上,如果要画出螺纹收尾,则画成斜线,其倾斜角度与轴线成 30°,如图 7-5(b)所示。螺纹收尾通常省略不画。在水管、油管、煤气管等管道中,常使用管螺纹连接。管螺纹的画法如图 7-5(c)所示。

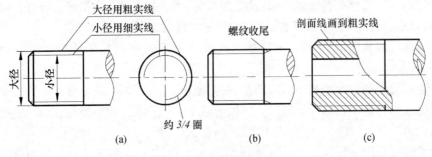

图 7-5 外螺纹的画法
(a)外螺纹的规定画法;(b)螺纹收尾的画法;(c)管螺纹的局部剖视画法。

2. 内螺纹的规定画法

在平行于螺纹轴线的视图上,一般画成全剖视图。螺纹的大径用细实线绘制,小径用粗实线绘制,且不画入倒角区,小径画成大径的 0.85 倍。但是如果大径较大时,小径的尺寸就应当查表得出;在绘制不通孔时,应画出螺纹终止线(粗实线)和钻孔深度线。钻孔深度 = 螺孔深度 + 0.5 × 螺纹大径,钻孔直径 = 螺纹小径,钻孔底部顶角 = 120°。剖面线要画到粗实线。在垂直于螺纹轴线的视图上,螺纹的小径用粗实线画整圆,大径用细实线画约 3/4 个圆,倒角圆省略不画,如图 7 - 6(a)所示。

当螺纹不可见时,所有的图线均用虚线画出,如图 7 - 6(b)所示。

当内螺纹为通孔时,其画法如图 7 - 6(c)所示。

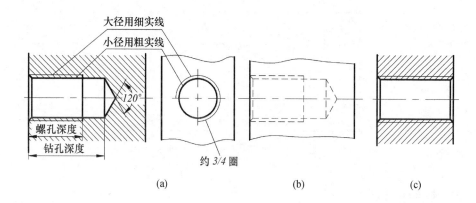

图 7 - 6 内螺纹的画法
(a)螺纹孔的规定画法;(b)螺纹孔不可见时的画法;(c)螺纹通孔的画法。

3. 内外螺纹旋合的画法

通常采用全剖视图画出,其旋合部分按外螺纹画,其余部分按各自的规定画法表示。国标规定:当沿外螺纹的轴线剖开时,螺杆作为实心零件按不剖画。表示螺纹大、小径的粗、细实线应分别对齐,如图 7 - 7 所示。

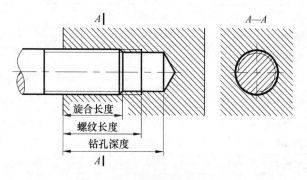

图 7 - 7 内外螺纹旋合的画法

4. 非标准螺纹的画法

画非标准螺纹时,应画出螺纹牙型,并标注出所需的尺寸及有关的要求,如图 7 - 8 所示。

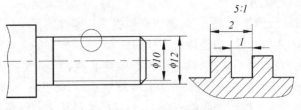

图 7-8 非标准螺纹的画法

5. 螺纹孔相交的画法

螺纹孔相交时只画出钻孔的相交线,如图 7-9 所示。

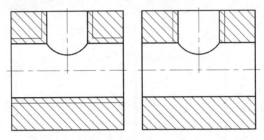

图 7-9 螺纹孔中相贯线的画法

四、螺纹的标注

由于螺纹采用统一的规定画法,为了便于识别螺纹的种类及其要素,对螺纹必须按规定在图上进行标注。螺纹的标注方法分为标准螺纹和非标准螺纹两种,下面分别进行介绍。

(一) 标准螺纹的标注

国标(GB/T 4459.1—1995)中规定,标准螺纹应在图上注出相应的符号,如表 7-2 所列。

表 7-2 常用标准螺纹的规定符号

螺纹种类		特征代号	标准代号
普通螺纹		M	GB/T 197—2003
小螺纹		S	GB/T 15054.4—1994
梯形螺纹		Tr	GB/T 5796.4—2005
锯齿形螺纹		B	GB/T 13576.4—2008
米制密封螺纹		ZM	GB/T 1415—2008
60°密封管螺纹		NPT	GB/T 12716—2011
55°非密封管螺纹		G	GB/T 7307—2001
55°密封管螺纹	圆锥外螺纹	R	GB/T 7306—2000
	圆锥内螺纹	Rc	
	圆柱内螺纹	Rp	
自攻螺钉用螺纹		ST	GB/T 5280—2002
自攻锁紧螺钉用螺纹		M	GB/T 6559—1986

1. 普通螺纹的标注

普通螺纹标注的一般格式为：

螺纹特征代号　螺纹大径×Ph 导程(P 螺距)　旋向—螺纹公差带代号—旋合长度

螺纹特征代号：不同种类的螺纹的具体特征代号，如表 7-2 所列。

螺距、导程：单线粗牙螺纹不标注螺距，螺距的值可以查国标确定，单线细牙螺纹需要明确标注螺距。多线螺纹需要同时标注导程和螺距。

旋向：右旋螺纹通常省略不标记，左旋螺纹标记 LH。

螺纹公差带代号：说明螺纹允许的尺寸公差(分为中径公差和顶径公差两种)，由数字和字母组成，其数字说明公差等级，字母说明基本偏差代号。对于中径和顶径相同的，则只标注一个。

旋合长度：螺纹的旋合长度分为短、中、长三组，分别用 S、N、L(Short、Normal、Long 的第一个字母)表示。一般情况下，可以不加标注，按中等旋合长度考虑。

2. 管螺纹与梯形螺纹的标注

管螺纹应标注螺纹符号、尺寸代号、公差等级和旋向。应当注意：管螺纹必须采用指引线标注，指引线从大径引出；公差等级代号，55°非密封外螺纹公差等级分为 A、B 两种，其余螺纹的公差等级不标记。

梯形螺纹应标注：螺纹代号(包括牙型符号 Tr、螺纹大径、螺距等)、公差带代号及旋合长度三部分。

表 7-3 列举了常用标准螺纹的标注。

表 7-3　常用标准螺纹的标注示例

螺纹种类	标注图例	代号的意义	说明
粗牙普通螺纹	M10-5g6g-S M10LH-7H-L	M10 - 5g6g - S 　　└旋合长度 　　└顶径公差带 　　└中径公差带 　　└螺纹代号及大径 M10LH - 7H - L 　　└旋合长度 　　└中径和顶径公差带相同 　　└旋向(左) 　　└螺纹代号及大径	1. 粗牙螺纹不标注螺距 2. 单线、右旋不注线数和旋向，多线或左旋要标注 3. 中径和顶径公差带相同时，只标注一个代号 4. 中等旋合长度不标 N(以下同) 5. 图中所注螺纹长度不包括螺尾
细牙普通螺纹	M10×1-6g	M10×1 - 6g 　　└中径和顶径公差带相同 　　└螺距 　　└螺纹代号及大径	1. 细牙螺纹要标注螺距 2. 其他规定同粗牙普通螺纹

(续)

螺纹种类	标注图例	代号的意义	说明
55°非密封管螺纹	G1/2A	G1/2 A — 公差等级 — 尺寸代号 — 55°非密封管螺纹代号	1. 55°非密封管螺纹尺寸代号不是螺纹大径，作图时要根据此尺寸代号查出螺纹大径 2. 只能以旁注的方式引出标注 3. 右旋省略不注 4. 外螺纹公差等级分 A 级和 B 级两种。内螺纹公差等级只有一种，故不标注公差带代号
55°密封管螺纹	Rp 1½	Rp 1½ — 尺寸代号 — 55°密封螺纹圆柱内螺纹代号	1. 55°密封管螺纹尺寸代号不是螺纹大径，作图时要根据此尺寸查出螺纹大径 2. 只能以旁注的方式引出标注 3. 右旋省略不注 4. 内外螺纹均只有一种公差带，故不标注公差带代号
	Rc 1½	Rc 1½ — 尺寸代号 — 55°密封螺纹圆锥内螺纹代号	
	R 1½	R 1½ — 尺寸代号 — 55°密封螺纹圆锥外螺纹代号	
60°密封管螺纹	NPT3/4-LH	NPT 3/4 -LH — 左旋 — 尺寸代号 — 60°密封管螺纹代号	1. 内外螺纹均只有一种公差带，故不标注公差带代号 2. 右旋省略不注，左旋要标注 LH

(续)

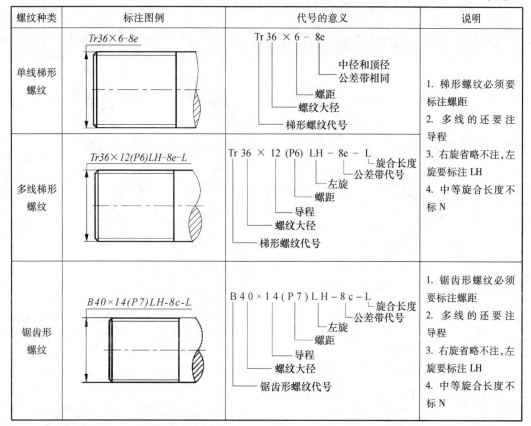

（二）特殊螺纹与非标准螺纹的标注

（1）牙型符合标准、直径或螺距不符合标准的螺纹，应在牙型符号前加上"特"字，标出大径和螺距，如图 7-10 所示。

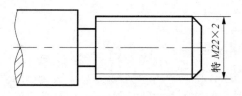

图 7-10　特殊螺纹的标注

（2）绘制非标准牙型的螺纹时，应画出螺纹的牙型，并注出所需要的尺寸及有关要求。

第二节　螺纹紧固件的画法和标记

螺栓、螺柱、螺钉、螺母、垫圈等都称为螺纹紧固件。它们是标准件，起连接、紧固作用，一般由标准件厂生产，不需要画它们的零件图，外购时只需要写出它们的规定标记即可。

一、螺纹紧固件的规定标记

如图 7-11 所示为常用的螺纹连接件,表 7-4 列举了常用螺纹紧固件的规定标记。

图 7-11 常用螺纹连接件

表 7-4 常用螺纹紧固件标记示例

名称	图例	规定标记
六角头螺栓——A 和 B 级		螺栓 GB/T 5782—2000 $d \times L$ 标记示例: 螺栓 GB/T 5782 $M12 \times 80$
双头螺柱 ($b_m = 1.25d$)		螺柱 GB/T 898—1988 $d \times L$ 标记示例: 螺柱 GB/T 898 $M10 \times 50$
开槽沉头螺钉		螺钉 GB/T 68—2000 $d \times L$ 标记示例: 螺钉 GB/T 68 $M5 \times 20$
开槽锥端紧定螺钉		螺钉 GB/T 71—1985 $d \times L$ 标记示例: 螺钉 GB/T 71 $M5 \times 12$
I 型六角螺母——A 和 B 级		螺母 GB/T 6170—2015 D 标记示例: 螺母 GB/T 6170 $M12$

（续）

名称	图例	规定标记
1型六角开槽螺母——A和B级		螺母 GB/T 6178—1986 D 标记示例： 螺母 GB/T 6178　M12
平垫圈 A级		垫圈 GB/T 97.1—2002 d （d为与垫圈配套使用的螺栓或螺柱的螺纹大径，d<d1，具体尺寸关系需要查阅国标） 标记示例： 垫圈 GB/T 97.1　8
标准型弹簧垫圈		垫圈 GB/T 93—1987 d （d为与垫圈配套使用的螺栓或螺柱的螺纹大径，d<d1，具体尺寸关系需要查阅国标） 标记示例： 垫圈 GB/T 93　16

二、螺纹紧固件的比例画法

六角螺母和六角螺栓头部外表面上的双曲线，可以根据大径的尺寸，采用图7-12所示的比例画出。

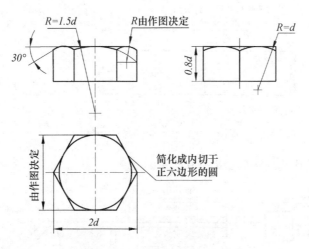

图7-12　六角螺母的比例画法

平垫圈和弹簧垫圈的比例画法如图7-13所示。
螺栓的比例画法如图7-14所示。
双头螺柱的比例画法如图7-15所示。

175

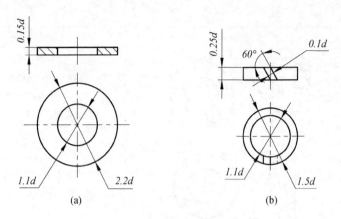

图 7-13 垫圈的比例画法
（a）平垫圈；(b) 弹簧垫圈。

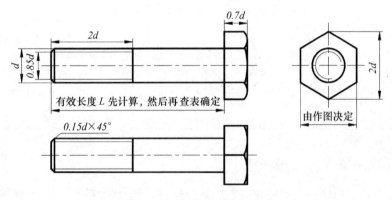

图 7-14 螺栓的比例画法

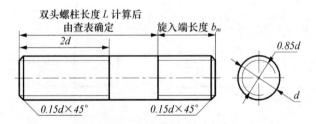

图 7-15 双头螺柱的比例画法

圆柱头螺钉的比例画法如图 7-16 所示。

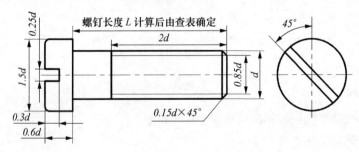

图 7-16 圆柱头螺钉的比例画法

沉头螺钉的比例画法如图 7-17 所示。

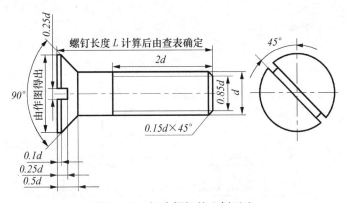

图 7-17　沉头螺钉的比例画法

三、螺纹紧固件装配图的画法

螺纹紧固件有螺栓连接(图 7-18)、双头螺柱连接和螺钉连接三种形式,其装配图的画法可分成三种:

(1) 按国标规定的数据画图,直接查阅有关标准数据画出图形。

(2) 按比例画图,为了提高画图速度,螺母、螺栓头部曲线等,按其与螺纹公称直径(d,D)的比例关系画出。

(3) 简化画法,装配图样中的螺纹紧固件一般采用简化画法,用来表达装配连接情况,对其结构细节,如倒角、圆角、螺尾和支承面结构等均省去不画。

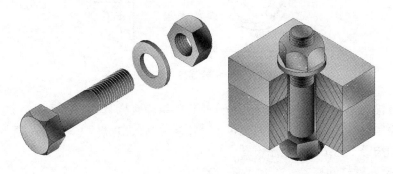

图 7-18　螺栓连接

绘制螺纹紧固件连接时应遵循的一般规定(即装配图画法的一般规定):

(1) 两零件(如两被连接件)表面接触时,画一条粗实线,不接触时画两条粗实线,间隙过小应夸大画出,如图 7-19 所示的光孔与螺栓之间空隙的画法。

(2) 在剖视图中相邻两零件(如两被连接件)的剖面线方向应相反或间隔不同。

(3) 当剖切平面通过螺纹紧固件的轴线时,其标准件如螺栓、螺柱、螺钉、螺母及垫圈等,均按未剖切绘制。

(一) 螺栓连接

连接的特点是:用螺栓穿过两个零件的光孔,加上垫圈,用螺母紧固,如图 7-18

所示。

螺栓连接装配图的比例画法如图7-19所示。画图时还应注意以下几点。

(1) 螺栓的有效长度L先按照下式估算：
$$L = \delta_1 + \delta_2 + m + h + a$$
式中：δ_1和δ_2为两被连接件的厚度；m为螺母的厚度；h是垫圈的厚度；a为拧紧后螺栓伸出螺母外的长度(约为$(0.3 \sim 0.5)d$)，如图7-19所示。初步估算后的长度要查标准件手册，选取一个接近的标准值作为最后选定的螺栓的长度L。

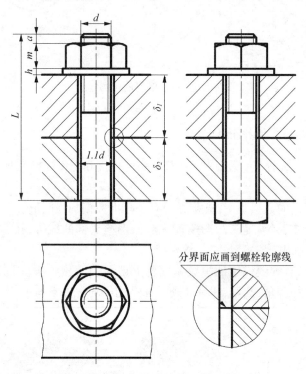

图7-19 螺栓连接的比例画法

(2) 螺栓的螺纹终止线应介于两被连接件的结合面与上端面之间。

(3) 绘制螺栓连接的装配图时也可以采用简化画法，如图7-20所示，螺栓的头部及螺母上的倒角等工艺结构可省略不画。

(二) 双头螺柱连接

连接的特点：被连接的两个零件中一个较薄的零件是采用光孔，另一个较厚的零件是采用螺纹盲孔。螺柱旋入端通过较薄零件的光孔后，全部旋入另一被连接零件的螺孔中，最后用螺母和垫圈紧固。

螺柱旋入端的长度b_m与被连接的机体的材料有关，当机体的材料为钢或青铜等较硬的材料时，选择$b_m = d$；当机体为铸铁时，选用$b_m = 1.25d$或$1.5d$；当机体材料为铝等轻金属时，选用$b_m = 2d$的螺柱。

双头螺柱连接装配图的比例画法如图7-21所示。画图时应注意以下几点。

(1) 螺柱的有效长度L先按照下式估算：
$$L = \delta + m + h + a$$

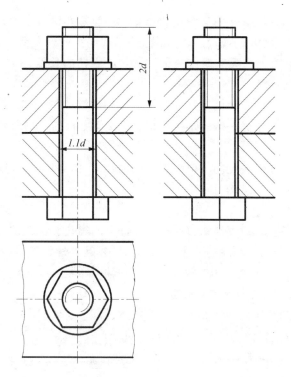

图 7−20 螺栓连接的简化画法

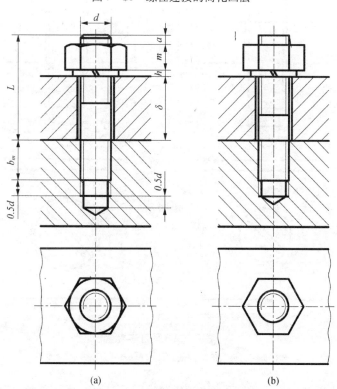

图 7−21 双头螺柱连接的画法
(a) 双头螺柱连接的比例画法；(b) 双头螺柱连接的简化画法。

式中:δ 为上板的厚度;m 为螺母的厚度;h 是弹簧垫圈的厚度;a 为拧紧后螺柱伸出螺母外的长度(约为$(0.3\sim0.5)d$),如图 7-21(a)所示。初步估算后的长度要查标准件手册,选取一个接近的标准值作为最后选定的螺柱的长度 L(此长度不含旋入端的长度)。

(2) 螺柱的旋入端应完全旋入到下连接机体的螺纹孔中,其螺纹终止线应与两被连接件的结合面平齐。螺柱另一端的螺纹终止线应介于上板的上端面轮廓线与两零件结合面之间。

(3) 绘制螺柱连接的装配图时也可以采用简化画法,如图 7-21(b)所示,螺柱的头部及螺母上的倒角等工艺结构可省略不画。

(三) **螺钉连接**

连接的特点:不用螺母,仅靠螺钉与一个零件上的螺孔旋合连接。被连接的两个零件中较薄的一个是采用光孔,较厚的一个是采用螺纹盲孔。螺钉通过一个被连接件的光孔后,旋入另一被连接零件的螺孔中,靠螺纹连接的轴向压紧力进行紧固。

螺钉旋入端长度 b_m 的选择同双头螺柱。

螺钉连接装配图的比例画法如图 7-22 所示,图 7-22(a)为圆柱头螺钉连接,图 7-22(b)为沉头螺钉连接。画图时应注意以下几点。

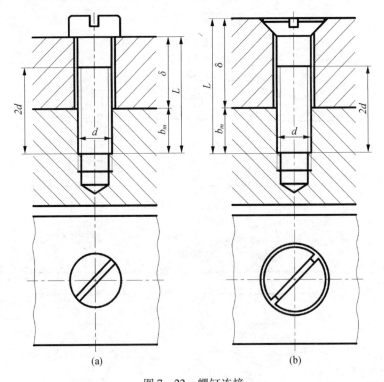

图 7-22 螺钉连接
(a)圆柱头螺钉连接的比例画法;(b)沉头螺钉连接的比例画法。

(1) 圆柱头螺钉以钉头的底平面作为画螺钉的定位面,而沉头螺钉则以锥面作为螺钉的定位面。

(2) 在投影为圆的视图中,螺丝刀槽通常画成倾斜45°的粗实线,当槽的宽度小于2mm时,可以涂黑表示。

(3) 螺钉的有效长度 L 先按照下式估算:
$$L = \delta + b_m$$
式中:δ 为上板的厚度;b_m 为螺钉旋入端的长度,如图7-22所示。初步估算后的长度要查标准件手册,选取一个相近的标准值作为最后选定的螺钉的长度 L(圆柱头螺钉此长度不含头部的厚度)。

第三节 键、销

键和销是标准件。使用时可以从手册中查阅选用。下面作简要介绍。

一、键及其连接

键通常用来连接轴和装在轴上的转动零件(带轮、齿轮等),起传递扭矩的作用,可分为两大类:常用键和花键。下面介绍常用键。

常用键有普通平键、钩头楔键和半圆键等,如图7-23所示,其中普通平键最为常见。键和轴、轮毂上键槽的画法及尺寸标注都有相应的规定,可从附录三中查表获得。

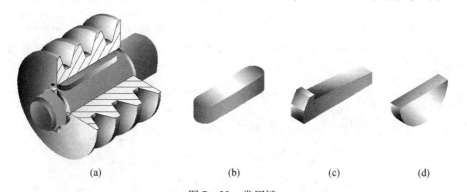

图7-23 常用键
(a)用平键连接带轮和轴;(b)普通平键;(c)钩头楔键;(d)半圆键。

常用键在装配图中的画法如图7-24、图7-25及图7-26所示。

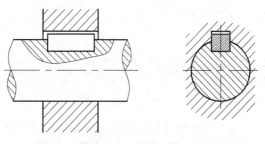

图7-24 平键连接

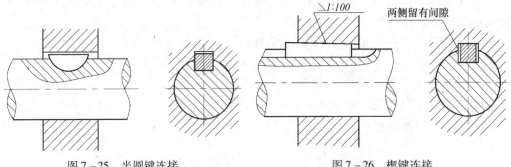

图 7-25 半圆键连接　　　　　图 7-26 楔键连接

普通平键与半圆键的两个侧面是工作面,顶面是非工作面。所以键和键槽之间是没有空隙的,此处应画一条线。而顶面与轮毂之间则有空隙,应画两条线。对于楔形键则相反,键的顶面为工作面,钩头楔键的顶面有1:100的斜度,连接时将键敲入键槽,因此楔形键的顶部与轮毂没有间隙,而两侧则应留有间隙。这些都是画图时应当注意的。

键的规定标记格式为:国标代号　名称　键的公称尺寸。如普通 B 型平键宽度 $b = 16\text{mm}$,高度 $h = 10\text{mm}$,公称长度 $L = 100\text{mm}$,标记为:GB/T 1096 键 B16 × 10 × 100。半圆键宽度 $b = 6\text{mm}$,高度 $h = 10\text{mm}$,直径 $D = 25\text{mm}$,标记为:GB/T 1099.1 键 6 × 10 × 25。钩头楔键宽度 $b = 16\text{mm}$,高度 $h = 10\text{mm}$,公称长度 $L = 100\text{mm}$,标记为:GB/T 1565 键 16 × 100。

在键连接装配图中,当剖切平面通过轴的轴线以及键的对称平面时,轴和键均按不剖画,为了表示键与轴的连接关系,可采用局部剖视表达。如图 7-27 所示为平键连接的画图步骤。

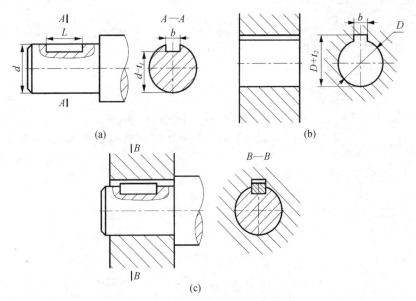

图 7-27 平键连接的画图步骤
(a)轴上键槽的画法;(b)轮毂上键槽的画法;(c)平键连接的画法。

二、销及其连接

销主要用于两零件之间的连接和定位,常用的有圆柱销、圆锥销和开口销等,如图 7-28 所示。

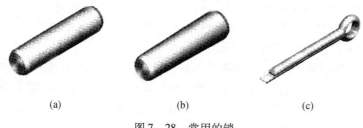

图 7-28 常用的销
(a)圆柱销;(b)圆锥销;(c)开口销。

用圆柱销和圆锥销连接和定位的两个零件上的销孔是在装配时一起加工的,在零件图上应注明:"装配时作"或"与××件配作"。圆锥销的公称尺寸是指小端直径,用圆锥销进行定位连接时的装配图画法如图 7-29 所示。图 7-30 所示是圆柱销用于连接两个零件。开口销常要与六角开槽螺母配合使用,如图 7-31 所示。

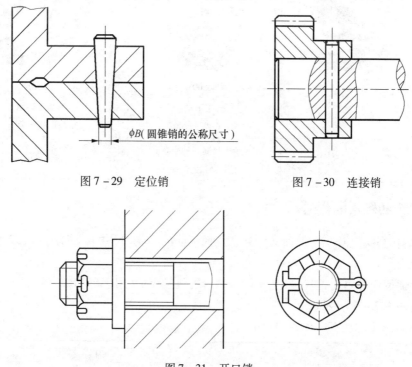

图 7-29 定位销   图 7-30 连接销

图 7-31 开口销

销的规定标记格式为:名称 国标代号 销的公称尺寸。如公称直径 $d=6$mm、公差为 m6、长度 $l=30$mm、材料为钢、普通淬火(A 型)、表面氧化处理的圆柱销标记为:销 GB/T 119.2 6×30。如公称直径 $d=6$mm、长度 $l=30$mm、材料为 35 钢、热处理硬度 28~38HRC、表面氧化处理的 A 型圆锥销标记为:销 GB/T 117 6×30。

第四节 滚动轴承

滚动轴承是一种支承旋转轴的标准件,由于它具有结构紧凑,启动摩擦力矩和运转时的摩擦力矩较小,能在较大的载荷、转速及精度范围内工作,并容易满足不同的要求等优点,在机器、仪表中得到广泛应用。在工程设计中无需单独画出滚动轴承的图样,而是根据使用条件和国家标准规定的代号进行选用。

为了适应不同载荷、转速及使用条件等要求,滚动轴承有许多形式,但它们的结构则基本相同,通常由内圈、外圈、滚动体和保持架四个部分组成。表7-5是几种常见的滚动轴承的类型。在装配图中,按照国标 GB/T 4459.7—1998 规定的画法绘制。

表7-5 常用滚动轴承的类型

类别	向心轴承	角接触轴承	推力轴承
结构形式和代号	6000 深沟球轴承 GB/T 276—2013	30000 圆锥滚子轴承 GB/T 292—2007	51000 推力球轴承 GB/T 301—2015
应用范围	用于承受径向载荷	用于承受径向和轴向载荷,但是以径向为主	用于承受轴向载荷

一、滚动轴承的代号

在常用的各种轴承中,每种又可分为几种不同的结构、尺寸和公差等级,以适应不同的使用要求。

滚动轴承代号由前置代号、基本代号和后置代号组成,用字母和数字等表示。轴承代号的构成如表7-6所列。

表7-6 滚动轴承代号的构成

前置代号	基本代号					后置代号						
	五	四	三	二	一							
轴承分部件代号	类型代号	尺寸系列代号		内径代号		内部结构代号	密封与防尘结构代号	保持架及其材料代号	特殊轴承材料代号	公差等级代号	游隙代号	多轴承配置代号	其他代号
		宽度系列代号	直径系列代号										

注:基本代号下面的一~五表示代号自右向左的位置序数。

1. 前置代号

轴承的前置代号用于表示轴承的分部件,用字母表示。例如,L 表示可分离轴承的可分离套圈,K 表示轴承的滚动体与保持架组件等。

2. 基本代号

(1) 基本代号右起第一、二位数字表示轴承内径。当代号数字分别为 00、01、02、03 时,其轴承内径分别是 10、12、15、17(单位:mm);当代号数字为 04~99 时,其轴承内径是:数字×5;对于内径小于 10 mm 和大于 500mm 的轴承,内径表示方法另有规定,可参考 GB/T 272—1993。

(2) 基本代号右起第三数字表示轴承的直径系列,即在结构、内径相同时,有各种不同的外径,如图 7-32 所示。

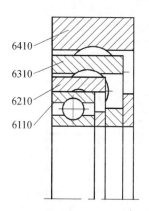

图 7-32 轴承直径系列对比

(3) 基本代号右起第四位数字表示轴承的宽度系列。当宽度系列为 0 系列时,多数轴承可不标出宽度系列代号 0,但对于调心滚子轴承和圆锥滚子轴承,宽度系列代号 0 应标注出来。

(4) 基本代号右起第五位数字表示轴承类型。多数轴承用数字表示,圆柱滚子轴承和滚针轴承等用字母表示。

3. 后置代号

后置代号是用字母和数字等表示轴承的结构、公差及材料的特殊要求等,参见附录四。

例如,滚动轴承的规定标记为:

轴承　32215　GB/T 297—2015

其中:3 为类型代号,表示圆锥滚子轴承;22 为尺寸系列代号(不同的外径、宽度等);15 为内径代号,轴承内径 $d=75$mm;GB/T 297—2015 为滚动轴承的国标代号。

二、滚动轴承在装配图中的画法

在装配图中表示轴承时,可以采用规定画法,也可以采用简化画法中的通用画法或特征画法。用规定画法时,只绘制轴承的一侧,而另一侧按通用画法画出。表 7-7 为几种常用滚动轴承的画法。其中,外径 D、内径 d、宽度 B(或 T)等均为实际尺寸,从标准手册中可以查出(参阅本书附录四)。

表7-7 常用滚动轴承的画法(GB/T 4459.7—1998)

名称	简化画法		规定画法
	通用画法	特征画法	
深沟球轴承		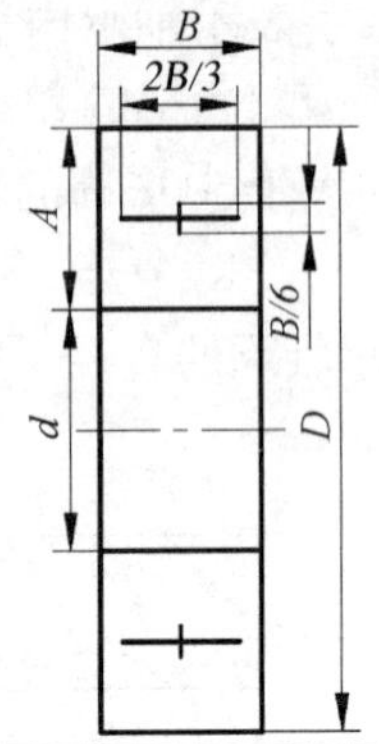	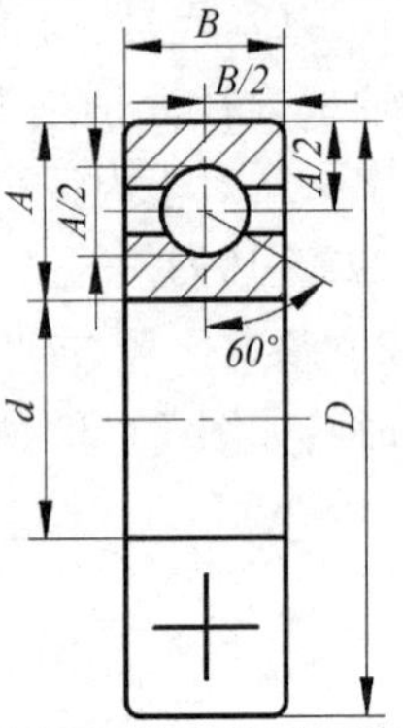
圆锥滚子轴承	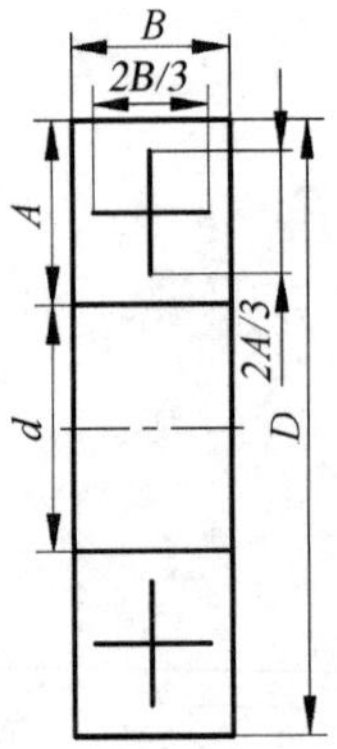	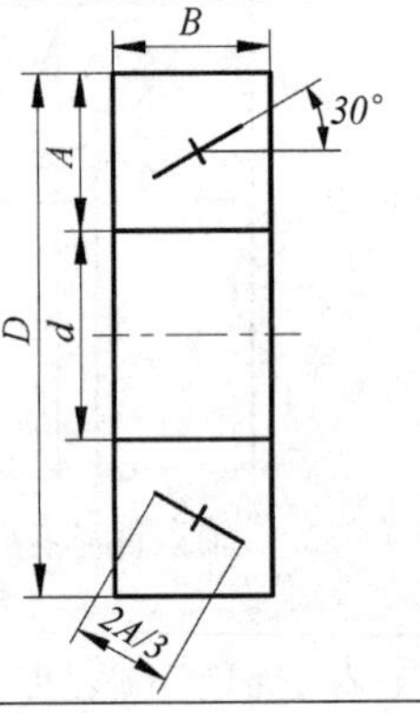	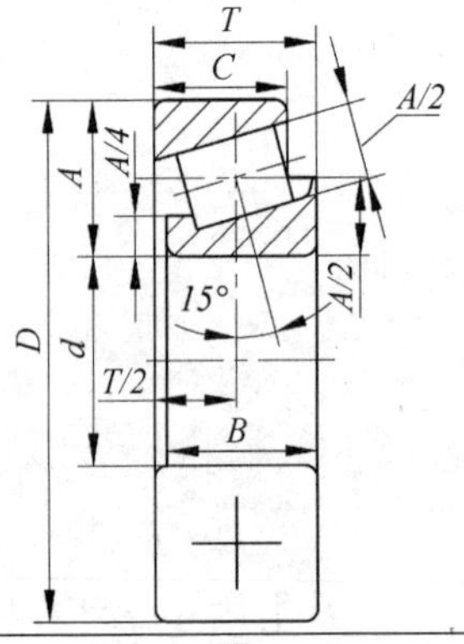
推力球轴承		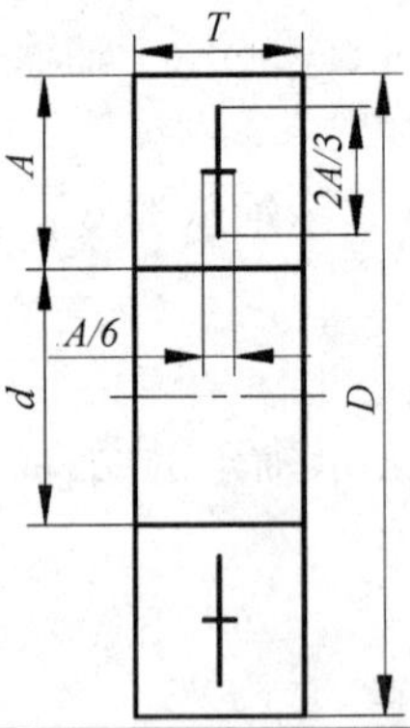	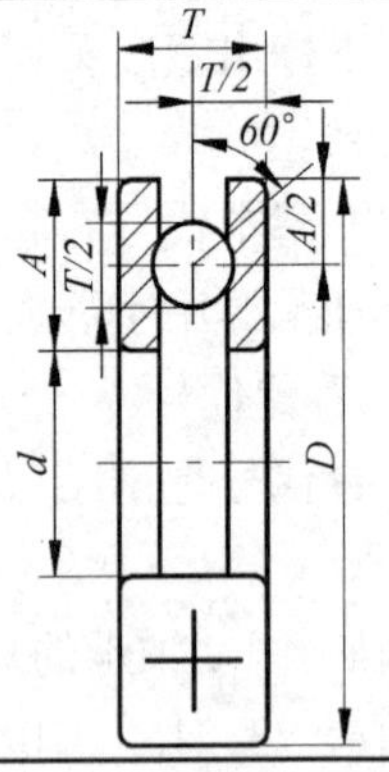

第五节 齿轮画法

齿轮是一种常用件,它广泛应用于机械传动中。齿轮不仅能传递动力,还可以改变转速和转动方向。

根据两轴线相对位置的不同,齿轮可以分为三大类:圆柱齿轮主要用于两平行轴间的传动,锥齿轮用于两相交轴间的传动,蜗轮蜗杆用于两交叉轴间的传动,如图7-33所示。

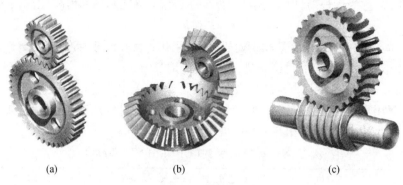

图 7-33 齿轮的种类
(a)圆柱齿轮;(b)锥齿轮;(c)蜗轮蜗杆。

一、圆柱齿轮

圆柱齿轮的轮齿有直齿、斜齿和人字齿三种,轮齿参数国家已经标准化、系列化。由于直齿圆柱齿轮应用较广,下面着重介绍标准直齿圆柱齿轮的画法和基本参数,如图 7-34 所示。

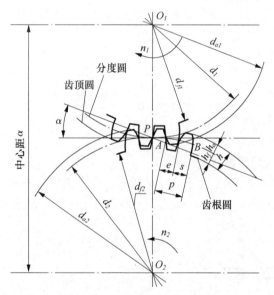

图 7-34 圆柱齿轮各部分名称

(1) 齿顶圆——通过轮齿顶部的圆为齿顶圆,其直径用 d_a 表示。

(2) 齿根圆——通过轮齿根部的圆为齿根圆,其直径用 d_f 表示。

(3) 齿数——齿轮的轮齿个数,用 z 表示。

(4) 分度圆和节圆——当标准齿轮的齿厚与齿间相等时所在位置的圆称为分度圆,直径用 d 表示,连心线 O_1O_2 上两相切的圆称为节圆,其直径用 d' 表示,切点 P 称为节点。在标准齿轮中,$d'=d$。

(5) 齿距——在分度圆上,相邻两齿对应两点间的弧长称为齿距,用 p 表示。

(6) 齿高——分度圆到齿顶圆的径向距离,称为齿顶高,用 h_a 表示;从分度圆到齿根

圆的径向距离,称为齿根高,用 h_f 表示。齿顶高与齿根高之和称为齿高,用 h 来表示,即
$$h = h_a + h_f$$

(7) 齿间——一个齿槽齿廓间的弧长称为齿间,用 e 表示,对于标准齿轮:$s = e, p = s + e$。

(8) 模数——从上面的讨论知道,分度圆的周长 $\pi \cdot d = p \cdot z$,这样 $d = (p/\pi)z$,令 $p/\pi = m$,则 $d = mz$。m 就是齿轮的模数。模数是设计、制造齿轮的重要参数。不同模数的齿轮,需要用不同模数的刀具来加工制造。为了便于设计和加工,国家标准规定了模数的系列值,如表 7-8 所列。相互啮合的齿轮模数必须相同。

表 7-8 齿轮的模数(GB/T 1357—2008)

第一系列	1　1.25　1.5　2　2.5　3　4　5　6　7　8　10　12　16　20　25　32
第二系列	1.75　2.25　2.75　(3.25)　3.5　(3.75)　4.5　5.5　(6.5)　7　9　(11)　14
注:选用模数应先选用第一系列;其次选用第二系列;括号内的模数尽可能不用	

(9) 压力角——在节点 P 处,相啮合的两齿廓曲线的公法线与两节圆公切线所夹的锐角称为压力角,用 α 表示。我国采用的压力角为 20°。

(10) 中心距——两啮合齿轮轴线之间的距离称为中心距,用 α 表示。标准直齿圆柱齿轮计算公式如表 7-9 所列。

表 7-9 标准直齿圆柱齿轮的计算公式

名称	代号	计算公式	名称	代号	计算公式
分度圆直径	d	$d = mz$	齿根圆直径	d_f	$d_f = m(z - 2.5)$
齿顶高	h_a	$h_a = m$	齿距	p	$p = \pi m$
齿根高	h_f	$h_f = 1.25 m$	齿厚	s	$s = p/2 = \pi m/2$
齿顶圆直径	d_a	$d_a = m(z + 2)$	中心距	a	$a = (d_1 + d_2)/2 = m(z_1 + z_2)/2$

(一) 单个圆柱齿轮的画法

一般用两个视图表示,取平行于齿轮轴线方向的视图作为主视图,且一般采取全剖视或半剖视,如图 7-35 所示。GB/T 4459.2—2003 规定了它的画法。

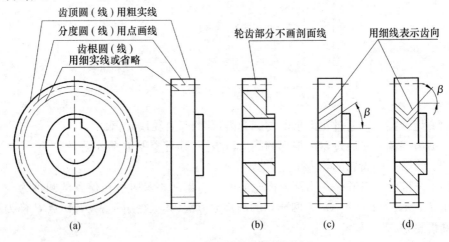

图 7-35 单个圆柱齿轮的画法
(a)单个齿轮的规定画法;(b)单个齿轮取剖视时的画法;(c)斜齿轮的规定画法;(d)人字齿轮的规定画法。

(1) 齿顶圆和齿顶线用粗实线表示;分度圆和分度线用细点画线表示;齿根圆用细实线表示,但一般在图中可以省略不画,如图7－35(a)、(b)所示。

(2) 在剖视图中,齿根线用粗实线绘制,如图7－35(b)所示。当剖切平面通过齿轮的轴线时,无论是否剖切到轮齿,轮齿一律按不剖处理,即留出齿顶到齿根部分而不画剖面线,这样更明显地表示出轮齿的大小和位置,如图7－35(b)所示。

(3) 对于斜齿或人字齿,除了要求在齿轮的参数表中注出有关的角度外,还需画出三条与齿向一致的细实线,以表示轮齿的方向,如图7－35(c)、(d)所示。直齿因加工进刀方向与齿轮轴线方向是一致的,所以规定不画细实线。

(二) 圆柱齿轮啮合的画法

两个标准齿轮啮合时,它们的分度圆相切,此时分度圆又称为节圆,分度线称为节线。它们在图中仍用细点画线绘制。其规定画法如图7－36所示。

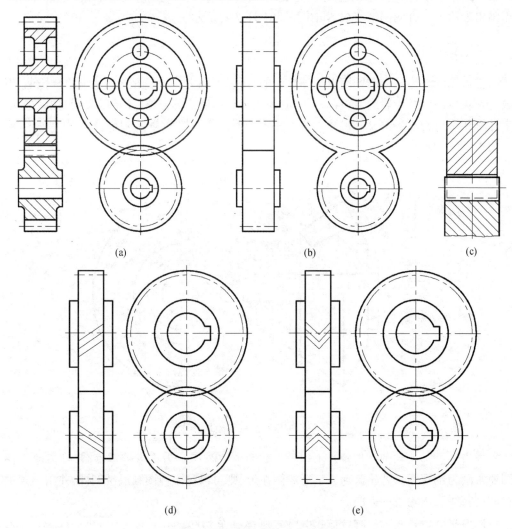

图7－36 圆柱齿轮啮合的画法
(a)直齿圆柱齿轮啮合时取剖视的画法;(b)直齿圆柱齿轮啮合时取外形的画法;
(c)齿轮啮合区的画法;(d)斜齿圆柱齿轮啮合;(e)人字齿圆柱齿轮啮合。

(1) 在垂直于齿轮轴线的投影面的视图中,两啮合齿轮的节圆应相切。齿顶圆有两种画法,一种是将两个圆都用粗实线画成完整的,因为这两个齿顶圆没有相互遮挡,画完整的圆较方便,如图7-36(a)所示;另一种是啮合区内两段齿顶圆的圆弧省略不画,当图形较小、线条较多时,这种画法能使图面清晰,如图7-36(b)所示。至于齿根圆,和单个齿轮的画法相同,一般省略不画,如要画出,则用细实线表示。

(2) 在剖视图中,当剖切平面通过两啮合齿轮的轴线时,在啮合区内,将一个齿轮的齿顶线用粗实线绘制,另一个齿轮的齿顶线被遮挡用虚线绘制,如图7-36(c)所示。

(3) 在剖视图中,当剖切平面通过啮合齿轮的轴线时,轮齿一律按不剖绘制,如图7-36(a)、(c)所示。

(4) 在平行于轴线的投影面的外形视图中,啮合区的齿顶线不必画出,只在节线位置画出一条粗实线,以表示两个齿轮的分界线,如图7-36(b)所示。对于斜齿和人字齿,还需画出表示齿线方向的细实线,如图7-36(d)、(e)所示。

二、锥齿轮

锥齿轮的轮齿是在圆锥面上加工出来的,所以一端大,另一端小,在轮齿的全长上,模数、齿高、齿厚以及齿轮的直径都不相同,为了计算和制造的方便,规定以大端的模数为准来计算和确定齿轮各部分的尺寸。所以在图纸上标注的都是大端的尺寸。如图7-37所示为锥齿轮的图形和各部分的名称。

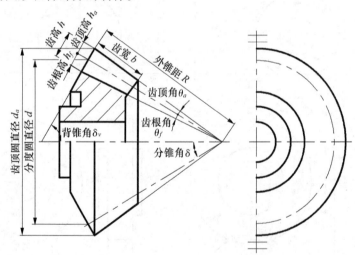

图7-37 锥齿轮各部分名称及代号

锥齿轮的画法和圆柱齿轮基本相同。如图7-38所示为锥齿轮零件图,锥齿轮主视图通常画为剖视图。若轮齿为人字形或圆弧形,则可以将主视图画成半剖视,并用三条平行的细实线表示轮齿的方向。

锥齿轮的啮合画法与圆柱齿轮的啮合画法基本相同,如图7-39所示。注意图7-39(a)剖视图中虚线的处理方法。一般画图时,主视图多用剖视表示,在啮合区内,将其中一个齿轮的轮齿作为可见,画成粗实线,另一个齿轮的轮齿被遮挡部分画成虚线,也可省略不画。另一视图中要画出大端的节圆和齿顶圆,小端只画齿顶圆。当需要画外形时,如图7-39(b)所示，如果为斜齿，则在外形图上加画三条平行的细实线表示轮齿的方向。

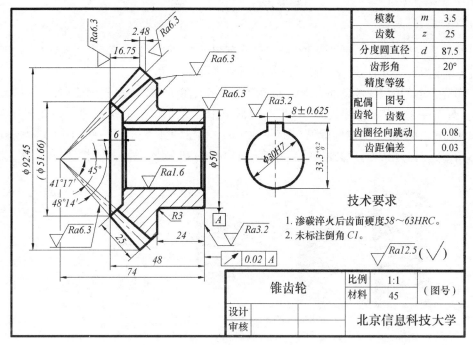

图7-38 锥齿轮零件图

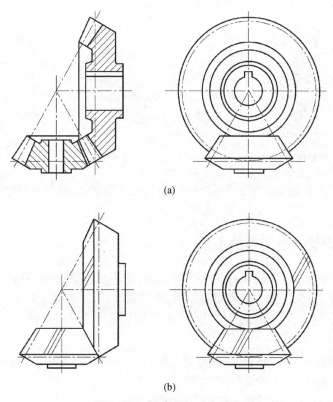

(a)

(b)

图7-39 锥齿轮的啮合画法

第六节 弹　　簧

弹簧是机械产品中一种常用零件。它具有弹性好、刚性小的特点,因此,通常用于控制机械的运动、减少震动、储存能量以及控制和测量力的大小等。

弹簧的类型很多,常见的有螺旋弹簧(图7-40、图7-42)、涡卷弹簧(图7-41)、板弹簧(图7-43)、碟形弹簧(图7-44)。根据工作时受力的不同,圆柱螺旋弹簧又分为压缩弹簧(图7-40(a))、拉伸弹簧(图7-40(b))和扭转弹簧(图7-40(c))。根据外形的不同,螺旋弹簧又可分为圆柱螺旋弹簧(图7-40)和截锥螺旋弹簧(图7-42)等。

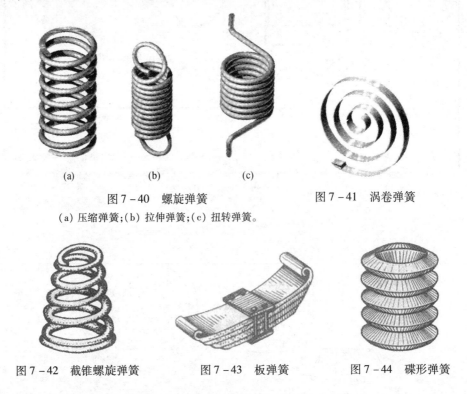

　　(a)　　　　　(b)　　　　　(c)

图7-40　螺旋弹簧　　　　　图7-41　涡卷弹簧

(a)压缩弹簧;(b)拉伸弹簧;(c)扭转弹簧。

图7-42　截锥螺旋弹簧　　　图7-43　板弹簧　　　图7-44　碟形弹簧

这里仅介绍圆柱螺旋压缩弹簧的画法,其他类型的画法可参见GB/T 4459.4—2003中的有关规定。

一、圆柱螺旋压缩弹簧的参数

弹簧工作时,要求受力均匀、支承稳定。在制造时,往往把弹簧两端的若干圈并紧、磨平,使弹簧端面与轴线垂直。在使用时,弹簧两端并紧、磨平的若干圈不产生弹性变形,称为支承圈。弹簧的术语、弹簧的尺寸代号及其标注方法如图7-45所示。

图7-45中:

(1) 钢丝直径 d——制造弹簧的钢丝直径。

(2) 弹簧外径 D_2——弹簧的最大直径。

(3) 弹簧内径 D_1——弹簧的最小直径,$D_1 = D - d$。

(4) 弹簧中径 D——弹簧平均直径,$D = D_2 - d$。

(5) 有效圈数 n——弹簧中参加变形的圈数称为有效圈数 n,即 A、B 之间的圈数。

(6) 支承圈数 n_2——两端贴紧磨平圈的圈数,包括磨平圈,即 A 以上和 B 以下的圈数。常见的弹簧支承圈数 n_2 为 1.5、2、2.5 圈。

(7) 总圈数 n_1——$n_1 = n + n_2$。

(8) 节距 t——除支承圈外,相邻两圈的轴向距离。

(9) 自由高度 H_0——在不受外力的情况下,弹簧的高度称为自由高度,$H_0 = nt + (n_2 - 0.5)d$。

(10) 弹簧的展开长度 L——制造时坯料的长度,每个弹簧都是由整根钢丝缠绕而成,在下料时需要知道缠绕单个弹簧所需的钢丝长度,也就是弹簧的展开长度 L,即

$$L \approx n_1 \sqrt{(\pi D)^2 + t^2} \approx \pi D n_1$$

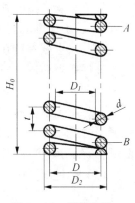

图 7-45 弹簧参数

二、圆柱压缩弹簧的表示法

在图样中表示弹簧时,如按投影来画是很复杂的。为此,国标中规定了弹簧的画法,即将弹簧作为一种符号来表示。这种画法既在外形轮廓上保留了形状结构的特点,又简化了作图过程。

按图形表达的不同需要,可以分别选用视图、剖视图、示意图表示弹簧,如表 7-10 所列。视图主要用于表示弹簧的外形;剖视图主要用于表示内部形状和弹簧丝的断面形状;示意图适合表示装配图中图形尺寸较小的弹簧,也可用于机构运动简图,但不适用于绘制零件图。

表 7-10 弹簧的画法

视图	
剖视图	
示意图	

螺旋弹簧画法如表 7-10 所列,具体规定如下:

(1) 在平行于轴线的投影面上的视图中,弹簧各圈的轮廓不必按螺旋线的真实投影画出,而应画成直线。

(2) 螺旋弹簧的旋向有左、右之分，因右旋弹簧用得较多，一般按右旋画出。对左旋螺旋弹簧，不论画成右旋或左旋，旋向的"LH"字样必须注出。

(3) 当有效圈数在四圈以上时，为提高绘图效率，中间的几圈可省略不画，图形的长度也允许适当缩短。但表示弹簧轴线和钢丝截断面中心线的三条细点画线仍应画出。在缩短的图形上，应注出弹簧的自由高度。

(4) 对于螺旋压缩弹簧，当两端并紧并加以磨平时，不论支承圈有几圈或者末端是否贴紧，均按支承圈数为2.5、末端贴紧磨平圈数为1.5的形式表示。如需要按支承圈的实际结构表示，则可参照国标 GB/T 4459.4—2003 中的相关规定绘制。

(5) 在装配图中，弹簧后面的机件按不可见处理，可见轮廓线只画到弹簧钢丝的剖面轮廓线或中心线上，如图7-46(a)所示，簧丝直径小于或等于2mm时，簧丝剖面可以全部涂黑，如图7-46(b)所示，小于1mm时，可采用示意画法，如图7-46(c)所示。

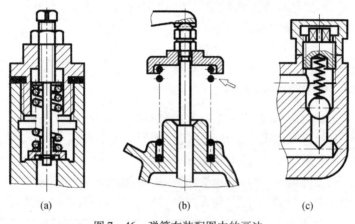

图 7-46　弹簧在装配图中的画法

三、圆柱螺旋压缩弹簧的绘图步骤

圆柱螺旋压缩弹簧的绘图步骤如图7-47所示。

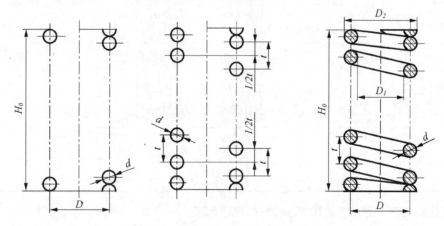

图 7-47　圆柱压缩弹簧的画图步骤

（1）计算出弹簧的中径及自由高度,画出两端贴紧圈。

（2）画出有效圈数部分直径与簧丝直径相等的圆,先在右边中心线处以节距 t 在右边画两个圆,以 $t/2$ 在左边画两个圆。

（3）按右旋方向作相应圆的公切线,完成全图。

（4）必要时,可画成剖视图或画出俯视图。

图 7-48 为一圆柱螺旋压缩弹簧零件工作图。

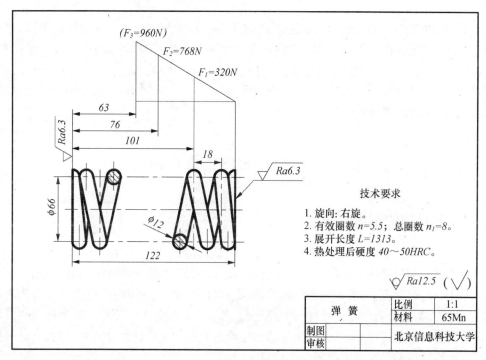

图 7-48 弹簧工作图

第八章 零件图

　　一台机器或部件都是由一定数量、相互联系的零件装配而成的。表示零件结构、大小及技术要求的图样称为零件图。零件结构是指零件的各组成部分的形状及其相互关系，而技术要求是指零件在制造过程中应达到的质量要求。本章介绍零件图的作用和内容、零件的构形设计过程与要求、零件图的视图选择、零件图的尺寸标注、零件图上的技术要求、零件图的阅读、零件测绘等。

第一节　零件图的作用和内容

一、零件图的作用

　　零件图是零件设计的最终结果，它反映了设计者的意图，表达了机器对该零件的要求。它是设计部门提交生产部门的重要技术文件，是制造和检验零件的主要依据。

　　零件的制造过程，一般是先经过铸造、锻造或轧制等方法制出毛坯，然后对毛坯进行一系列加工，最后成为产品。零件的毛坯制造、加工工艺的拟定、工装夹具与量具的设计都是根据零件图来进行的。因此，零件图在生产过程中的重要性是显而易见的，它必须包括制造和检验该零件时所需要的全部信息。

二、零件图的内容

　　一张完整的零件图应具备以下内容(图 8-1)：

　　(1) 一组视图。用一组视图(其中包括视图、剖视图、断面图、局部放大图等)，正确、完整、清晰和简便地表达出零件的结构形状。

　　(2) 一组尺寸。用一组尺寸，正确、完整、清晰、合理地标注出制造和检验零件的全部尺寸。

　　(3) 技术要求。用一些规定的符号、数字、字母和文字注解，标注或说明零件在制造、检验时应达到的技术要求，如表面粗糙度、尺寸极限偏差、几何公差、材料热处理和表面处理要求等。

　　(4) 标题栏。注明零件的名称、材料、数量、图样比例、图样的编号及制图、审核人的姓名等。

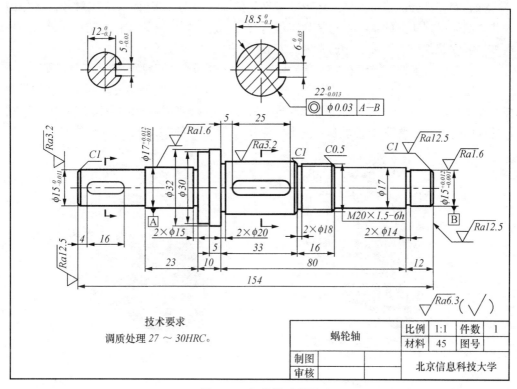

图 8-1　蜗轮轴零件图

第二节　零件构形设计及结构的工艺性

对一个零件的几何形状、尺寸大小、工艺结构、材料选择等进行分析和造型的过程称为零件的构形设计。零件的构形必须满足设计和工艺两方面的要求，同时也应满足使用、调整、维修和美观等其他方面的要求。在零件的构形过程中，通常是由功能要求确定其主体结构，由工艺要求确定其局部结构。

一、零件构形的功能要求

零件的形状取决于它在机器中的功能（地位、作用）以及与其他零件的依存关系。零件在机器中的地位和作用，是根据机器的工作原理和用途，对零件提出的运动要求和连接条件决定的。依据这种要求以及在机器中零件间的相对位置，便产生了零件合理的形状和结构。现以支架类和箱体类零件为例讨论零件的构形。

支架、箱体类零件主要用来支承或容纳运动零件和其他零件。由于被支承、容纳的零件形状多种多样，支架、箱体类零件的形状也各有不同，但按其结构功能大体可分为三大组成部分，即工作（主体）部分、安装部分和连接支承部分，如图 8-2 所示。

（1）工作部分的构形。它是零件的主要部分，是为实现零件的主要功能而设计的主要结构部分，例如箱体零件的内腔构形、支架零件的某些支承结构等。

（2）安装部分的构形。装配体内部零件间的装配称为连接，而装配体对外连接称为安装。箱体或支架上的某些结构是为实现这种对外连接而设置的，因此，这些部分结构称为零件的安装部分。安装部分通常做成安装板、底座、凸台等形式。

（3）连接支承部分的构形。连接支承部分将工作部分和安装部分连为一体。如图8-2（a）、(b)所示的支架，当工作部分的主轴孔离安装底面较远时，连接支承部分常有加强肋板。反之，主体部分可与安装部分直接相连，如图8-2(c)、(d)所示的泵体和箱体。所以，零件构形的设计要求是：有性能良好的工作部分，有可靠的安装部分，有适当的连接部分。

图8-2 支架、箱体类零件的总体构成
(a)、(b)支架；(c)泵体；(d)箱体。

二、零件构形的工艺要求

零件的构形除需满足上述设计（功能）要求外，其结构形状还应满足加工、测量、装配等制造过程所提出的一系列工艺要求，即应使零件具有良好的结构工艺性。工艺过程对零件的构形要求主要有以下几点。

（一）铸造零件的工艺结构

1. 起模斜度

用铸造方法制造零件的毛坯时，为了便于将模样从砂型中取出，一般在铸件的内外壁上沿起模方向作成约1:20的斜度，叫做起模斜度，如图8-3(a)所示。在绘制零件图时一般不画出,也不标注零件表面的起模斜度,必要时可在技术要求中用文字说明。

2. 铸造圆角

为了满足使用要求,便于做出砂型和避免铸造缺陷,铸件两表面相交处均应做成圆角,称为铸造圆角,如图8-3(b)所示。这样,浇铸时可防止金属液体冲坏砂型,还可避免金属冷却时在夹角处产生裂纹。铸造圆角在图上一般不标注,常集中注写在技术要求中。

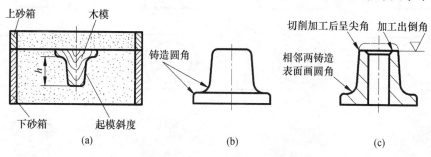

图8-3 起模斜度和铸造圆角
(a)起模斜度;(b)铸造圆角;(c)加工面呈尖角。

由于铸造圆角的影响,在铸件和锻件表面相交处常有小圆角光滑过渡。铸件表面的交线变得很不明显,为了便于区分不同表面,在投影图中仍应画出交线,这种交线称为过渡线。过渡线的画法是:仍按没有小圆角的相贯线绘制,但过渡线的两端与小圆角弧线之间留有空隙,过渡线用细实线绘制,如图8-4所示。

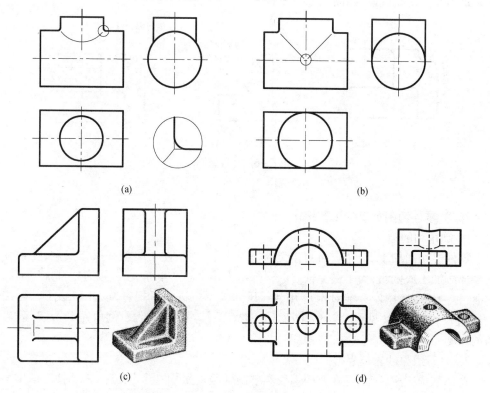

图8-4 过渡线的画法
(a)曲面相交;(b)曲面相切;(c)平面相交;(d)平面与曲面相交。

当零件上圆柱面与肋组合时,过渡线的形状和画法取决于肋的断面形状与圆柱面的关系,如图 8-5 所示。

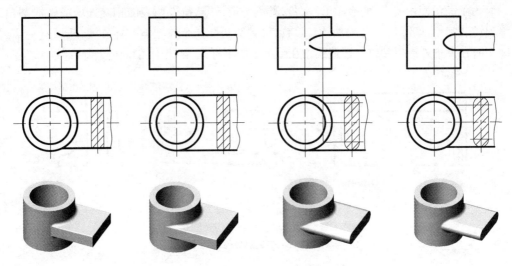

图 8-5　圆柱面与肋的过渡线画法

3. 铸件的壁厚

在浇铸零件时,为了避免各部分因冷却速度不同而产生缩孔或裂缝,铸件的壁厚应保持大致相等或逐渐过渡,如图 8-6 所示。

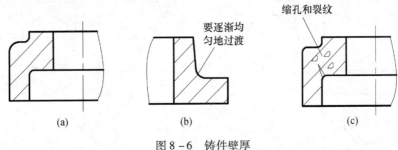

图 8-6　铸件壁厚
(a)壁厚均匀;(b)逐渐过渡;(c)产生缩孔和裂纹。

（二）零件切削加工的工艺结构

1. 倒角和倒圆

零件经切削加工后,在表面的相交处呈现尖角,为了便于装配和操作安全,在轴和孔的端部应加工成倒角;为了避免轴肩的根部应力集中而产生断裂,在轴肩根部加工成圆角过渡,称为倒圆。国家标准对倒角和倒圆尺寸大小也进行了规定,设计和绘图时可按轴（孔）直径查阅确定（见附录五）。图 8-7 中"C2",其中,"C"表示倒角为45°,"2"表示倒角的深度。

2. 退刀槽和砂轮越程槽

在切削加工中,特别是在车削螺纹和磨削轴颈表面及内孔表面时,为了便于退出车刀或使砂轮的圆角部分越过加工面,常在被加工零件上预先车出退刀槽或砂轮越程槽,如图 8-8所示。退刀槽和砂轮越程槽的尺寸大小可查阅附录五。

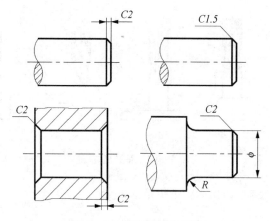

图 8-7 倒角的尺寸标注

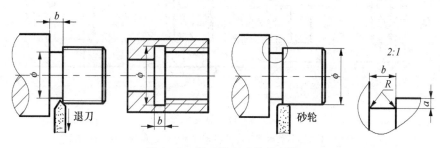

图 8-8 退刀槽和砂轮越程槽

3. 凸台、沉孔和凹槽

为了保证零件表面间的良好接触和减少加工面积,常在铸件上设计出凸台、沉孔或凹槽,如图 8-9 所示。

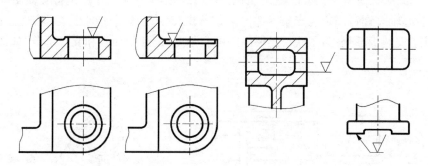

图 8-9 凸台、沉孔和凹槽

4. 钻孔结构

用钻头钻孔时,要求钻头尽量垂直于被钻孔的端面,以保证钻孔准确和避免钻头折断,如遇有斜面或曲面,应预先设计出凸台或凹坑,如图 8-10 所示。

钻头的端部是一个接近 120°的尖角,所以,用它钻盲孔时,末端便出现一个顶角接近 120°的圆锥面,在图上应画出 120°的顶角,但不用标注尺寸,如图 8-11(b)所示。对于直径不同的阶梯孔,在直径变化的过渡处也应画出 120°的钻头角,如图 8-11(d)所示。

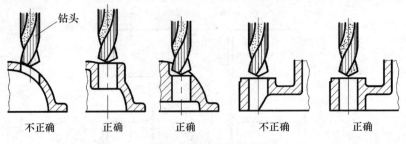

图 8-10 钻孔的端面

120°的钻头角属工艺结构,钻孔深度不包括这部分。

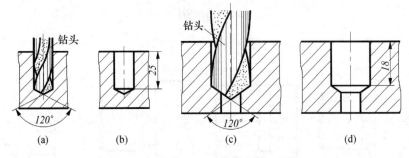

图 8-11 钻孔深度
(a)钻盲孔;(b)盲孔尺寸标注;(c)钻阶梯孔;(d)阶梯孔尺寸标注。

三、零件的构形设计举例

例 8-1 支架零件的构形设计。

解:图 8-12 是支架的装配图,从图中可以看到整个支架的作用是将心轴支持在某一高度上。心轴靠螺钉固定在支架零件上。为了装入心轴,设计了圆柱体工作部分;为了安装,设计了安装板部分;为了获得足够的刚度和强度,设计了加强和支撑部分,如图 8-13 所示。

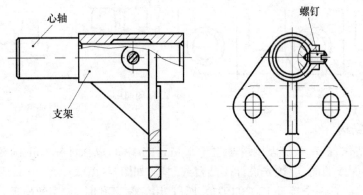

图 8-12 支架装配图

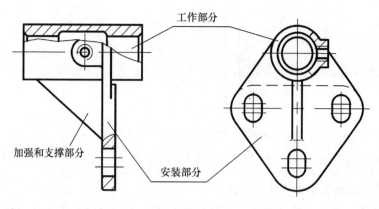

图 8-13 支架

(1) 工作部分的构形:图 8-14(a)是原始构形情况,图 8-14(b)是较好的构形情况,即考虑到装配及减少加工面,将内部形状做成倒角及铸造成台阶面。为了与安装板连接,将外部圆柱做成图 8-14(b)所示的构形。

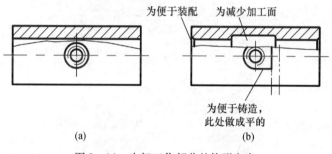

图 8-14 支架工作部分的构形方案

(2) 安装部分的构形:图 8-15 是安装部分的构形方案。将安装板设计成凸台,然后加工凸台至所需厚度。另外,在安装板上做出三个孔,为了让支架的位置有调整的可能,同时也为了增强对孔距误差的适应性,将安装孔设计成长圆孔。

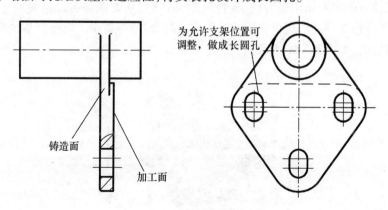

图 8-15 支架安装部分的构形

(3) 加强和支撑部分的构形:图 8-16 表示加强肋的设计应考虑螺栓或螺母所需的扳手空间,如果加强肋板设计得过于靠下,以致影响扳手的活动,那是错误的。

203

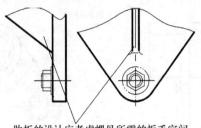

肋板的设计应考虑螺母所需的扳手空间

图 8-16　支架加强肋板的构形

例 8-2　减速器箱座的构形设计。

解：减速器是将一对或几对传动齿轮及相关零件置于封闭箱体中的部件。很多机械设备都要用减速器来降低转速，以适应工作要求，如图 8-17 所示。

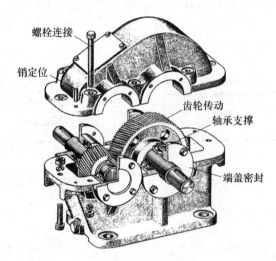

图 8-17　减速器

减速器箱座的主要作用是容纳、支撑转轴和齿轮，从而确保传动齿轮的正确啮合运动，同时它还与箱盖一起组成包容空腔以实现密封、润滑等要求。箱座的基本形状正是由这些要求确定的，如图 8-18 所示。

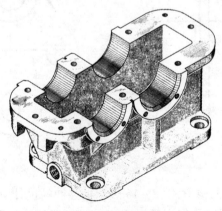

图 8-18　减速器箱座

减速器箱座零件构形设计的主要过程如表 8-1 所列。

表 8-1 减速器箱座的构形设计分析

结构形状形成过程	主要考虑的问题	结构形状形成过程	主要考虑的问题
	为了容纳齿轮和润滑油,底座做成中空形状		为了与减速器箱盖连接,底座上要加连接板
	为了与减速器箱盖对准和连接,连接板上应该有定位销孔和连接螺栓孔		为了支撑两根轴(轴上两端装有轴承),底座上必须开两对大孔
	为了支撑轴承,底座在大孔处加一凸缘		由于凸缘伸出过长,为避免变形,在凸缘的下部加一肋板
	为了安装方便,便于固定在工作地点,底座下部要加一底板,并作出安装孔		为了安装方便,便于搬动,在连接板下面增加四个吊耳
	为了更换润滑油,底座上开有放油孔		为了工艺方面的要求,还设计出圆角、起模斜度、倒角等,形成一个完整的零件

第三节 零件图的视图选择

不同的零件有不同的结构形状,怎样选用一组适当的图形将零件的内外结构形状完整清晰地表达出来,并力求画图简单、看图方便,是零件图的任务之一。为此必须分析并了解零件的功用、形体结构特点和加工方法,才能得到一个较好的表达方案。

一、主视图的选择

主视图是一组图形的核心,画图和看图一般都从主视图开始。主视图选择是否合理,直接关系到看图和画图是否方便,选择时通常应先确定零件的安放位置,再确定主视图投射方向,主视图应符合下述两个条件:

(1) 主视图应符合零件在机器或部件中的工作位置或零件的主要加工位置。零件的工作位置是指零件在装配体中所处的位置。零件主视图的放置,应尽量与零件在机器中工作的位置一致,便于根据装配关系来考虑零件的形状与有关尺寸,便于校对。对于装配体中的重要零件如箱体类零件,一般其主视图应选择工作位置。

零件的加工位置是指零件在主要加工工序上的装夹位置。如轴,套类零件主要是在车床、磨床上加工,为了加工时看图方便,主视图应将其主要轴线水平放置。

(2) 主视图应最能反映零件的形状特征和各部分之间的相对位置关系,这是选择主视图投射方向的依据。从构形观点来分析,零件的工作部分是最基本的结构组成部分,为此,零件的主视图应清晰地表示工作部分的结构以及与其他部分的联系。总之在选择主视图时,要按照上述两个要求,根据零件实体结构形状综合考虑后确定。

二、视图数量和表达方法的选择

在主视图初步确定之后,还需根据零件中尚未表达清楚的结构形状确定其他视图的数量和表达方法,两者之间有密切的联系。其选择应考虑以下几点:

(1) 根据零件的复杂程度和内外结构的情况全面考虑所需要的其他视图,如可选择另外的基本视图或剖视、断面图、局部视图、斜视图、简化画法等。直到把零件各组成部分的形状和相对位置表达清楚为止。注意应使每个视图有明确的表达重点内容,在表达清楚的前提下,采用的视图数目尽量少,以免繁琐和重复。

(2) 优先考虑用基本视图及在基本视图上作剖视图。

(3) 要考虑合理的布置视图位置,既要使图样清晰匀称,便于标注尺寸及技术要求,又要充分利用图幅,使零件视图表达方案比较简明合理。

三、典型零件的视图选择

机器中零件的种类繁多,依据零件的功能、结构形状,大致可分为四大类典型零件。

1. 轴套类零件

这类零件的各组成部分多是同轴线的回转体,如轴、套筒和衬套等。根据设计和工艺要求,零件常带有键槽、销孔、退刀槽等局部结构。这类零件主要是在车床上加工,主视图的选择,多按加工位置将轴线水平放置。

图 8-1 所示为以蜗轮轴零件图,其主视图按形状特征及加工位置原则将轴线水平放置画出,视图上标注出一系列直径尺寸,就能表达出轴类零件的主要形状。对于轴上的局部结构可以采用剖视、断面图、局部视图和局部放大图加以补充。该轴上的键槽采用两个移出断面图来进行补充表达。

2. 盘盖类零件

这类零件主要有齿轮、带轮、手轮、法兰盘及端盖等。其基本形状多为扁平的盘状结构,主要形体亦为同轴回转体。盘盖类零件主要在车床上加工,在机器中的工作位置多为轴线水平放置。因此,通常按形状特征和加工位置将轴线横放作为主视图的投射方向。

图 8-19 所示为法兰盘零件图。由于盘盖类零件外形简单,因此,主视图常取全剖视图。这样层次分明,显示了零件各部分的形状及其相对位置。同时,主视图的轴线水平放置,符合零件的加工位置。此外,盘盖类零件还经常带有各种形状的凸缘,均匀分布的孔、槽、肋、轮辐等结构。因此,除主视图之外,还常采用左视图来表达这些结构的分布情况。图 8-19 中的左视图表达了凸缘的形状和均匀分布的四个螺纹孔及两个销孔的分布情况。

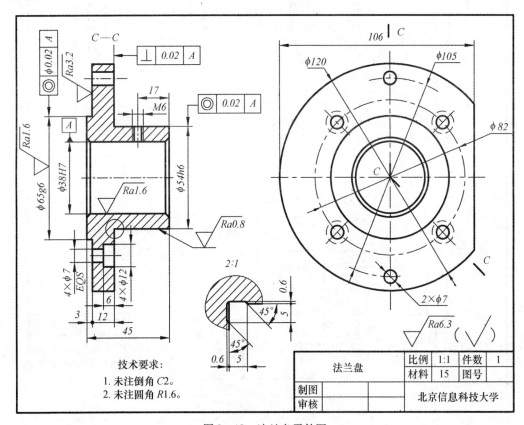

图 8-19 法兰盘零件图

3. 叉架类零件

这类零件包括拨叉、连杆、支架等,其结构形状比较复杂,常带有倾斜或弯曲的部分。零件毛坯为铸件或锻件,需经多种机械加工才能得到最终产品。所以,其主视图主要按形状特征和工作位置或自然安放时平稳的位置作为主视图的投射方向。除主视图外,还经常需用斜视图、局部视图、局部剖视图、断面图等表达方法才能将零件表达清楚。

图 8-20 所示为踏脚座的零件图,采用了主、俯两个基本视图,另外还采用了一个局

部视图和一个移出断面图。主视图按形状特征及工作位置画出,清楚地反映了组成该零件的轴承孔、安装板、肋板三部分的形状及相对位置,俯视图则反映了三部分的宽度及前后方向的位置关系,用 A 向局部视图表达安装板左端面的形状。同时,为表达肋板断面形状采用了移出断面图。为表达轴承孔上方注油孔 $\phi 8H8$ 的内形,在主视图中作了局部剖视,俯视图亦采用了局部剖视。

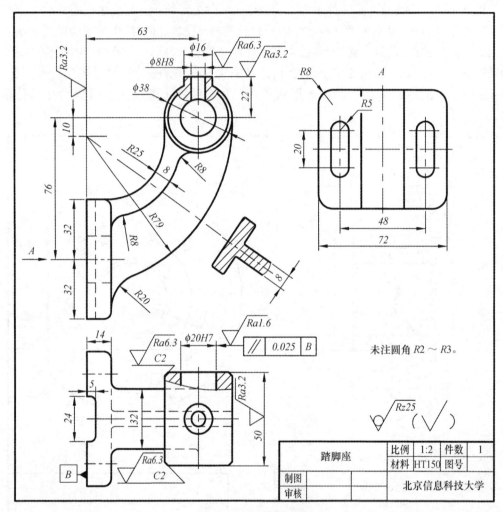

图 8-20 踏脚座的零件图

4. 箱体类零件

这类零件主要有各种泵体、阀体、箱座、箱盖等,在机器或部件中用于支承和容纳其他零件,是机器或部件的主体。它们的结构形状比较复杂,毛坯多为铸造而成,需经多道工序加工。因此,箱体类零件主视图的投射方向主要根据形状特征及工作位置考虑,一般需要几个基本视图再配以其他辅助视图,才能将零件表达清楚。

图 8-21 所示为一箱体零件图。它采用了全剖的主视图和局部剖的左视图,分别表达箱体的内部结构和外部形状。并采用 B 向局部视图表达箱体底部长方形端面及其与其他零件连接的螺孔分布情况,C 向局部视图表达孔 $\phi 18_{\ 0}^{+0.018}$ 的凸缘和螺孔分布情况,

A—A断面图表达箱体右端φ82圆柱面上均布的沉孔。

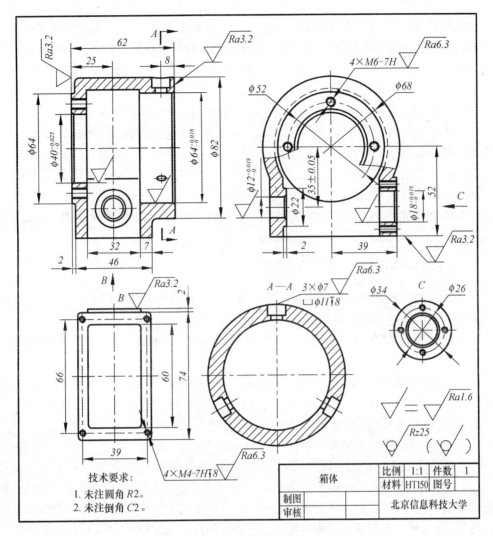

图8-21 箱体零件图

第四节 零件图的尺寸标注

零件图尺寸标注要求正确、完整、清晰、合理。正确、完整和清晰在第四章中已介绍过，本节仅着重介绍有关尺寸标注的合理性问题。

关于尺寸标注的合理性，是指能满足设计要求和工艺要求。这主要涉及如何正确选择尺寸基准和正确配置尺寸链两个方面的问题。这两方面的问题又涉及一系列的设计和工艺知识，需要通过后续课程的学习和实践才能逐渐掌握。下面仅介绍一些基本的知识。

一、正确选择尺寸基准

从几何意义上讲,尺寸基准是标注尺寸的起点。从工程意义上讲,基准是指用以确定零件在机器部件中的位置或加工测量时在机床上的位置的某些面、线、点。即根据零件在机器中的作用和结构特点及设计要求所确定的基准,叫设计基准;根据零件在加工、测量和检验等方面要求而确定的基准,叫工艺基准。

选择基准的原则是:

(1)零件的重要尺寸应从设计基准标注,对其余尺寸,考虑到加工、测量的方便,一般应由工艺基准标注。

(2)在零件的 X、Y、Z 三个方向,应分别确定尺寸基准,同一方向如有几个尺寸基准,其中必有一个设计基准,并且基准之间应有联系尺寸。

(3)选择基准时,应尽量使设计基准与工艺基准重合,以减少尺寸误差,便于加工、测量和提高产品质量,此即所谓基准重合原则。

二、合理标注尺寸应注意的问题

(1)重要的尺寸必须由设计基准直接注出。凡属设计中的重要尺寸,一定要在图中直接由设计基准注出。所谓重要尺寸,一般指下列一些尺寸:

① 直接影响零件传动准确性的尺寸,如减速箱座(图 8-18)上两齿轮轴孔的中心距。

② 直接影响机械工作性能的尺寸,如箱体(图 8-21)底面到蜗轮孔轴线的高度尺寸。

③ 两零件配合时与配合有关的尺寸。

④ 决定零件安装位置的尺寸等。

(2)零件图上不应出现封闭的尺寸链。封闭尺寸链是首尾相接、形成整圈的一组尺寸。如图 8-22(a)中的尺寸 a、b、c,由于 $a = b + c$,若尺寸 a 的误差一定,则 b,c 两尺寸的误差就要定得很小,加工同一表面时将受同一尺寸链中两个尺寸的约束,容易造成加工困难。所以,应当在三个组成尺寸中去掉一个不重要的尺寸,如图 8-22(b)、(c)所示。

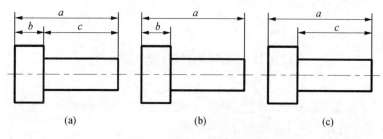

图 8-22 不注成封闭尺寸链
(a) 错误;(b) 正确;(c) 正确。

(3)非重要尺寸应尽量符合加工顺序。对于除重要尺寸以外的尺寸标注,应当方便加工,利于测量。图 8-23 所示的阶梯轴,其主要形体轴向尺寸的标注符合加工过程,表 8-2列出了该轴的加工顺序。对照图和表,很显然图 8-23 所注尺寸是合理的。

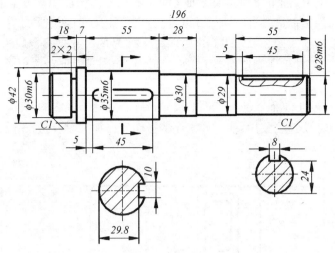

图 8-23 阶梯轴的尺寸标注

表 8-2 按加工顺序标注阶梯轴的尺寸

序号	图例	说明
1		取 φ45 圆钢落料,截取长度200,车两端面保持长度196,打两端中心孔
2		车轴右端,先车出直径 φ42,长度25,再从轴的端面开始车削直径 φ30,长度18
3		工件调头,车轴上的其余尺寸。从 A 面向右量7,然后车削直径 φ35;再从 B 面向右量55 后车削直径 φ30;从 C 面向右量28 后车削直径 φ29;最后车削直径 φ28,长度55 在车削过程中,及时把倒角、退刀槽同时加工出来
4		在铣床上铣出平键槽,标出键槽尺寸

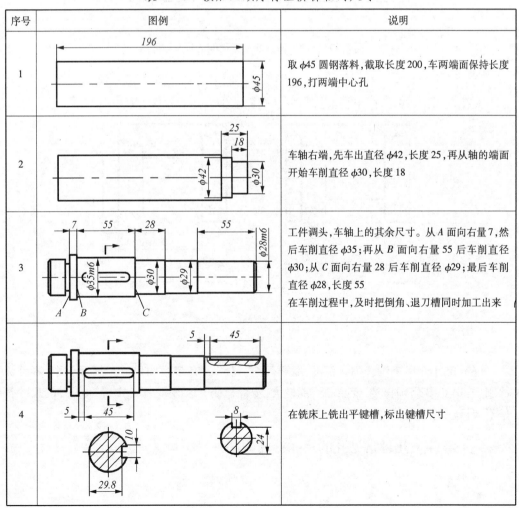

(4) 同一方向上,加工面和非加工面之间一般只有一个联系尺寸。对铸件同一方向上的加工面和非加工面应各选一个尺寸基准,分别标注尺寸;两组尺寸在同一方向上一般只能有一个联系尺寸。图 8-24 中高度方向打"×"号的尺寸是不合理的,可改为"△"号的尺寸,这是由于零件毛坯制造误差大,加工面不可能同时保证对两个或多个非加工面的尺寸要求。

为了看图方便,加工面和非加工面的尺寸最好分别列于视图的两侧;在加工面的尺寸中同一工序的尺寸要适当集中,使不同工序的操作者在加工时容易找齐尺寸。

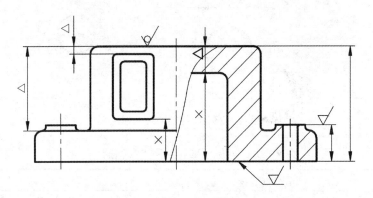

图 8-24 加工面与非加工面间的尺寸联系

(5) 应考虑测量方便。如图 8-25 所示,在加工阶梯孔时,一般先加工小孔,然后加工出大孔。因此,在标注轴向尺寸时,应从端面注出大孔的深度,以便于测量。

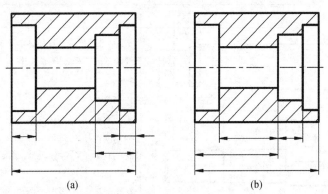

图 8-25 标注尺寸要便于测量
(a) 便于测量;(b) 不便于测量。

(6) 尺寸标注要符合国家标准,既要注全,又不应有多余的尺寸。尺寸不全,零件无法制造;尺寸多余,则产生废品的可能性大,应注意防止。图 8-26 中带"×"号的尺寸都是不应标注的多余尺寸。

三、零件上几种常见孔的尺寸标注方法

螺孔、沉孔、光孔的尺寸标注方法如表 8-3 所列。

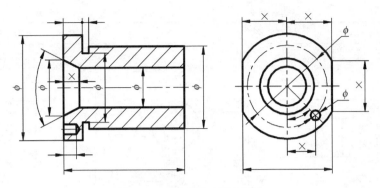

图 8-26 多余尺寸不应标注

表 8-3 常见孔的注法

类型	旁注法		普通注法
光孔	4×φ8▼14	4×φ8▼14	4×φ8, 14
螺孔	3×M8-7H	3×M8-7H	3×M8-7H
螺孔	3×M10-7H▼12 孔▼14	3×M10-7H▼12 孔▼14	3×M10-7H, 12, 14
沉孔	6×φ7 ⌴φ13×90°	6×φ7 ⌴φ13×90°	90°, φ13, 6×φ7

213

(续)

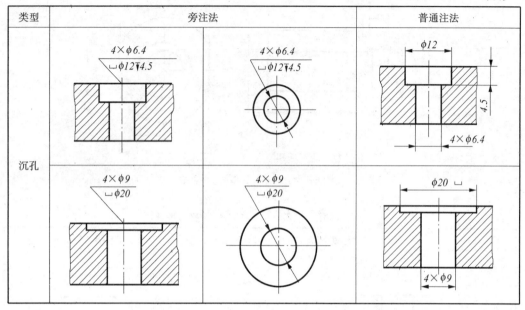

第五节 零件图上的技术要求

制造零件时应达到的质量要求,一般称为技术要求,用以保证加工制造零件时的精度,满足零件的使用性能。零件图上的技术要求主要包括:表面结构、极限与配合、几何公差、热处理以及其他有关制造的要求。上述要求应按照国家标准规定的代(符)号或用文字正确地注写出来。

一、表面结构(GB/T 3505—2009、GB/T 131—2006)

(一)表面结构的概念

表面结构指零件宏观和微观几何特性,是通过不同的测量与计算方法得到一系列参数表征,包括在有限区域上的表面粗糙度、表面波纹度、纹理方向、表面缺陷、表面几何形状等。表面结构对机械零件的功能,如摩擦磨损、疲劳强度、接触刚度、冲击强度、密封性能、振动和噪声及外观质量等都有影响,它直接关系机械产品的使用性能和工作寿命,是评定零件表面功能的重要技术指标。

根据国家标准规定,表面结构的参数是用"轮廓法"来确定的。一个指定平面与实际表面相交所得的轮廓称为表面轮廓,如图8-27所示。而实际轮廓则由粗糙度轮廓、波纹度轮廓和形状轮廓叠加而成,如图8-28所示。由于加工过程中受刀具、机床等诸多因素影响,实际表面可以认为是由于粗糙度、波纹度和形状误差叠加而成的,这三种特性对零件功能的影响也各不相同。

(1)表面粗糙度是一种微观的几何不平度,主要是由所采用的加工方法形成的,如在切削过程中工件加工表面上的刀具痕迹以及切削撕裂时的材料塑性变形等。

(2)表面波纹度是由间距比粗糙度大得多的、接近周期形式的成分构成的表面不平度,主要由机床或工件的绕曲、振动、颤动、形成材料应变的各种原因以及其他一些外部影响等原因形成的。

(3) 表面形状轮廓是宏观概念,一般由机器或工件的绕曲或导轨误差引起。

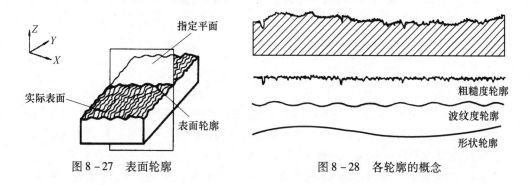

图 8-27　表面轮廓　　　　　图 8-28　各轮廓的概念

(二) 表面结构的参数

评定表面结构的参数,主要有 P 参数(原始轮廓参数,即在原始轮廓上计算所得的参数)、R 参数(粗糙度参数,即在粗糙度轮廓上计算所得的参数)和 W 参数(波纹度参数,即在波纹度轮廓上计算所得的参数)。

表面粗糙度参数 R 是最常用的评定参数。在加工的过程中,由于机床和刀具的振动、材料的不均匀等因素,加工的表面总是留下加工的痕迹,在放大镜或显微镜下观察,总可以看到许多峰谷高低不平的情况,如图 8-29 所示。国家标准 GB/T 1301—2009 规定了表面粗糙度参数从下列两项中选取:

(1) 轮廓算术平均偏差 Ra(在一个取样长度内,轮廓的纵坐标 $z(x)$ 绝对值的算术平均值),如图 8-30 所示。

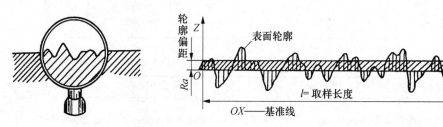

图 8-29　表面局部放大示意图　　　　图 8-30　轮廓算术平均偏差 Ra

Ra 值按下列公式计算:

$$Ra = \frac{1}{l_r} \int_0^{l_r} |z(x)| \, dx$$

式中:l_r 为取样长度;$z(x)$ 为沿测量方向轮廓线上的点到基准线之间的距离。

或近似表示为

$$Ra = \frac{1}{n} \sum_{i=1}^{n} |z_i|$$

(2) 轮廓最大高度 Rz(在一个取样长度内,最大轮廓峰高和最大轮廓谷深之和),如图 8-31 所示。

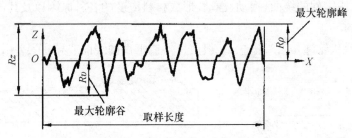

图 8-31 轮廓最大高度 Rz

参数 Ra 和 Rz 值越小,加工成本越高。因此,在选择表面粗糙度参数值时,既要满足零件功能要求,又要考虑工件经济性。在满足零件功能的前提下,尽量选用数值大的粗糙度。粗糙度在 $Ra0.025 \sim 6.3\mu m$, $Rz0.1 \sim 25\mu m$ 范围内,推荐优先选用 Ra 参数。

表 8-4 为轮廓算术平均偏差 Ra 的数值,表 8-5 为轮廓最大高度 Rz 的数值。表 8-6 中列出了常用的 Ra 数值及相应的加工方法。

表 8-4 轮廓算术平均偏差 Ra 的数值

Ra	0.012	0.2	3.2		
	0.025	0.4	6.3	50	
	0.05	0.8	12.5	100	
	0.1	1.6	25		

表 8-5 轮廓最大高度 Rz 的数值

Rz	0.025	0.4	6.3	100	
	0.05	0.8	12.5	200	
	0.1	1.6	25	400	1600
	0.2	3.2	50	800	

表 8-6 常用的 Ra 数值及加工方法

Ra	加工方法	应用举例
12.5	粗车、粗铣、粗刨、钻孔等	非重要接触面和非接触面,如轴的端面、倒角、螺栓孔等
25		
6.3	精车、精铣、精刨、铰孔等	较重要的接触面、转动和滑动速度不高的接触面,如轴套、齿轮端面、键槽等
3.2		
1.6		
0.8	磨削、精铰、抛光等	转动和滑动速度较高的接触面,如齿轮的工作面、导轨表面、主轴轴颈表面等
0.4		
0.2		

(三) 表面结构图形符号的标注方法

(1) 表面结构图形符号的画法如图 8-32 所示,表面纹理图形符号的画法如图 8-33 所示,图形符号尺寸如表 8-7 所列。

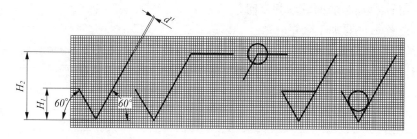

图 8-32 表面结构基本图形符号的画法

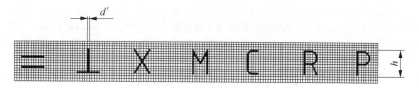

图 8-33 表面纹理图形符号的画法

表 8-7 表面结构图形符号和附加标注的尺寸 （单位：mm）

数字和字母高度 h	2.5	3.5	5	7	10	14	20
符号线宽 d'	0.25	0.35	0.5	0.7	1	1.4	2
字母线宽 d							
高度 H_1	3.5	5	7	10	14	20	28
高度 H_2（最小值）[①]	7.5	10.5	15	21	30	42	60
[①] H_2 取决于标注内容的多少							

（2）表面结构代号。表面结构代号由表面结构图形符号和在规定位置上标注的附加标注符号（表面结构要求）组成。表面结构图形代号的画法如图 8-34 所示。

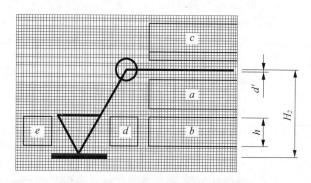

图 8-34 表面结构图形代号的画法

图中在 a、b、d 和 e 区域中的所有字母高应该等于 h。
其中：位置 a，注写表面结构的单一要求；
位置 a 和 b，注写两个或多个表面结构要求；
位置 c，注写加工方法；

位置 d，注写表面纹理和方向；

位置 e，注写加工余量。

表面结构符号及意义如表 8-8 所列,表面结构代号及意义如表 8-9 所列,带有补充注释的符号及含义如表 8-10 所列,表面纹理符号及标注如表 8-11 所列。

表 8-8　表面结构符号的意义

符号	含义
∨	基本符号,表示表面可用任何方法获得。当不加注表面结构参数值或有关说明(如表面处理、局部热处理状况等)时,仅适用于简化代号标注
▽	基本符号加一短划,表示用去除材料方法获得的表面,如车、铣、钻、磨、剪切、抛光、腐蚀、电火花加工、气割等。仅当其含义是"被加工并去除材料的表面"时可单独使用
∨○	基本符号加一小圆,表示用不去除材料方法获得的表面,如铸、锻、冲压变形、热轧、冷轧、粉末冶金等。或者是用于表示保持上道工序形成的表面,不管这种状况是通过去除材料还是不去除材料方法形成的
∨ ▽ ∨○	在上述三个符号的长边上加一横线,用于标注表面结构特征的补充信息
∨○ ▽○ ∨○○	在上述三个符号上加一小圆,表示构成封闭轮廓的各表面具有相同的表面结构参数要求

表 8-9　表面结构代号的含义

符号	含义
∨○ Rz 0.4	表示不允许去除材料,单向上限值,默认传输带,R 轮廓,粗糙度的最大高度 $0.4\mu m$,评定长度为 5 个取样长度(默认),"16% 规则"(默认)
▽ Rzmax0.2	表示去除材料,单向上限值,默认传输带,R 轮廓,粗糙度最大高度的最大值 $0.2\mu m$,评定长度为 5 个取样长度(默认),"最大规则"
▽ 0.008-0.8/Ra 3.2	表示去除材料,单向上限值,传输带 $0.008\sim0.8mm$,R 轮廓,算术平均偏差 $3.2\mu m$,评定长度为 5 个取样长度(默认),"16% 规则"(默认)
▽ -0.8/Ra3 3.2	表示去除材料,单向上限值,传输带:根据 GB/T 6062,取样长度 $0.8\mu m$(λ_s 默认 $0.0025mm$),R 轮廓,算术平均偏差 $3.2\mu m$,评定长度包含 3 个取样长度,"16% 规则"(默认)
∨○ U Ramax3.2 L Ra 0.8	表示不允许去除材料,双向极限值,两极限值均使用默认传输带,R 轮廓,上限值:算术平均偏差 $3.2\mu m$,评定长度为 5 个取样长度(默认),"最大规则",下限值:算术平均偏差 $0.8\mu m$,评定长度为 5 个取样长度(默认),"16% 规则"(默认)

(续)

符号	含义
∇ 0.8-25/Wz3 10	表示去除材料,单向上限值,传输带 0.8~25mm,W 轮廓,波纹度最大高度 10μm,评定长度包含 3 个取样长度,"16% 规则"(默认)
∇ 0.008-/Ptmax 25	表示去除材料,单向上限值,传输带 $\lambda_s=0.008$mm,无长波滤波器,P 轮廓,轮廓总高 25μm,评定长度等于工件长度(默认),"最大规则"
∇ 0.0025-0.1//Rx 0.2	表示任意加工方法,单向上限值,传输带 $\lambda_s=0.0025$mm,$A=0.1$mm,评定长度 3.2mm(默认),粗糙度图形参数,粗糙度图形最大深度 0.2μm,"16% 规则"(默认)
∇ /10/R 10	表示不允许去除材料,单向上限值,传输带 $\lambda_s=0.008$mm(默认),$A=0.5$mm(默认),评定长度 10mm,粗糙度图形参数,粗糙度图形平均深度 10μm,"16% 规则"(默认)
∇ W 1	表示去除材料,单向上限值,传输带 $A=0.5$mm(默认),$B=2.5$mm(默认),评定长度 16mm(默认),波纹度图形参数,波纹度图形平均深度 1mm,"16% 规则"(默认)
∇ -0.3 /6/ AR 0.09	表示任意加工方法,单向上限值,传输带 $\lambda_s=0.008$mm(默认),$A=0.3$mm(默认),评定长度 6mm,粗糙度图形参数,粗糙度图形平均间距 0.09mm,"16% 规则"(默认)

注:这里给出的表面结构参数、传输带/取样长度和参数值以及所选择的符号仅作为示例

表 8-10 带有补充注释的符号及含义

符号	含义
∇ 铣	加工方法:铣削
∇ M	表面纹理:纹理呈多方向
∇ ○	对投影视图上封闭的轮廓线所表示的各表面有相同的表面结构要求
3 ∇	加工余量 3mm

注:这里给出的加工方法、表面纹理和加工余量仅作为示例

表 8-11 表面纹理的标注

符号	解释和示例	
=	纹理平行于视图所在的投影面	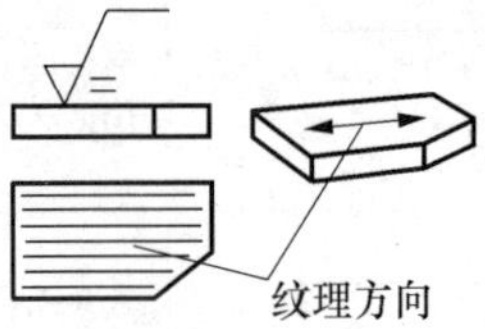
⊥	纹理垂直于视图所在的投影面	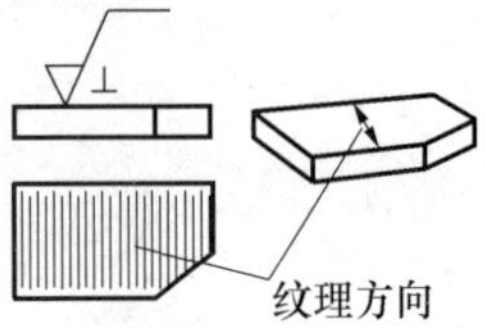
X	纹理呈两斜向交叉且与视图所在的投影面相交	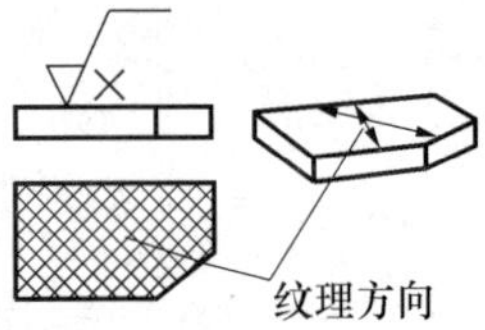
M	纹理呈多方向	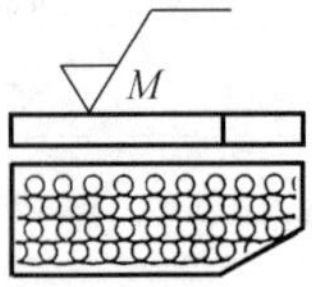
C	纹理呈近似同心圆且圆心与表面中心相关	
R	纹理呈近似放射状且与表面圆心相关	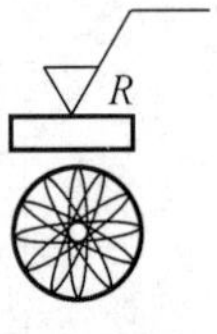
P	纹理呈微粒、凸起，无方向	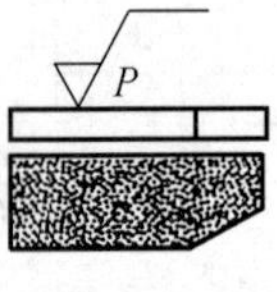

注：如果表面纹理不能清楚地用这些符号表示，必要时，可以在图样上加注说明

（3）表面结构要求在图样中的标注，应掌握以下四条原则：

① 表面结构要求对每一表面一般只标注一次，并尽可能标注在相应的尺寸及其公差的同一视图上。

② 标注在可见轮廓线、尺寸线、尺寸界线或它们的延长线上。
③ 符号应从材料外指向零件表面,并与零件表面接触。
④ 注写和读取方向与尺寸数字的注写和读取方向一致。

表面结构符号、代号的标注位置与方向如表 8 – 12 所列,表面结构要求的简化注法如表 8 – 13 所列。

表 8 – 12　表面结构符号、代号的标注位置与方向

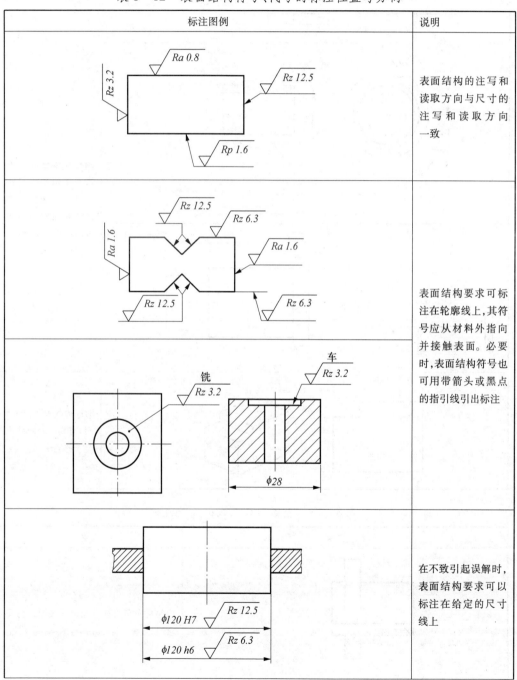

标注图例	说明
	表面结构的注写和读取方向与尺寸的注写和读取方向一致
	表面结构要求可标注在轮廓线上,其符号应从材料外指向并接触表面。必要时,表面结构符号也可用带箭头或黑点的指引线引出标注
	在不致引起误解时,表面结构要求可以标注在给定的尺寸线上

221

（续）

标注图例	说明
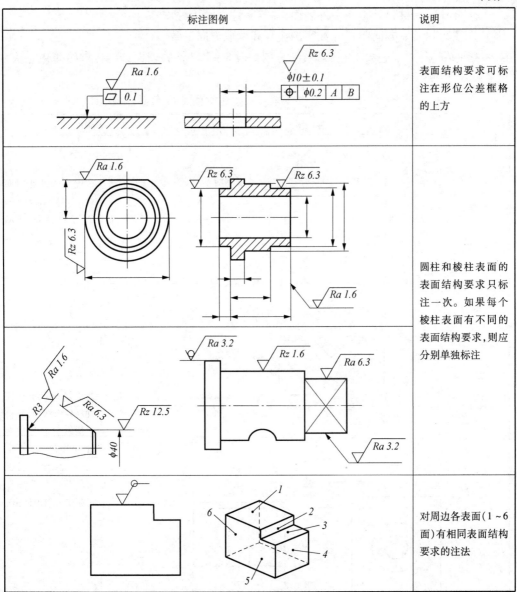	表面结构要求可标注在形位公差框格的上方
	圆柱和棱柱表面的表面结构要求只标注一次。如果每个棱柱表面有不同的表面结构要求，则应分别单独标注
	对周边各表面（1~6面）有相同表面结构要求的注法

表 8-13 表面结构要求的简化注法

标注图例	说明
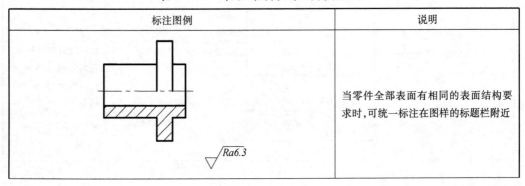	当零件全部表面有相同的表面结构要求时，可统一标注在图样的标题栏附近

(续)

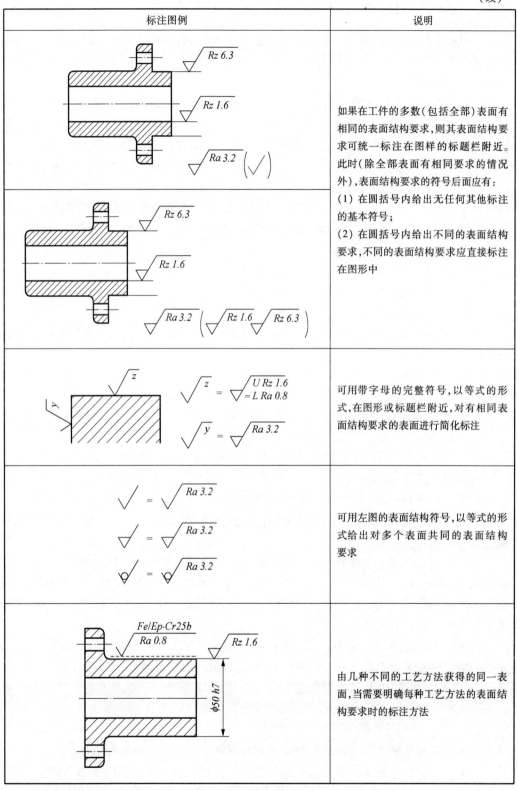

二、极限与配合

在机械图样中,极限与配合是一项重要的技术要求,也是检验产品质量必需的经济技术指标。

(一)零件的互换性

按零件图的要求加工生产的同一批尺寸相同的零件,在装配时,可以不经挑选和修配就能顺利地进行装配,并完全符合规定的使用性能要求。如自行车上需配一个螺钉,只要买到相同规格的螺钉,装配后就能完全满足使用要求,这种性能称为具有互换性。

要满足零件互换性的要求,就必须控制零件的尺寸。但零件的尺寸又不能制造得绝对准确,因为存在加工与测量误差。为此,在满足工作要求的条件下,允许尺寸有一个规定的变化范围,这一允许尺寸的变动量称为尺寸公差。从使用要求来看,把轴装在孔中,两个零件相互结合时要求有一定的松紧程度,称之为配合。为了保证互换性,要规定两个零件表面的配合性质,建立极限与配合制。

(二)尺寸公差

1. 公差的有关术语

公称尺寸:设计时确定的理想形状要素的尺寸。

实际(组成)要素的尺寸:由接近实际(组成)要素所限定的工件实际表面的组成要素部分的尺寸。

极限尺寸:允许尺寸变化的两个极端。实际(组成)要素的尺寸应位于其中,也可达到极限尺寸。允许的最大尺寸称为上极限尺寸;允许的最小尺寸称为下极限尺寸。

极限偏差:某一极限尺寸减其公称尺寸所得的代数差。而两个极限偏差为:

$$上极限偏差 = 上极限尺寸 - 公称尺寸$$

$$下极限偏差 = 下极限尺寸 - 公称尺寸$$

偏差可为正值、负值或零。

尺寸公差(简称公差):允许零件实际(组成)要素的尺寸的变动量。

公差等于上极限尺寸与下极限尺寸的代数差的绝对值,或等于上极限偏差与下极限偏差之差的绝对值。

$$尺寸公差 = 上极限尺寸 - 下极限尺寸 = 上极限偏差 - 下极限偏差$$

例如,轴颈 $\phi 40^{+0.011}_{-0.005}$ 中公称尺寸为 40,上极限尺寸为 $\phi 40.011$,下极限尺寸为 $\phi 39.995$,上极限偏差为 +0.011,下极限偏差为 -0.005,公差为 40.011 - 39.995 = 0.016 或者 0.011 - (-0.005) = 0.016。

图 8-35(a)说明了公称尺寸、极限尺寸、极限偏差和尺寸公差之间的相互关系,在实用中一般以公差带示意图表示,如图 8-35(b)所示。图中零线是表示公称尺寸的一条线,当零线画成水平线时,正偏差位于零线之上;负偏差位于零线之下。偏差的数值单位以 μm 表示,$1\mu m = 0.001 mm$。公差带表示公差的大小及其相对于零线的位置。

2. 标准公差和基本偏差

国家标准规定的公差带是由标准公差和基本偏差两个基本要素组成的。

(1)标准公差。标准公差是指国家标准 GB/T 1800 系列标准《极限与配合》中所规定的任一公差。其代号用符号"IT"和数字组成,分 20 个公差等级,即 IT01、IT0、IT1 ~

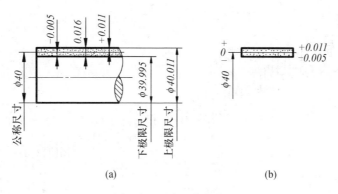

图 8 – 35 公差的概念
(a)公差术语示意图;(b)公差带示意图。

IT18。公差等级表示尺寸精确程度:IT018 公差数值最大,精度最低;IT01 公差数值最小,精度最高。同一公称尺寸,公差等级越大,公差值越大;同一公差等级,公称尺寸越大,公差值越大,如表 8 – 14 所列。

表 8 – 14 标准公差数值(摘自 GB 1800.1—2009)

公称尺寸 /mm		公差等级																	
		IT01	IT0	IT1	IT2	IT3	IT4	IT5	IT6	IT7	IT8	IT9	IT10	IT11	IT12	IT13	IT14	IT15	IT16	IT17	IT18
大于	至	μm																	mm	
—	3	0.3	0.5	0.8	1.2	2	3	4	6	10	14	25	40	60	0.10	0.14	0.25	0.40	0.60	1.0	1.4
3	6	0.4	0.6	1	1.5	2.5	4	5	8	12	18	30	48	75	0.12	0.18	0.30	0.48	0.75	1.2	1.8
6	10	0.4	0.6	1	1.5	2.5	4	6	9	15	22	36	58	90	0.15	0.22	0.36	0.58	0.90	1.5	2.2
10	18	0.5	0.8	1.2	2	3	5	8	11	18	27	43	70	110	0.18	0.27	0.43	0.70	1.10	1.8	2.7
18	30	0.6	1	1.5	2.5	4	6	9	13	21	33	52	84	130	0.21	0.33	0.52	0.84	1.30	2.1	3.3
30	50	0.6	1	1.5	2.5	4	7	11	16	25	39	62	100	160	0.25	0.39	0.62	1.00	1.60	2.5	3.9
50	80	0.8	1.2	2	3	5	8	13	19	30	46	74	120	190	0.30	0.46	0.74	1.20	1.90	3.0	4.6
80	120	1	1.5	2.5	4	6	10	15	22	35	54	87	140	220	0.35	0.54	0.87	1.40	2.20	3.5	5.4
120	180	1.2	2	3.5	5	8	12	18	25	40	63	100	160	250	0.40	0.63	1.00	1.60	2.50	4.0	6.3
180	250	2	3	4.5	7	10	14	20	29	46	72	115	185	290	0.46	0.72	1.15	1.85	2.90	4.6	7.2
250	315	2.5	4	6	8	12	16	23	32	52	81	130	210	320	0.52	0.81	1.30	2.10	3.20	5.2	8.1
315	400	3	5	7	9	13	18	25	36	57	89	140	230	360	0.57	0.89	1.40	2.30	3.60	5.7	8.9

注:公称尺寸小于或等于 1mm 时,无 IT14 ~ IT18

(2)基本偏差。用以确定公差带相对于零线位置的上极限偏差或下极限偏差。一般是指靠近零线的那个极限偏差。其代号用拉丁字母表示,共计有 28 个基本偏差代号。图 8 – 36 表示孔(上半部用大写字母)和轴(下半部用小写字母)的基本偏差。从图上可以看出,公差带分布在零线以上时,基本偏差为下极限偏差;反之,为上极限偏差。轴的基本偏差 a ~ h 为上极限偏差,j ~ zc 为下极限偏差。孔的基本偏差 A ~ H 为下极限偏差,J ~ ZC 为上极限偏差。其中,js(或 JS)没有基本偏差,只有上下极限偏差,分别为 $+\dfrac{IT}{2}$ 和 $-\dfrac{IT}{2}$。

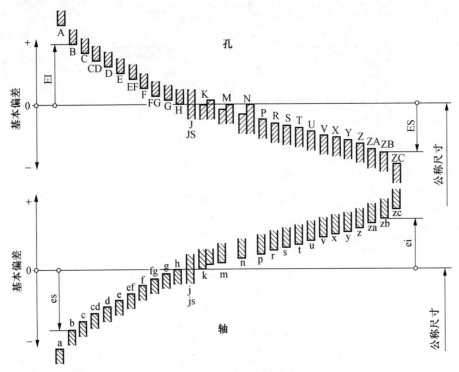

图 8-36 基本偏差系列示意图

(三) 配合的概念

公称尺寸相同、互相结合的孔和轴,公差带之间的关系称为配合。

1. 配合种类

根据不同的性能要求,国家标准将配合分为三种类型,如图 8-37 所示。

(1) 间隙配合。孔的公差带完全在轴的公差带之上,任取其中一对孔和轴相配都具有间隙(包括最小间隙为零)的配合。

(2) 过盈配合。轴的公差带完全在孔的公差带之上,任取其中一对孔和轴相配都具有过盈(包括最小过盈为零)的配合。

(3) 过渡配合。孔和轴的公差带相互交叠,任取其中一对孔和轴相配,可能具有间隙,也可能具有过盈的配合。

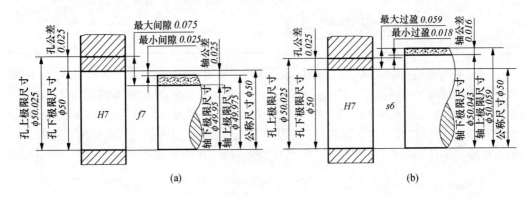

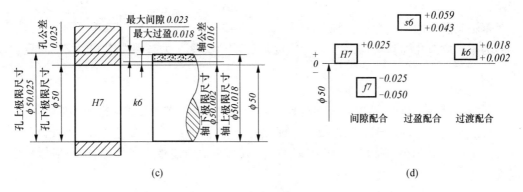

图 8-37 配合的种类
(a)间隙配合;(b)过盈配合;(c)过渡配合;(d)公差带分布图。

2. 极限与配合的配合制

在加工互相配合的一对零件时,将其中一件定为基准件,其极限偏差不变,而通过改变另一个非基准件的极限偏差来实现不同的配合。国家标准规定了两种配合制。

(1) 基孔制配合。极限偏差为一定的孔的公差带,与不同极限偏差的轴的公差带构成各种配合的一种制度称为基孔制配合。这种制度在同一公称尺寸的配合中,是将孔的公差带位置固定,通过变动轴的公差带位置,得到各种不同的配合,如图 8-38(a)所示。

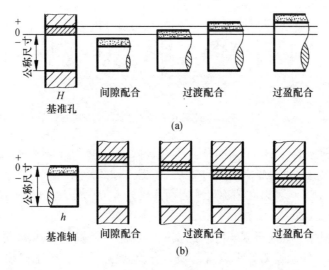

图 8-38 配合制
(a)基孔制配合;(b)基轴制配合。

基孔制配合的孔称为基准孔,其极限偏差代号为"H",国家标准规定基准孔的下极限偏差为零。此时轴的极限偏差 a~h 为间隙配合;j~n 为过渡配合;p~zc 为过盈配合。

(2) 基轴制配合。极限偏差为一定的轴的公差带,与不同极限偏差的孔的公差带构成各种配合的一种制度称为基轴制配合。这种制度在同一公称尺寸的配合中,是将轴的公差带位置固定,通过变动孔的公差带位置,得到各种不同的配合,如图 8-38(b)

所示。

基轴制配合的轴称为基准轴,其极限偏差代号为"h",国家标准规定基准轴的上极限偏差为零。此时孔的基本偏差在 A～H 为间隙配合;J～N 为过渡配合;P～ZC 为过盈配合。

3. 极限与配合在图样上的标注

对有极限与配合要求的尺寸,在公称尺寸后应注写公差带代号或极限偏差值。

(1)装配图上的标注。在装配图上标注配合时,公称尺寸后面注一分式(可直分或斜分),分子为孔的公差带代号(用大写字母),分母为轴的公差带代号(用小写字母),标注形式为:

公称尺寸$\dfrac{\text{孔的公差带代号}}{\text{轴的公差带代号}}$ 或 公称尺寸 孔的公差带代号/轴的公差带代号

当标注标准件、外购件与零件(轴或孔)的配合关系时,可仅标注相配零件的公差代号,如图 8-39 所示。

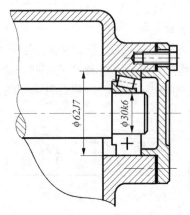

图 8-39 装配图中标准件的标注方法

(2)在零件图上的标注。在零件图上标注极限偏差,实际上就是把装配图上所标注的分式中的分子部分注在孔的公称尺寸之后,而把分母部分注在轴的公称尺寸后面。

在零件图上标注时,可以在公称尺寸后面注出公差带代号,也可以直接注出极限偏差数值或两者同时标注。

图 8-40 为图样上标注极限与配合的实例。标注极限偏差时,偏差数值比公称尺寸数字小一号。上、下极限偏差的小数点必须对齐,小数点后的位数也必须相同(偏差为 0 时例外),如 $\phi 40^{-0.020}_{-0.033}$。极限偏差数值可由极限偏差数值表(附录六)查得,表中所列的数值单位为 μm,标注时必须换算成毫米(mm)(1μm = 1/1000mm)。

若上、下极限偏差的数值相同而符号相反,则在公称尺寸后加注"±"号,再填写一个数值,其数字大小与公称尺寸数字的大小相同,如 50±0.16。

三、几何公差

(一)几何公差的基本概念

零件加工后,不仅存在尺寸误差,而且会产生几何形状及各组成部分的相互位置误

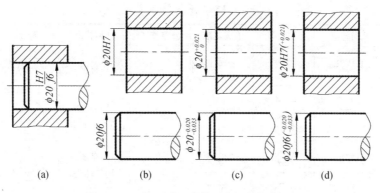

图 8-40 装配图和零件图中的标注方法
(a)装配图上标注配合代号;(b)大批量生产,注公差带代号;
(c)单件、小批量生产,注极限偏差值;(d)产量不定,用混合标注。

差。如图 8-41(a)所示的圆柱体,可能会出现一头粗一头细或中间粗两头细等情况,其截面也可能不圆,这些都属于形状误差。再如图 8-41(b)所示阶梯轴,加工后可能出现各段轴线不在同一直线上的现象,这属于位置误差。所以,形状误差是指实际形状对理想形状的变动量,形状公差是指单一实际要素的形状所允许的变动全量。位置误差是指实际位置对理想位置的变动量,位置公差是指关联实际要素的位置对基准所允许的变动全量。

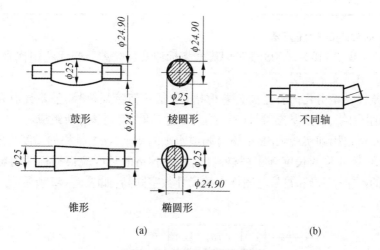

图 8-41 形状和位置误差
(a)形状误差示例;(b)位置误差示例。

如果零件在加工后所产生的形状、方向、位置和跳动公差过大,就会影响机器的质量。因此,对某些精度要求较高的零件,不仅要保证尺寸公差,还要根据实际需要,在图样上标注出几何公差。

(二)几何公差的类型、几何特征和符号

国家标准 GB/T 1182—2008 规定了几何公差的几何特征和符号,如表 8-15 所列。

表 8-15 几何特征符号

公差类型	几何特征	符号	有无基准	公差类型	几何特征	符号	有无基准
形状公差	直线度	—	无	位置公差	位置度	⌖	有或无
	平面度	▱	无		同心度（用于中心点）	◎	有
	圆度	○	无		同轴度（用于轴线）	◎	有
	圆柱度	⌭	无				
	线轮廓度	⌒	无		对称度	⌯	有
	面轮廓度	⌓	无				
方向公差	平行度	∥	有	跳动公差	线轮廓度	⌒	有
	垂直度	⊥	有		面轮廓度	⌓	有
	倾斜度	∠	有		圆跳动	↗	有
	线轮廓度	⌒	有		全跳动	↗↗	有
	面轮廓度	⌓	有				

（三）几何公差的标注方法

国家标准 GB/T 1182—2008 规定用代号来标注几何公差。当无法用代号标注时，允许在技术要求中用文字说明。

几何公差代号是由几何公差的公差框格（包括几何特征符号、公差数值和其基准符号的字母）和指引线，以及基准符号（有方框、等边三角形和字母）所组成。

（1）公差框格用细实线画出，框格可画成水平的或垂直的，框格的高度是图样尺寸数字高度的 2 倍，第一格的长度等于框格高度，其余各格的长度应根据标注内容的需要而定。框格中的数字、字母和符号与图样中的尺寸数字同高，如图 8-42 所示。

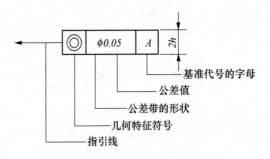

图 8-42 几何公差代号及基准代号

用公差框格标注几何公差时，第一格填写几何特征符号；第二格填写公差数值，若公差带为圆形、圆柱形、球形，则公差数值前应加"ϕ"或"$S\phi$"；第三格和以后各格填写基准符号的字母和有关符号。

(2) 指引线用细实线绘制,箭头应指向零件被测要素的公差带的宽度或直径方向,箭头与尺寸线箭头画法相同。

当被测要素是线或表面等轮廓要素时,箭头指向轮廓线或其延长线,但应明显地与尺寸线错开,如图8-43(a)、(b)所示。

当被测要素是中心线、中心面或中心点时,指引线箭头应位于相应尺寸线的延长线上,如图8-43(c)、(d)所示。

由于受图形的限制,需要表示图中某个面的几何公差要求时,可在面上画一小黑点(小黑点的直径同粗实线宽),由黑点处引出细实线,箭头可指在引出线的水平线上,如图8-43(e)所示。

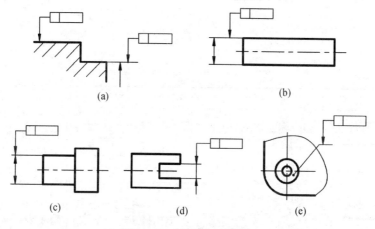

图8-43 被测要素的标注

(3) 基准符号。基准符号由方框、等边三角形和大写字母等构成,如图8-44所示。与被测要素相关的大写字母填写在方框内,与图样中的数字同高,总是水平书写。方框用细实线绘制,其高度与框格高度一致。涂黑的或空白的基准三角形为等边三角形,用细实线画出,且含义相同,与方框用细实线相连。

图8-44 基准符号画法

当基准要素是线、表面等轮廓要素时,基准三角形放置在要素的轮廓线或其延长线上(与尺寸线明显错开),如图8-45(a)所示。基准三角形也可放置在该轮廓面引出线的水平线上,如图8-45(b)所示。

当基准是尺寸要素确定的轴线、中心线、中心平面或中心点时,基准三角形放置在该尺寸线的延长线上,如果没有足够的位置标注基准要素尺寸的两个箭头,则其中一个箭头可用基准三角形代替,如图8-45(c)、(d)、(e)所示。

几何公差标注实例如表8-16所列。

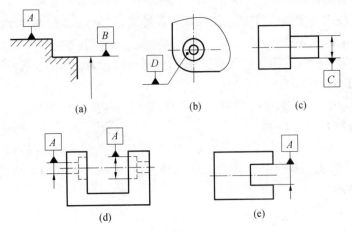

图 8-45 基准要素的标注

表 8-16 几何公差标注实例

名称	实例	说明	名称	实例	说明
直线度	⌀20f7 —⌀0.01	⌀20f7 轴线的直线度误差不大于 ⌀0.01 指引箭头与尺寸线对齐	平行度	∥ 0.02 A	顶面对 A 面的平行度误差不大于 0.02
直线度	— 0.012	圆台任意素线的直线度误差不大于 0.012 指引线箭头方向垂直被测要素轮廓线	垂直度	⊥ 0.04 A ⌀15h7	端面对 ⌀15h7 轴线的垂直度误差不大于 0.04 基准符号与尺寸线对齐
圆度	○ 0.003 ⌀20f7	⌀20f7 的圆度误差不大于 0.003 指引线箭头与尺寸线对齐	同轴度	◎ ⌀0.01 A ⌀20h7 ⌀15h7	⌀20h7 轴线对 ⌀15h7 轴线的同轴度误差不大于 ⌀0.01 基准符号与尺寸线对齐
圆柱度	⌀ 0.005 ⌀20f7	⌀20f7 的圆柱度误差不大于 0.005 指引线箭头与尺寸线对齐	对称度	= 0.02 A 20H7 32h8	槽对距离为 32h8 两平面的对称度误差不大于 0.02 基准符号与尺寸线对齐
平面度	▱ 0.01	顶面的平面度误差不大于 0.01 指引线箭头方向垂直被测要素轮廓线	圆跳动	↗ 0.1 B ⌀10h7	端面对 ⌀10h7 轴线的轴向圆跳误差不大于 0.1 基准符号影响尺寸箭头时,三角形可代替一个箭头

第六节 零件图的阅读

在进行零件设计、制造和检验时,不仅要有绘制零件图的能力,还应具备阅读零件图的能力。读零件图的目的,就是要根据零件图,想象出零件的结构形状,了解零件的尺寸和技术要求等内容。

一、读零件图的方法步骤

(1) 看标题栏。从标题栏了解零件的名称、材料、比例等内容。根据本章第三节所述典型零件的分类,可对该零件有一个初步的认识。

(2) 分析视图,想象形状,弄清楚各视图之间的投影关系及所采用的表达方法。看视图时,应从主视图入手,结合其他视图,运用形体分析法和线面分析法,综合视图表达中所选用的各种表达方法,想象零件的内、外形状;阅读零件图是在组合体读图基础上的进步与提高,要结合零件构形的功能要求及零件的工艺结构,弄清该零件的总体形状和局部结构。

(3) 分析尺寸和技术要求。结合图样表达零件的形状,分三个方向了解图样中标注的尺寸。按定形、定位、总体三种尺寸找清弄懂。要确定图样中标注尺寸所选用的基准,首先要找到设计基准,还要分析了解尺寸标注的合理性。这一过程也是对零件形状特征的进一步认识和深化的过程。

明了图样中用文字标明的技术要求。对表面结构、尺寸公差、几何公差要给予足够的注意,最好能分清这些表面为什么有这些要求。

(4) 综合读图。最后要把看零件图所得零件的结构形状、尺寸、技术要求的印象加以综合,把握住零件的结构特点和工艺要求。有时为了看懂比较复杂的零件图,还需要参阅有关的技术资料,包括文字资料和图纸资料。图纸资料是指该零件所属部件或机器的装配图及与其相关的零件图。

二、阅读零件图举例

图 8-46 所示为一泵体零件图。泵体和其他箱体类零件(如图 8-21 所示箱体零件)在构形上与工艺上有许多共同之处。从功能要求分析这类零件的构形,一般是以带支承结构的箱壳为基体(工作部分),附有安装板(安装部分)及连接板、凸缘和加强肋板等结构(连接部分)。其结构形状较为复杂,是加工面较多的铸件。

(1) 看标题栏。零件名称叫泵体,属于箱体类零件。材料代号为 HT150,是灰铸铁的一个型号。该零件是一个铸件。

(2) 分析视图,想象形状。泵体零件图的视图由大小不同的五个图形组成:主视图采用全剖视表现出它的工作位置,$\phi 36H7(^{+0.025}_{0})$ 的孔是它的主要工作表面;俯视图是基本视图,右视图采用局部剖视表明两耳板的厚度与位置,同时表明了三角形肋板的厚度与位置;C 向旋转视图是一斜视图,用来表示安装板的形状;$B-B$ 断面图表示的是左端肋板的形状。

主视图表达了泵体的工作部分(右半部分)、安装部分(左端斜板)和连接部分(肋板及其余)之间的关系及其相互位置,同时还表达了倒角、凹坑、凸台这些工艺结构。

经对照投影进行形体分析,想象出泵体零件的形状如图 8-47 所示。

(3) 分析尺寸和技术要求。结合对零件形状的分析,看出三个方向的主要基准为:长度方向是 $\phi 36H7$ 孔的轴线;宽度方向是前、后对称平面;高度方向是下端面。从这三个尺寸基准出发,再进一步看懂各部分的定形尺寸和定位尺寸,就可完全确定泵体零件的形状和大小。

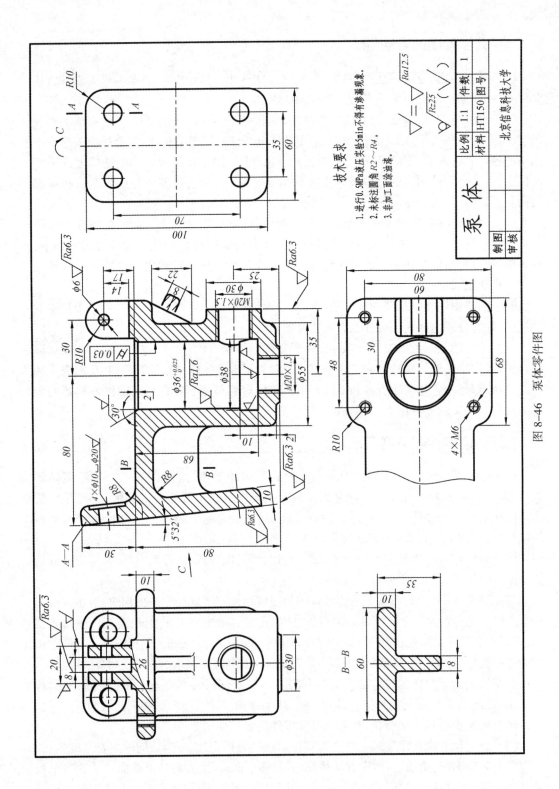

图 8-46 泵体零件图

表面结构要求的选用：φ36H7 工作表面为 $\sqrt{Ra1.6}$，安装面、下端面、右端面为 $\sqrt{Ra6.3}$，其余加工面均为 $\sqrt{Ra12.5}$，非加工面为 $\sqrt{Rz25}$。主要工作表面 φ36H7 是基准孔，有尺寸公差要求，还有圆柱度的形状公差要求，其余表面的尺寸均无特殊要求。

通过对尺寸和技术要求的分析，泵体零件的主要工作部分就是 φ36H7 孔的表面，其余加工面和非加工面也逐一得到认识，从而加深了对泵体零件形体组成的了解。

(4) 综合读图。把上述各项内容综合起来，结合参阅有关的文字资料及相关的装配图和零件图，就会对右上端两耳板的作用、两螺孔与哪个零件连接以及安装板为什么设计成倾斜的等泵体结构搞清楚。从而形成对泵体零件的总体概念，并读懂该零件图。

图 8-47 泵体零件立体图

第七节 零件测绘

对现有的实际零件进行分析、测量，制定技术要求，绘制出零件草图，再根据零件草图整理成零件图的过程称为零件测绘。必要时零件草图可直接用来指导生产。因此，零件测绘的重点在于画好零件草图。零件草图的内容与零件图相同，只是零件草图是采用目测比例，徒手画在方格纸或白纸上。绝不能认为草图就可潦草，必须仔细认真。

一、绘制零件草图的方法、步骤

(1) 测绘前的准备工作。测绘前应先根据实物和有关资料了解零件的名称、用途、材料、毛坯来源及加工情况。根据零件在部件中的作用，对零件的结构进行分析，再选择视图，确定表达方案。

(2) 画零件草图。首先目测零件的总体尺寸，按图形与实物长、宽、高之间的比例关系，估计各视图及标注尺寸时应占的位置，合理布图。然后画出各视图的基准线、对称线和中心线。用细实线轻轻画出底稿，画图时，各视图应配合进行。

(3) 测量并标注尺寸。首先选定尺寸基准，画出尺寸界线、尺寸线及箭头，并在直径尺寸处加注符号"φ"，在半径尺寸处加注符号"R"。再测量并填写尺寸数值。

画零件草图时，不要边画图、边测量、边标注尺寸，应在视图和尺寸线全部画完后，集中测量，依次填写，尺寸数字书写应清晰、工整。

(4) 查阅有关标注，核对零件结构尺寸，注写各项技术要求。

(5) 检查、加深。检查有无遗漏的图线、尺寸等，确认无误后，按标准图线徒手加深，并填写标题栏。

现以图 8-48 所示阀盖为例，说明画草图的方法、步骤。

阀盖是球阀装配体中的一个零件，由带有螺纹的圆筒、方形凸缘、凸台等组成。

按该零件的工作位置放置,选用主、左两个基本视图,主视图采用全剖视,表示轴孔的内部结构和左方圆筒螺纹情况、右方凸台结构,左视图表示凸缘的形状及零件外形。

绘制零件草图的过程如图8-49所示。

(1) 画图框、标题栏,定基准线和中心线,如图8-49(a)所示。

(2) 用细实线画零件的内、外结构形状,如图8-49(b)所示。

(3) 画尺寸界线、尺寸线,如图8-49(c)所示。

(4) 检查、加深,注写尺寸数值、技术要求,填写标题栏,如图8-49(d)所示。

图8-48 阀盖零件的轴测剖视图

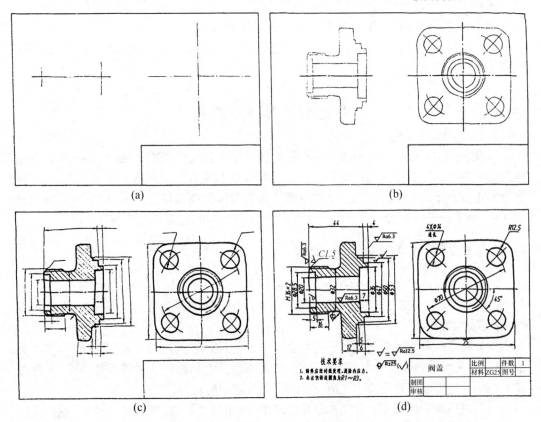

图8-49 画零件草图的步骤

二、零件尺寸的测量方法

测量零件尺寸时,应根据零件尺寸的精确程度选用相应的量具。常用的量具有钢板直尺、内外卡钳、游标卡尺、千分尺等,如图8-50所示。

常用的测量方法,如表8-17所列。

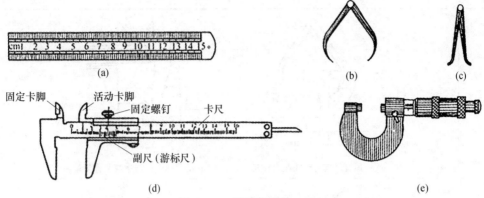

图 8-50 常用的测量工具
(a)直尺；(b)外卡钳；(c)内卡钳；(d)游标卡尺；(e)千分尺。

表 8-17 常用的测量方法

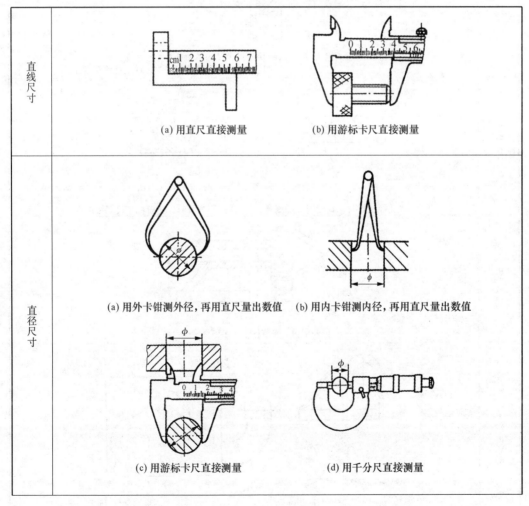

(续)

壁厚尺寸	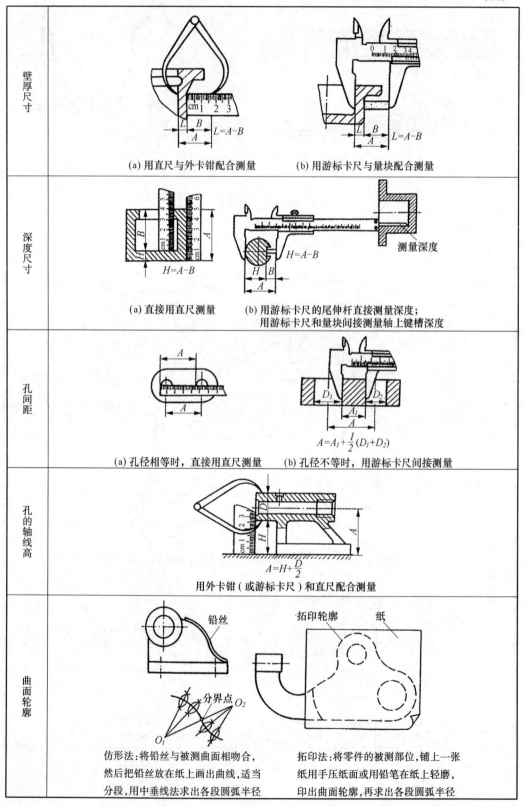
(a) 用直尺与外卡钳配合测量　　(b) 用游标卡尺与量块配合测量
深度尺寸	(a) 直接用直尺测量　　(b) 用游标卡尺的尾伸杆直接测量深度；用游标卡尺和量块间接测量轴上键槽深度
孔间距	(a) 孔径相等时，直接用直尺测量　　(b) 孔径不等时，用游标卡尺间接测量 $A=A_1+\dfrac{1}{2}(D_1+D_2)$
孔的轴线高	用外卡钳（或游标卡尺）和直尺配合测量 $A=H+\dfrac{D}{2}$
曲面轮廓	仿形法：将铅丝与被测曲面相吻合，然后把铅丝放在纸上画出曲线，适当分段，用中垂线法求出各段圆弧半径　　拓印法：将零件的被测部位，铺上一张纸用手压纸面或用铅笔在纸上轻磨，印出曲面轮廓，再求出各段圆弧半径

三、根据草图绘制零件工作图

有时零件草图是在现场绘制的,可能会有不完善的地方,为此,在画零件图之前要对零件草图进行校核。

(一)零件草图的校核

根据零件草图画零件工作图时,不应机械照抄,应在草图的基础上充实提高,对表达方案、尺寸标注、技术要求等内容作必要的修改,使之更加合理。

(二)绘制零件工作图的方法、步骤

(1)选择比例。根据零件的大小和复杂程度选择合适的比例,在条件允许的情况下尽量采用1:1。

(2)选择图纸幅面。根据图形、标注尺寸、技术要求所需幅面,选择标准图幅。

(3)画底稿。用细线轻轻地画底稿,作图应准确。

① 画出各视图的基准线、中心线。

② 画出各视图的图形。

(4)校核后描深。先画圆弧后画直线,同类线型保持粗细、深浅一致,并符合国家标准对线型的要求。

(5)标注尺寸,标注技术要求。

(6)填写标题栏。

(7)审核。

第九章 装 配 图

一台机器或一个部件都是由若干零件按一定的装配关系和技术要求装配而成的,表示产品及其组成部分的连接、装配关系及其技术要求的图样称为装配图。其中,表示部件的组成零件、各零件相互位置和连接装配关系的图样称为部件装配图;表示一台完整机器的组成部分、各部分的相互位置和连接装配关系的图样称为总装配图。

本章主要介绍装配图的作用和内容、画法、视图选择及画图步骤、尺寸标注、零件编号、装配结构的合理性、部件测绘、读装配图及由装配图拆画零件图等内容。

第一节 装配图的作用和内容

一、装配图的作用

机器或部件在设计过程中,首先要画出装配图,通过装配图可以反映设计者的意图,可以表达机器或部件的工作原理和性能,确定各个零件的结构形状及其之间的连接方式和装配关系,还可以根据装配图拆画零件图。在制造的过程中,制定装配工艺规程,进行装配、安装、检验、使用及维修等,均以装配图为指导。同时,装配图也是引进技术进行互相交流的重要工具。

二、装配图的内容

图9-2为图9-1所示滑动轴承的装配图,从图9-2中可以看出,一张完整的装配图应具有下列内容。

(1) 一组视图。以适当数量的视图,正确、完整、清晰地表达机器或部件的工作原理、装配关系、连接方式、传动路线以及各零件的主要结构形状。

(2) 必要的尺寸。在装配图中必须标注表示机器或部件的性能(规格)尺寸和装配尺寸、安装尺寸、总体尺寸和其他重要尺寸等。

(3) 技术要求。用文字或规定的符号按一定格式注写出机器或部件的质量、装配、检验、调整和安装、使用等方面的要求。

(4) 零件序号、明细栏和标题栏。根据生产组织和管理工作的需要,在装配图中对各零件应

图9-1 滑动轴承的组成

逐一编注序号,并顺序填入明细栏,用以说明各零件或部件的名称、数量、材料等有关内容。标题栏的格式与零件图的格式基本相同,填写机器或部件的名称、重量、比例和图号等。

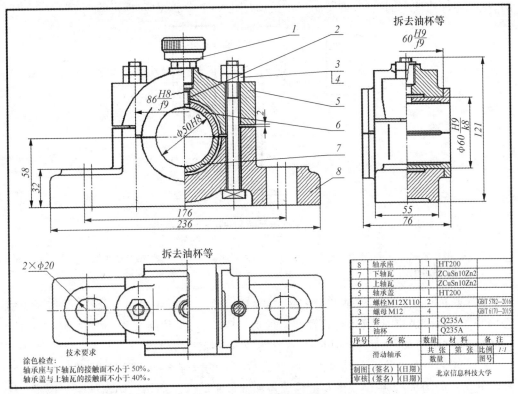

图 9-2 滑动轴承装配图

第二节 装配图的画法

本书前面介绍过的机件的各种表达方法,如视图、剖视图、断面图、局部放大图、简化画法等,同样适用于机器或部件的表达,但是零件图所表示的是单个零件,而装配图表达的则是由若干零件组成的部件。两种图样要求不同,内容各有侧重,装配图是以表达机器或部件的工作原理和装配关系为中心,同时将其内部和外部的结构形状和零件的主要结构表达清楚。因此,国家标准《机械制图》和《技术制图》制定了画装配图的方法,即规定画法和特殊画法。

一、规定画法

(1) 两零件的接触表面和配合表面只画一条公用的轮廓线,不接触表面和非配合表面(公称尺寸不同)画出其各自的轮廓线。如图 9-3 装配图中 $\phi15$ 的轴和孔接触面只画一条线,而 $\phi15$ 的轴和 $\phi16$ 孔表面不接触,即使间隙很小,也必须将其夸大画成两条线。

(2) 相互邻接的金属零件的剖面线,其倾斜方向应相反,或方向一致而间隔不相等。在各视图中,同一零件剖面线的倾斜方向和间隔均应保持一致。对于宽度小于或等于

2mm 的剖面，允许将剖面涂黑以代替剖面线，如图 9-4 中的垫片。

(3) 对螺纹紧固件和实心零件。如轴、手柄、拉杆、销、键等，当剖切平面通过其轴线时，这些零件均按不剖绘制，如图 9-3 中的轴、图 9-2 中的螺栓、螺母等。

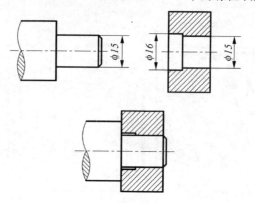

图 9-3　两零件接触面和非接触面的画法

二、特殊画法

(1) 拆卸画法。当一个或几个零件在装配图的某一视图中遮挡了大部分装配关系或影响所要表达的内容时，可假想将这些零件拆去后绘制，这种画法称为拆卸画法，如图 9-2 所示。为便于看图而需要说明时，可在视图上方标注"拆去××"。

(2) 沿零件的结合面剖切画法。为了表达部件的内部结构，可假想沿某些零件的结合面剖切。如图 9-2 中俯视图是沿轴承盖和轴承座结合面剖切后画出的半剖视图。注意，在结合面上不画剖面线，但被剖切的螺栓断面需画剖面线。

(3) 夸大画法。在画装配图时，对薄片零件、细丝弹簧、微小间隙和较小锥度等，难以按其实际尺寸画出时，均可不按比例而采用夸大画法，如图 9-4 中垫片。

(4) 假想画法。为了表示本部件和相邻零、部件的相互关系，可将其相邻的零、部件的轮廓用双点画线画出。如图 9-5 中与车床尾座相邻的床身导轨就是用双点画线画出。

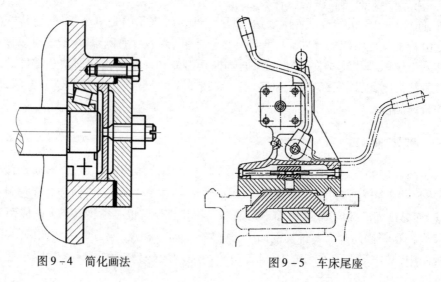

图 9-4　简化画法　　　　图 9-5　车床尾座

有些运动零件,当需要表示运动范围或极限位置时,可在一个极限位置上画出该零件,而在另一个极限位置用双点画线画出其轮廓。如图9-5中车床尾座锁紧手柄的运动范围就是这样表示的。

(5) 单独表示某个零件。在装配图中,当某个零件的结构形状未表达清楚而对理解装配关系有影响时,可单独画出该零件的某一视图。但需用字母注明视图名称,在相应视图的附近用箭头指明投射方向,并注上同样字母,如图9-6所示。

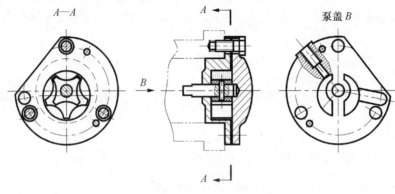

图9-6 泵盖画法

(6) 简化画法。在装配图中,某些零件的结构允许不按真实投影画出或作必要的简化。

① 零件的工艺结构,如圆角、倒角、退刀槽等允许不画。

② 螺母和螺栓头允许采用简化画法。对螺纹连接件等相同的零件组,可仅详细地画出一组,其余用点画线表示装配位置,如图9-4所示。

③ 在剖视图中,滚动轴承允许用规定画法。即画出对称图形的一半,另一半只画出轮廓,并在轮廓中央画出正立的十字形符号,十字符号不应与轮廓线接触,如图9-4所示。

④ 当剖切平面通过的某些组合件为标准产品或该组合件已由其他图形表示清楚时,可按不剖画出,如图9-2滑动轴承中的油杯。

⑤ 在能够清楚地表示产品特征和装配关系的条件下,装配图可仅画出其简化轮廓,如图9-7所示。

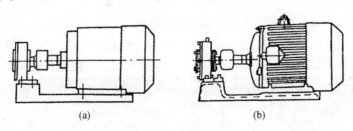

图9-7 简化轮廓
(a) 简化后;(b) 简化前。

第三节 装配图的视图选择及画图步骤

一、对装配图视图选择的要求

装配图应对机器或部件的工作原理、性能、内外结构、传动路线和装配关系等表达得完全、清晰。表达手段要正确,选用的视图、剖视图等各种表达方法要符合国家标准的规定。还应力求做到画图简单方便、便于阅读,而不要求将各个零件的结构、形状表达得完全。

要使装配图达到以上的要求,首要的问题是恰当地选择表达方案。其一般思路是:以部件的功用为线索,从装配干线入手,优先考虑与部件功用有直接联系的主要装配干线;然后是次要装配干线,以及操纵系统和其他辅助装置;最后考虑连接、定位等细节结构的表达。

二、装配图的视图选择

以图9-8所示的球阀为例,讨论视图方案的选择方法。

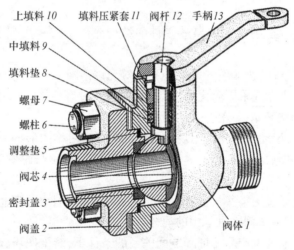

图9-8 球阀立体图

(1) 选择主视图。装配图的主视图是一组视图中最主要的视图,应首先选定。主视图应与机器或部件的工作位置相一致。以表达其工作原理和传动关系为中心,沿主要传动干线作全剖视图或大面积的局部剖视图。这样会给设计、装配、使用等过程带来方便。当部件在机器中的工作位置多变时,一般将该部件的安装面或主要传动干线按水平位置放置。图9-9是球阀的装配图,其主视图是沿阀体轴线剖开的,符合沿装配干线剖切的原则。从图9-9可以看出,球阀正处在全通状态,此时流量最大,随着转动扳手13带动阀杆12旋转,从而转动阀芯,使球阀通道逐渐变小,可达到控制流量的目的,球阀的工作原理一目了然,各零件间的装配关系也基本表达清楚。

(2) 选择其他视图。主视图确定以后,机器或部件的工作原理和主要装配关系,一般

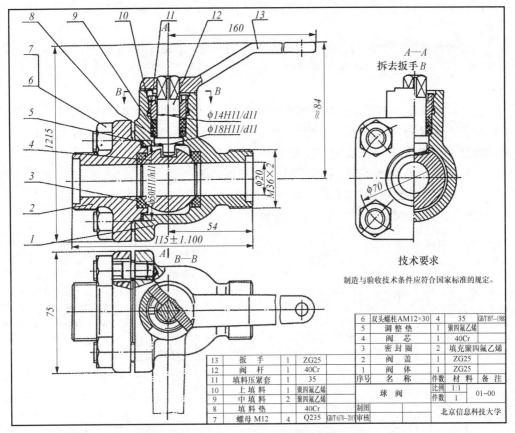

图 9-9 球阀装配图

能表达清楚,但只靠一个主视图,往往还不能把机器或部件的工作原理和所有装配关系表示完全。因此,需要确定其他视图。

球阀的装配图中,还选用了半剖视的左视图,后半部未剖,用于表达阀盖的外形和连接阀盖、阀体四个螺柱的相对位置。而剖开的前半部表达阀体的壁厚以及阀芯和阀体的装配情况。俯视图较完整地表达了球阀的外形,视图中将双头螺柱的连接作了局部剖视,B—B 局部剖视表达了手柄与阀体上定位凸块的关系,该凸块为限制扳手的旋转角度而设置。另外,还通过扳手的剖面和假想轮廓,清楚地表达了扳手的旋转范围。

三、画装配图的步骤

(1) 选比例、定图幅。根据机器或部件的实际尺寸及其结构的复杂程度,选择恰当的画图比例,并确定图纸幅面的大小。

(2) 合理布局。在图纸上安排各视图的位置,同时要留出标题栏、明细栏、零件序号、标注尺寸和技术要求的位置。用细实线和点画线画出各视图的作图基线,对称线、中心线和轴线等,如图 9-10(a)所示。

(3) 画部件主要结构的轮廓线。一般先从主视图开始,几个视图配合进行,每个视图都应从主要装配干线画起,对剖视图应先画内部结构,然后逐渐向外扩展。有时为了确定各视图的范围,或为了表示主要零件的主要结构也可先画出外部轮廓线,如图9-10(b)所示。

(4) 画部件的次要结构。仍从主视图开始,按各零件间的相对位置,逐个画出每个零件,完成各视图,要注意保持各视图之间的投影关系正确,完成底图,如图9-10(c)、(d)所示。

(5) 检查校核。先从主视图中的主要传动干线入手按传动路线检查所涉及的各零件结构是否表达完全,装配关系是否合理,再延展到各个视图,最后要注意检查视图上的细部结构是否有遗漏,各视图之间的投影关系是否正确等。

(6) 画尺寸线、剖面符号,编写零件序号,加深全图。

(7) 填写尺寸数字、技术要求、明细栏和标题栏。

图9-10为球阀装配图主要的画图步骤。

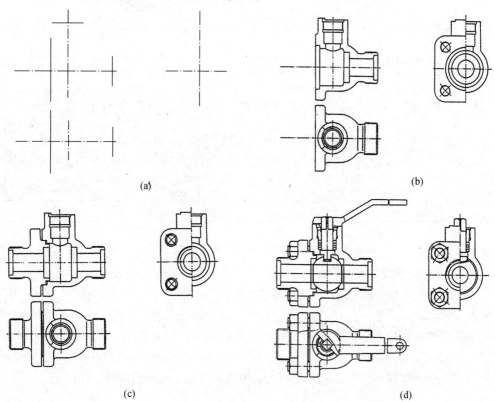

图9-10 画装配图的步骤

(a)画出各视图的主要轴线、对称中心线及作图基线;(b)先画主要零件阀体的轮廓线,三个视图要联系起来画;(c)根据阀盖和阀体的相对位置,画出阀盖的三视图;(d)逐一画出其他零件的三视图。

第四节 装配图的尺寸标注

装配图上标注尺寸的出发点与零件图完全不同。因为零件图是加工零件的依据,所以,应注出制造时所需要的全部尺寸。而装配图主要用于设计、装配等过程,因此,只需标注一些必要的尺寸,这些尺寸按其功用的不同,大致可分为以下五种。

一、性能(规格)尺寸

表示机器或部件的性能特征或规格的尺寸,这些尺寸一般是在设计时确定的。如图 9-2 滑动轴承的装配图中,轴孔尺寸 $\phi 50 H8$ 是滑动轴承的规格尺寸,图 9-9 球阀装配图中阀芯的公称直径 $\phi 20$ 是决定球阀流量的尺寸,因而是它的性能特征尺寸。

二、装配尺寸

表示零件间装配关系的尺寸。一般可分成下面三种:

(1) 配合尺寸。表示零件间配合性质的尺寸。如图 9-2 中轴承盖与轴承座的配合尺寸 $86\frac{H8}{f9}$ 和图 9-9 中球阀的阀盖和阀体的配合尺寸 $\phi 50\frac{H11}{h11}$。

(2) 相对位置尺寸。零件间有些较重要的距离和间隙等,如图 9-2 主视图中的尺寸 2 是装配后要保证的轴承座与轴承盖之间的间隙尺寸。

(3) 装配时加工的尺寸。机器或部件在装配时需要同时加工的尺寸,如销孔直径等。

三、安装尺寸

表示机器或部件安装在基础或其他设备上所需要的尺寸。如图 9-2 中滑动轴承的安装孔尺寸 $2\times\phi 20$ 及其定位尺寸 176、图 9-9 中 $M36\times 2$ 和 $\phi 70$。

四、外形尺寸

表示机器或部件外形轮廓的尺寸,即总长、总宽和总高,这类尺寸在机器的包装、运输和厂房设计中是不可缺少的,如图 9-2 中的尺寸 236、76 和 121。

五、其他重要尺寸

它是在设计中经过计算确定或选定的尺寸,但又未包括在上述四类尺寸之中,如运动零件的极限位置尺寸、主体零件的重要尺寸等。如图 9-9 主视图中扳手的尺寸 160 就属于这类尺寸。

必须指出,并不是每张装配图必须全部标注上述五种尺寸,并且有时装配图上同一尺寸往往有几种含意。所以,装配图上究竟要标注哪些尺寸,要根据具体情况进行分析确定。

第五节 装配图中零、部件序号和明细栏

一、装配图中零件(部件)序号

为了便于读图和进行图样管理,以及做好生产准备工作,对装配图中所有零件必须编写序号。

（一）编写序号的方法

编写序号通常有两种方法：

（1）将装配图中所有零件按顺序编号，如图9－2、图9－9所示。

（2）将装配图中的非标准件按顺序编号，标准件不编序号，而将标准件的标记直接注写在图纸上相应标准件的附近。

（二）编写序号的形式

编写序号的形式有下列三种：

（1）序号写在指引线一端的水平横线上方，序号数字比视图中的尺寸数字大一号或两号，如图9－11(a)所示。

（2）序号写在指引线一端的圆圈内，序号数字比图中尺寸数字大一号或两号，如图9－11(b)所示。

（3）序号写在指引线一端附近，序号数字比图中尺寸数字大两号，如图9－11(c)所示。

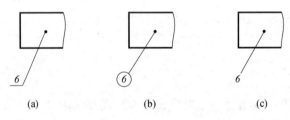

图9－11　编号形式

（三）编写序号的有关规定

（1）在一张装配图中编写序号的形式应一致。

（2）每一种零件在视图上只编一个序号，对同一标准部件（如油杯、轴承、电动机等）在装配图上一般只编一个序号。

（3）指引线和与其相连的横线或圆圈一律用细实线绘制。横线或圆圈画在图形外的适当位置。

（4）指引线应自所指零件的可见轮廓内引出，并在末端画一小圆点，若所指零件很薄或是涂黑的剖面不宜画圆点时，可在指引线末端画出指向该部分轮廓的箭头，如图9－12(a)所示。

（5）指引线尽可能均匀分布且不能相交，一般画成与水平方向倾斜一定角度。

（6）指引线不应与剖面线平行，必要时可画成折线，但只允许弯折一次，如图9－12(b)所示。

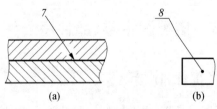

图9－12　指引线的画法

（7）指引线末端为圆圈时,直线部分的延长线应过圆心,如图9-11(b)所示。

（8）一组紧固件及装配关系清楚的零件组,可以采用公共指引线进行编号,如图9-13所示公共指引线的画法。

（9）为了保持图样清晰和便于查找零件,序号可在视图周围或整张图纸内按顺时针或逆时针顺次排列成一圈或按水平以及铅垂方向整齐排列成行,如图9-2和图9-9所示。

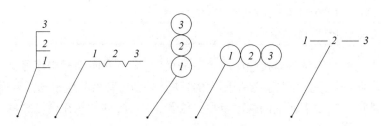

图9-13 公共指引线画法

二、明细栏

明细栏是装配图中全部零件(部件)的详细目录,国家标准GB/T 10609.2—2009规定了其内容一般由序号、代号、名称、数量、材料、质量(单件、总计)分区、备注等组成,也可按实际需要增加或减少。明细栏各部分的尺寸与格式如图9-14所示,各部分内容的填写要求如表9-1所列。

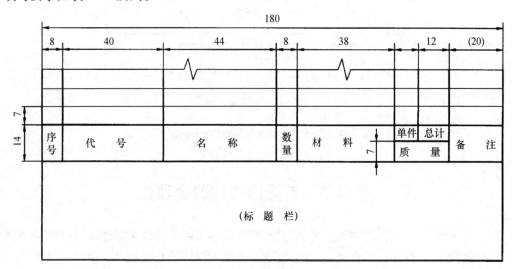

图9-14 明细栏的格式

表9-1 明细栏中各栏的填写要求

栏目	填写要求
序号	图样中相应组成部分的序号
代号	图样中相应组成部分的图样代号或标准编号

(续)

栏目	填写要求
名称	图样中相应组成部分的名称。必要时,也可写出其形式与尺寸
数量	图样中相应组成部分在装配中的数量
材料	图样中相应组成部分的材料标记
质量	图样中相应组成部分单件和总件数的计算质量。以千克(公斤)为计量单位时,允许不写出其计量单位
分区	必要时,应按照有关规定将分区代号填写在备注栏中
备注	填写该项的附加说明或其他有关的内容

装配图中的所有零件均要按顺序填入明细栏中,应注意明细栏中序号必须与图中所注序号一致。明细栏一般配置在装配图中的标题栏上方,其格数应根据需要而定,由下而上延续。零件序号按自下而上的顺序填写。位置不够时,可紧靠在标题栏的左边自下而上延续。

学习时,制图作业中建议使用的标题栏及明细栏格式如图 9－15 所示。

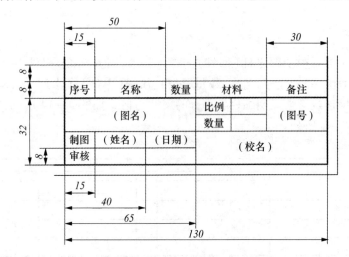

图 9－15　装配图上标题栏及明细栏

第六节　装配图结构的合理性

为了保证机器或部件的性能要求,并给零件的加工和装拆带来方便,设计和绘制装配图时必须考虑装配结构的合理性,下面仅就常见装配结构的画法加以讨论,其他结构可查阅有关手册。

一、接触面与配合面的结构

两个零件接触时,在同一方向上接触面应只有一组。配合面也应只有一组,如图 9－16 所示。

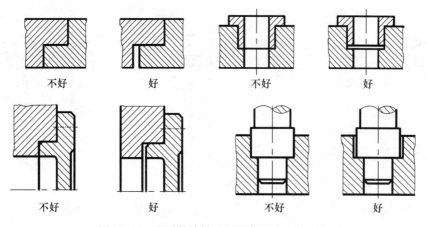

图 9-16 两零件接触面和配合面的正误对比

二、轴与孔结合拐角处的结构

当轴肩与孔端面接触时,应在孔的接触端面上制成倒角或在轴肩根部切槽,以保证轴肩与孔的端面紧密接触,如图 9-17 所示。

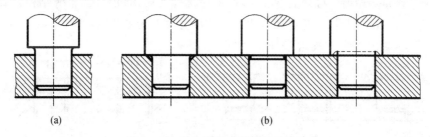

图 9-17 轴与孔结合拐角处的结构
(a) 错误;(b) 正确。

三、零件轴向定位结构

装在轴上的滚动轴承及齿轮等,一般都要有轴向定位结构,以保证不发生轴向移动。图 9-18 所示轴上的滚动轴承及齿轮靠轴肩定位。齿轮的另一端用螺母、垫圈压紧,垫圈与轴肩的台阶面间应留有轴向间隙,以便压紧齿轮。

四、密封结构

机器或部件的某些部位需要密封装置,以防止液体外流或灰尘进入。图 9-19(a) 所示为齿轮油泵密封装置的画法。通常用油浸的石棉绳或橡胶作填料,拧紧压盖螺母,通过填料压盖即可将填料压紧,起到密封的作用。但填料压盖与泵体端面之间必须留有一定的间隙,才能保证将填料压紧。填料压盖的内孔应大于轴径,以免轴转动时产生摩擦,图 9-19(b) 的画法是错误的。图 9-18 表示了毛毡充满端盖梯形密封槽的画法。

251

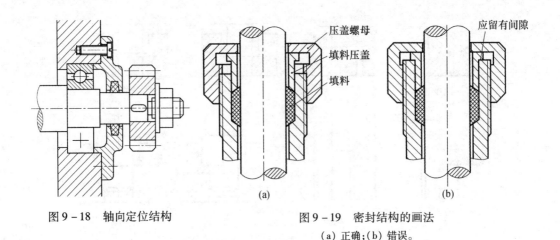

图9-18 轴向定位结构

图9-19 密封结构的画法
(a) 正确;(b) 错误。

五、螺纹连接的合理结构

为保证拧紧,螺杆上螺纹终止处应制出退刀槽(图9-20(a)),或在螺孔上制出凹坑(图9-20(b))或倒角(图9-20(c))。

为保证紧固件和被连接件的良好接触,被连接件上做出沉孔、凸台等结构,如图9-20(d)所示。沉孔的尺寸,可根据紧固件的尺寸从有关手册中查取。

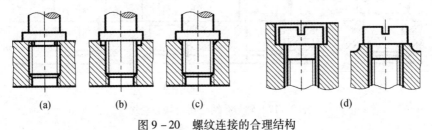

图9-20 螺纹连接的合理结构

六、考虑安装、拆卸的方便

如图9-21所示,滚动轴承装在箱体的轴承孔或轴上时,若设计成图9-21(a)、(c)那样,将无法拆卸。

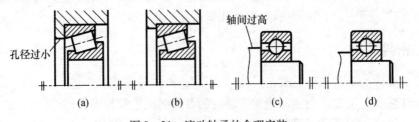

图9-21 滚动轴承的合理安装
(a) 不合理;(b) 合理;(c) 不合理;(d) 合理。

对部件中需经常拆卸的零件,应留有拆卸工具的活动范围,如图9-22(a)所示,而图9-22(b)所示的结构,由于空间太小,扳手无法使用,是不合理的设计。

图9-22(d)所示结构,螺钉无法放入,应为图9-22(c)所示,留有放入螺钉的空间。

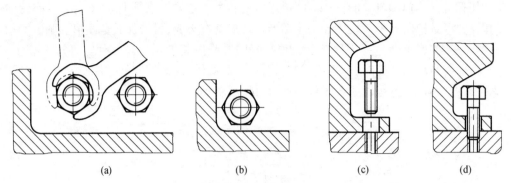

图9-22　应留有扳手活动空间和螺钉装拆空间
(a) 合理；(b) 不合理；(c) 合理；(d) 不合理。

第七节　部件测绘

根据现有机器或部件,画出零件和部件装配草图并进行测量,然后绘制装配图和零件图的过程称为部件测绘。测绘工作对推广先进技术、改进现有设备、保养维修等都有重要作用,部件测绘的一般步骤如下。

一、了解和分析测绘对象

要通过对实物的观察,了解有关情况和阅读有关资料,了解部件的用途、性能、工作原理、装配关系和结构特点等。

二、拆卸零件和测量尺寸

在初步了解部件的基础上,要依次拆卸各零件,通过对各零件的作用和结构的仔细分析,可以进一步了解部件中各零件的装配关系。要特别注意零件间的配合关系,弄清其配合性质是间隙配合、过盈配合,还是过渡配合。对不可拆的连接和过盈配合的零件尽量不拆,并应选择适当的拆卸工具。

对一些重要的装配尺寸,如零件间的相对位置尺寸、极限位置尺寸、装配间隙等要在拆卸零件前先进行测量,并做好记录,以使重新装配时能保持原来的要求。拆卸后要将各零件序号(与装配示意图上编号一致)扎上标签,妥善保管,避免散失或错乱。对精度高的零件应防止碰伤和变形,并分清标准件和非标准件,做出相应的记录。标准件可在测量尺寸后查阅标准,核对并写出规定标记,不必画零件草图和零件图。

三、画装配示意图

在对测绘对象进行了全面了解后,可以绘制装配示意图。装配示意图是通过目测,徒手用简单的线条示意性地画出部件或机器的图样。它用来表达部件或机器的结构、装配关系、工作原理和传动路线等,作为重新装配部件或机器和画装配图时的参考。例如,

图 9 – 23 是球阀的装配示意图。画装配示意图时,应采用国家标准《机械制图 机构运动简图用图形符号》(GB/T 4460—1984)所规定的符号。通常对各零件的表达不受前后层次的限制,尽量把所有零件集中在一个图形上。如确有必要,可增加其他图形。画装配示意图的顺序,一般可从主要零件着手,由内向外扩展,按装配顺序把其他零件逐个画上。例如,画球阀装配示意图时,可先画阀芯、阀杆,再画阀体、阀盖等其他零件。图形画好后,各零件编上序号,并列表注明各零件名称、数量、材料等。

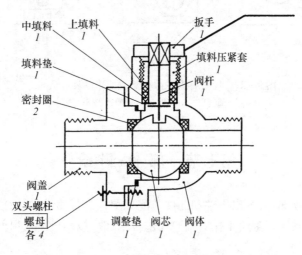

图 9 – 23 球阀装配示意图

四、画零件草图

测绘零件时,由于工作条件的限制常常徒手绘制各零件的图样。徒手画草图的方法见第八章中的零件测绘和第一章中的徒手绘制草图方法。

五、画装配图和零件图

由零件草图可整理绘制各零件图,但通常是根据零件草图和装配示意图先拼画装配图。在画装配图时,对零件草图上可能出现的差错予以纠正,再由装配图和零件草图绘制零件图。

第八节 读装配图及由装配图拆画零件图

在设计、装配、使用、维修机器和设备时,以及在进行技术交流的过程中,都需要看装配图或由装配图拆画零件图。工程技术人员必须具备熟练看装配图的能力。

一、读装配图的目的和要求

(1) 了解机器或部件的性能、功用和工作原理。
(2) 了解零件间的相对位置、装配关系及各零件的装拆顺序。

(3) 弄清每个零件的主要结构、形状和作用。
(4) 看懂其他系统,如润滑、密封系统的构造和工作原理。

二、读装配图的方法和步骤

(一) 概括了解

首先对整张装配图的内容进行概括的分析和了解,可按下述三步进行:

(1) 看标题栏,了解装配图所表达的机器或部件的名称、图样的比例,联系实际略知部件的大小和用途。

(2) 看明细栏,了解部件的组成,并按序号了解零件的名称、数量,在图中找到各零件的位置。

(3) 分析视图,首先看共有几个视图,然后逐个分析每个视图的投射方向、视图名称,采用的什么表达方法,找到剖视、断面图的剖切位置,分析各视图的表达重点。

(二) 分析工作原理及传动关系

分析工作原理及传动关系是读装配图的重要环节,要对各视图进行详细分析,根据其表达手段进一步理解各视图的表达意图。先从主视图入手,沿各条传动干线按投影关系找到各个零件的轮廓,确定它们的准确位置。要搞清楚部件的运动情况,哪些是运动件?运动形式如何?运动是怎样传递的?对固定不动的零件(主要零件)搞清固定和连接方式,继而分析清楚与其相关的零件在部件中的地位和作用。还要对其他零件间的连接和固定情况进行分析,找出其固定方式和连接关系。

(三) 搞清每个零件的结构和形状

在分析部件工作原理和传动关系的过程中,对各零件的轮廓及其在部件中所起的作用已有了基本了解,此时应对各零件的结构形状准确地加以分析判断,这样也有助于更深入地理解部件的工作原理和性能。分析判断零件结构形状的依据是零件在部件中的地位、作用,该零件的轮廓和剖面线的方向、间隔等。一般先从主要零件开始,然后再看其他零件。

(四) 分析其他系统

分析部件的其他系统,如对密封装置应了解部件的工作介质,搞清装置的结构形式和密封原理。部件中高速旋转零件一般均需润滑系统保证其正常工作,应了解清楚润滑的方式和结构、润滑剂的加入和排除方法,以及使其润滑性能良好的措施等。

(五) 综合归纳

对装配图进行了上述分析了解后,一般对该部件的性能和结构等主要方面已基本清楚,但为了完整、全面地读懂装配图,应对前面已掌握的情况进行综合归纳,再认真地思考下述一些问题:

(1) 结合对技术要求和装配图尺寸的分析考虑对部件的性能、工作原理是否完全理解,部件中各种运动形式及其联系是否已经清楚,连接方式共有几种是否均已找到。

(2) 各零件的装拆方法和顺序如何。

(3) 为何采用此种表达方案,可设想其他表达方案与其进行比较,从中得出此种表达方案的优越性。

如这些问题都已解决,说明该装配图已经读懂。上述读装配图的方法和步骤,只说明读图的一般规律,并非读每一张装配图的步骤都得如此,要根据装配图的特点作具体分析全面考虑。有时几个步骤往往需要交替进行。只有通过不断实践,才能掌握读图规律,提高读装配图的能力。

三、由装配图拆画零件图

由装配图拆画零件图的过程是对零件作进一步设计的过程。所以,拆图是设计工作的一个重要环节。在第八章已对零件图作了详细讨论,此处仅对由装配图拆画零件图提出几点需注意的问题。

(一) 对拆画零件图的要求

(1) 认真读懂装配图,全面理解设计意图,搞清机器的工作原理、装配关系、技术要求和每个零件的结构形状。

(2) 画图时不但要从设计方面考虑零件的作用和要求,而且还要从工艺方面考虑零件制造和装配的可能性,使零件图符合设计要求和工艺要求。

(二) 拆画零件图时应考虑的几个问题

1. 零件结构形状的确定

装配图只表达了零件的主要结构形状,对零件上某些局部结构和标准结构,往往未完全表达。拆画零件图时,应结合考虑设计和工艺要求,对未确定部分进行构形设计,确定其形状,并补画出工艺结构(如倒角、圆角、退刀槽等)。如零件上某部分需要与其他零件在装配时一起加工,则应在零件图中注明。

2. 零件视图方案的选定

拆画零件图时,应根据零件的结构形状特点按零件图的要求选择视图方案,不强求与装配图一致,完全照抄装配图中的零件视图。但多数情况下对机体类零件(箱体、壳体等)主视图方案可与装配图一致,这样,便于装配和加工。

3. 零件图的尺寸标注

装配图上按要求只标注了一些必要尺寸,但各零件结构形状及大小已经过设计,在拆画零件图时,应按第八章对零件图标注尺寸的要求进行。零件图的尺寸从以下几个方面确定:

(1) 装配图上已注出的尺寸,在有关的零件图上直接抄注出,如图 9-26 左视图中的尺寸 70 和 85 就是泵体零件上的两个尺寸;装配图中的配合尺寸如 $\phi\frac{H7}{h6}$ 和 $\phi 20\frac{H7}{h6}$ 等,应按第八章的要求分别标注到相应的零件图上。

(2) 标准结构或与标准结构相连接的有关尺寸,如沉孔、螺纹尺寸、键槽宽度和深度以及销孔直径等,应查阅相应结构的标准获得。

(3) 需经计算的尺寸,如齿轮的分度圆、齿顶圆直径等,需按有关参数经计算得到。

(4) 从装配图上直接量得的尺寸。零件图上的尺寸从上述途径仍不能标注完全时,要直接从装配图中量取有关尺寸,但要注意尺寸数字的圆整。

4. 零件图技术要求的确定

零件图的技术要求应根据零件在部件中的作用和制造零件的要求提出,可参考有关资料来确定。通常装配图中已标注出的零件技术要求照抄过来,如材料、几何公差值、尺寸公差等。也可仿照类似零件,如涂防锈漆、时效处理等。由于正确制定技术要求,涉许多专业知识,此处不作进一步介绍。

四、读装配图及由装配图拆画零件图举例

(一)读联动夹持杆接头装配图

1. 概括了解

通过阅读图9-24的标题栏、明细栏以及其他有关资料或调查研究可知:联动夹持杆接头是检验用夹具中的通用标准部件,用来连接检测用仪表的表杆,由四个非标准零件和一个标准零件组成。装配图中的基本视图有两个,其中主视图采用局部剖视,可以清晰地表达各组成零件的装配连接关系和工作原理;左视图采用$A-A$剖视及上部的局部剖视,进一步反映左方和上方两处夹持部位的结构和夹头零件的内、外形状。

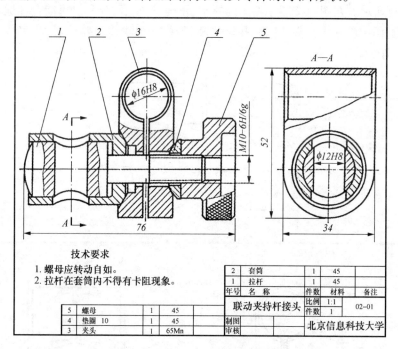

图9-24 联动夹持杆接头装配图

2. 了解装配关系和工作原理

由主视图和进行调查研究后可知,当检验时,在拉杆1左方的上下通孔$\phi 12H8$和夹头3上部的前后通孔$\phi 16H8$中分别装入$\phi 12f7$和$\phi 16f7$的表杆;然后旋紧螺母5,收紧夹头3的缝隙,就可夹持上部圆柱孔内的表杆,与此同时,拉杆1沿轴向向右移动,改变它与套筒2上下通孔的同轴位置,就可夹持拉杆左方通孔内的表杆。

由于套筒2以锥面与夹头3左面的锥孔相接触,垫圈4的球面和夹头3右面的锥孔相接触,这些零件的轴向位置是固定不动的。只有拉杆1以右端的螺纹与螺母5的连接,而使拉杆1可沿轴向移动。

3. 分析、读懂零件的结构形状,并拆画零件图

以夹头3为例,进一步分析其结构形状,并拆画它的零件图,其他的零件由读者自行阅读和分析。

夹头是这个联动夹持杆接头部件的主要零件之一，由装配图中主视图可见它的大致结构形状：上部是一个半圆柱体；下部左右为两块平板，左平板上有阶梯形圆柱孔，右平板上有同轴线的圆柱孔，左、右平板孔口外壁处都有圆锥形沉孔；在半圆柱体与左右平板相接处，还有一个前后贯通的下部开口的圆柱孔，圆柱孔的开口与左右平板之间的缝隙相连通。由装配图左视图中可见，夹头左右平板的上端为矩形板，其前后壁与上部半圆柱的前、后端面平齐；平板的下端是与上端矩形板相切的半圆柱体。

分析夹头的结构形状后，就可拆画它的零件图。先从装配图的主、左视图中区分出夹头的视图轮廓，它是一副不完整的图形，接着，结合上述的分析，就可补画出图中所缺的诸图线，如图9－25(a)所示。加注尺寸以后，就可以完整地表示夹头零件的形状。其中左视图上部的局部剖视的范围可适当扩大，以更为清晰地表达两平板间槽口的结构，如图9－27(b)所示。在图中按照零件图的要求，正确、完整、清晰和尽可能合理地标注了尺寸，包括装配图中已注出的夹头圆柱孔尺寸及公差，在加注技术要求后，就完成了拆画夹头零件图的任务。

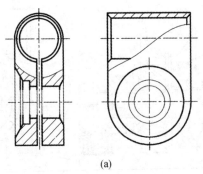

(a)

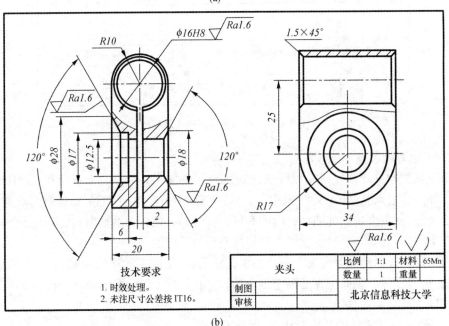

(b)

图9－25 由联动夹持杆接头装配图拆画出夹头的零件图
(a)从装配图中分离和补全夹头的两视图；(b)夹头零件图。

（二）读齿轮油泵装配图

1. 概括了解

齿轮油泵是机器中用来输送润滑油的一个部件。图 9-26 所示的齿轮油泵是由泵体，左、右端盖，运动零件（传动齿轮、齿轮轴等），密封零件以及标准件等所组成。对照零件序号及明细栏可以看出：齿轮油泵共由 17 种零件装配而成，并采用两个视图表达。全剖视的主视图，反映了组成齿轮油泵各个零件间的装配关系。左视图是采用沿左端盖 1 与泵体 6 结合面剖切后移去了垫片 5 的半剖视图 B-B，它清楚地反映这个油泵的外部形状，齿轮的啮合情况以及吸、压油的工作原理；再以局部剖视反映吸、压油的情况。齿轮油泵的外形尺寸是 118、85、95，由此知道这个齿轮油泵的体积。

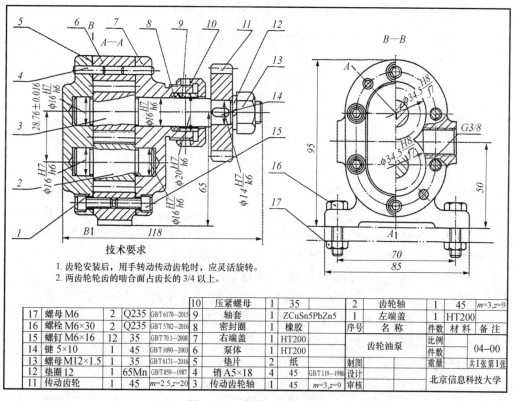

图 9-26 齿轮油泵装配图

2. 了解装配关系及工作原理

泵体 6 是齿轮油泵中的主要零件之一，它的内腔容纳一对齿轮。将齿轮轴 2、传动齿轮轴 3 装入泵体后，两侧有左端盖 1、右端盖 7 支撑着一对齿轮轴的旋转运动。由销 4 将左、右端盖与泵体定位后，再用螺钉 15 将左、右端盖与泵体连接成一个整体。为了防止泵体与端盖结合面处以及传动齿轮轴 3 伸出端漏油，分别用垫片 5 及密封圈 8、轴套 9、压紧螺母 10 密封。

齿轮轴 2、传动齿轮轴 3、传动齿轮 11 是油泵中的运动零件。当传动齿轮 11 按逆时针方向（从左视图观察）转动时，通过键 14，将扭矩传递给传动齿轮轴 3，经过齿轮啮合带动齿轮轴 2，从而使后者作顺时针方向转动。如图 9-27 所示，当一对齿轮在泵体

259

内作啮合传动时,啮合区内右边空间的容积由小增大产生局部真空,油池内的油在大气压力作用下进入油泵低压区内的吸油口,随着齿轮的转动,齿槽中的油不断沿箭头方向被带至左边空间,此时容积由大变小,压力增大,从而把油压出,送至机器中需要润滑的部分。

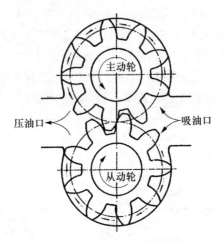

图9-27 齿轮油泵工作原理

3. 对齿轮油泵中一些配合和尺寸的分析

根据零件在部件中的作用和要求,应注出相应的公差带代号。例如,传动齿轮11要带动传动齿轮轴3一起转动,除了靠键把两者连成一体传递扭矩外,还需定出相应的配合。在图9-26中可以看到,它们之间的配合尺寸是$\phi14H7/k6$,它属于基孔制配合的优先过渡配合,由附录六查得:孔的尺寸是$\phi14^{+0.018}_{0}$;轴的尺寸是$\phi14^{+0.012}_{+0.001}$,即:

配合的最大间隙 = 0.018 - 0.001 = + 0.017

配合的最大过盈 = 0 - 0.012 = - 0.012

齿轮与端盖在支撑处的配合尺寸是$\phi16H7/h6$;轴套与右端盖的配合尺寸是$\phi20H7/h6$;齿轮轴的齿顶圆与泵体内腔的配合尺寸是$\phi34.5H8/f7$。它们各是什么样的配合,请读者自行解答。

尺寸28.76 ± 0.016是一对啮合齿轮的中心距,这个尺寸准确与否将会直接影响齿轮的啮合传动。尺寸65是传动齿轮轴线离泵体安装面的高度尺寸。28.76 ± 0.016和65分别是设计和安装所要求的尺寸。

吸、压油口的尺寸G3/8和两个螺栓16之间的尺寸70,为什么要在装配图中注出,请读者思考。

图9-28是齿轮油泵的装配轴测图,供读图分析思考后对照参考。

(三) 拆画右端盖零件图

以拆画图9-26中的右端盖7零件图为例。首先分析其结构形状,由主视图可见:右端盖上部有传动齿轮轴3穿过,下部有齿轮轴2轴颈的支承孔,在右部的凸缘的外圆柱面上有外螺纹,用压紧螺母10通过轴套9将密封圈8压紧在轴的四周。由左视图可见:右端盖的外形为长圆形,沿周围分布有六个螺钉沉孔和两个圆柱销孔。

拆画此零件时,先从主视图上区分出右端盖的视图轮廓,由于在装配图的主视图上,

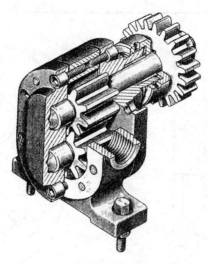

图9-28 齿轮油泵装配轴测图

右端盖的一部分可见投影被其他零件所遮挡,因而它是一幅不完整的图形,如图9-29(a)所示。根据此零件的作用及装配关系,可以补全所缺的轮廓线。这样的盘盖类零件一般可用两个视图表达,从装配图的主视图中拆画右端盖的图形,显示了右端盖各部分的结构,但在端盖的左视图上有较多虚线。根据零件的形状结构可调整主视图的位置,如图9-29(b)所示。这样,可在左视图上清楚地表达出端盖的外部形状特征以及沉孔、销孔的分布,剖视图上表达各孔内形、整体结构等。

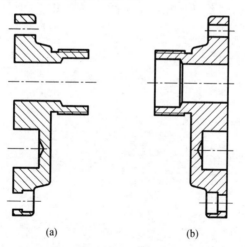

(a) (b)

图9-29 由齿轮油泵装配图拆画右端盖零件图
(a)从装配图中分离出右端盖的主视图;(b)补全图线并调整位置后的右端盖主视图。

图9-30是画出表达外形的俯视图后的右端盖零件图。在图中按零件图的要求注全了尺寸和技术要求,有关的尺寸公差代号是按装配图中已表达的要求注写的。这张零件图能完整、清晰地表达这个右端盖。

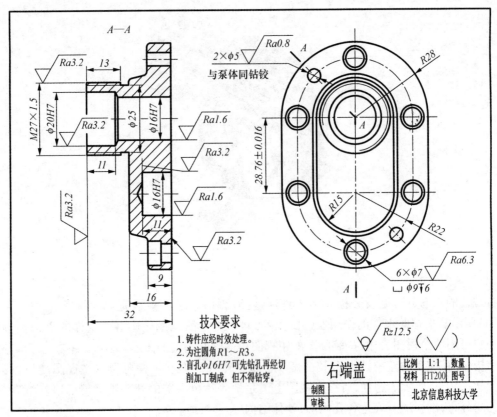

图 9-30 右端盖零件图

第二篇 计算机绘图

第十章 计算机绘图技术概述

计算机绘图是应用计算机软、硬件来处理图形信息,从而实现图形的生成、显示及输出的计算机应用技术。用计算机绘制工程图样是计算机辅助设计(Computer Aided Design,CAD)的重要组成部分,是产品设计信息化、数字化、可视化的需要,也是当今产品更新快、设计要求更快的需要。学习计算机绘图是高等工科院校学生必修的技术基础课,也是培养工程文化素养必不可少的重要环节。

第一节 计算机绘图技术简介

一、计算机绘图系统

计算机绘图是相对于手工绘图而言的一种高效率、高质量的绘图技术,它的主要特点是给计算机输入非图形信息,经过计算机的处理,生成图形信息输出。

如图10-1所示,计算机绘图系统是基于计算机的系统,由软件系统和硬件系统组成。其中,软件是计算机绘图系统的核心,系统硬件设备则为软件的正常运行提供了基础和运行环境。另外,任何功能强大的计算机绘图系统都只是一个辅助工具,系统的运行离不开系统使用人员的创造性思维活动。因此,使用计算机绘图系统的技术人员也属于系统组成的一部分,将软件、硬件及使用者有效地融合在一起,是发挥计算机绘图系统强大功能的前提。

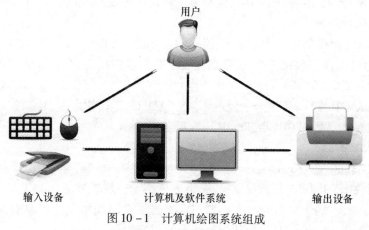

图10-1 计算机绘图系统组成

二、常用绘图软件简介

(一) AutoCAD

AutoCAD(Auto Computer Aided Design)是 Autodesk(欧特克)公司于1982年开发的自动计算机辅助设计软件,用于二维绘图和基本三维设计。AutoCAD 是最早进入国内市场的软件之一,现已经成为国际上广为流行的绘图工具,其主推的 DWG 文件格式也已经成为二维绘图的常用标准格式。该软件的基本特点有:

(1) 具有完善的图形绘制功能。
(2) 具有强大的图形编辑功能。
(3) 可以采用多种方式进行二次开发或用户定制。
(4) 可以进行多种图形格式的转换,具有较强的数据交换能力。
(5) 支持多种硬件设备。
(6) 支持多种操作平台。
(7) 具有通用性、易用性,适用于各类用户。

目前,AutoCAD 广泛用于土木建筑、装饰装潢、工业制图、工程制图、电子工业和服装加工等多个领域。

(二) CAXA

北京数码大方科技股份有限公司(CAXA)是国内领先的工业软件和服务公司,是国内最早从事二维、三维 CAD 全国产化的软件公司。

CAXA 电子图板是具有完全自主知识产权、稳定高效、性能优越的二维 CAD 软件,它依据中国机械设计的国家标准和使用习惯,提供专业绘图工具和辅助设计工具,通过简单的绘图操作将新品研发、改型设计等工作迅速完成,提升工程师专业设计能力。CAXA 实体设计是一套集工程设计、创新设计和工程图于一体的新一代三维 CAD 软件系统,支持全参数化的工程建模方式,并且无缝集成了专业二维工程图模块功能。

(三) 开目 CAD

开目 CAD 是中国最早的商品化 CAD 软件之一,也是全球唯一一款完全基于画法几何设计理念的工程设计绘图软件;凭借绘图快、学习快、见效快等显著特点,迅速在机械、机床、纺机、汽车、航天、装备、机车等行业得到了广泛的普及和应用。

(四) Pro/Engineer

Pro/Engineer(简称 Pro/E)软件是美国参数技术公司(PTC)旗下的 CAD/CAM/CAE 一体化的三维软件,以参数化著称,是参数化技术的最早应用者,在目前的三维造型软件领域中占有着重要地位。Pro/Engineer 作为当今世界机械 CAD/CAE/CAM 领域的新标准而得到业界的认可和推广,是现今主流的 CAD/CAM/CAE 软件之一,特别是在国内产品设计领域占据重要位置。2010 年,Pro/E 正式更名为 Creo。

(五) SolidWorks

SolidWorks 软件是 SolidWorks 公司(1997 年,Solidworks 被法国达索(Dassault Systemes)公司收购)于1995年首次推出,是世界上第一个基于 Windows 开发的三维 CAD 系统,具有功能强大、易学易用和技术创新三大特点。在目前市场上所见到的三维 CAD 解决方案中,SolidWorks 是设计过程比较简便而方便的软件之一。

（六）UG

UG(Unigraphics NX)是 Siemens PLM Software 公司出品的一个交互式 CAD/CAM 系统,其功能强大,可以轻松实现各种复杂实体及造型的建构,已经成为模具行业三维设计的一个主流应用。几乎所有飞机发动机和大部分汽车发动机都采用 UG 进行设计,充分体现 UG 在高端工程领域,特别是军工领域的强大实力。

第二节　AutoCAD 绘图基础

一、AutoCAD 用户界面

在 Windows 操作系统下安装好 AutoCAD 后,系统会在桌面上创建快捷图标,并在程序文件夹中创建 AutoCAD 程序组。双击操作系统桌面上的 AutoCAD2015 快捷图标,即可启动软件。

AutoCAD2015 中文版为用户提供了"草图与注释""三维基础"和"三维建模"三种工作空间模式,方便用户分别绘制二维图形和三维图形。软件默认打开"草图与注释"工作空间,其工作界面如图 10-2 所示,主要由标题栏、菜单栏、选项卡式功能区、绘图区、命令窗口和状态栏等组成。用户可根据需要改变其设置,如界面组成、布局、颜色、大小、位置等。

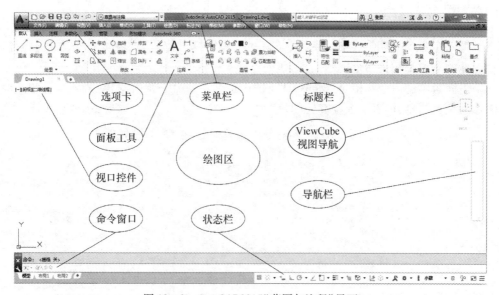

图 10-2　AutoCAD2015"草图与注释"界面

（一）标题栏

标题栏位于工作界面的顶部,应用程序名 AutoCAD 2015 后面是当前图形的文件名。

（二）菜单栏

菜单栏提供 AutoCAD 运行的功能和命令,有文件、编辑、视图等菜单项,如图 10-3 所示。每个菜单项都具有下拉功能,在下拉菜单项右侧无任何符号的可直接执行命令;有黑色三角符号的表示还有下级菜单；有"…"符号的表示选中后会弹出对话框。

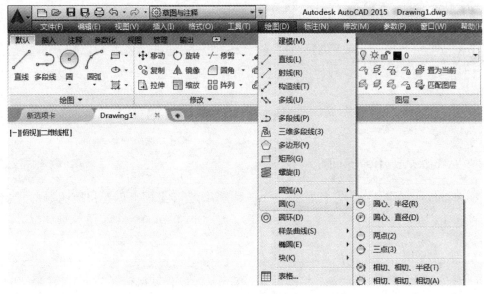

图 10-3 下拉式菜单

（三）功能区

AutoCAD2015 在绘图区域的顶部包含标准选项卡式功能区，每个选项卡都包含若干面板，面板中每个图标都形象地表示一个 AutoCAD 命令，单击图标即可执行相应的命令。若想了解每个命令图标的详细信息，只需将光标在图标上停留 3s，在光标下方将显示此命令图标的名称和相关命令提示信息，如图 10-4 所示。

单击面板中的命令图标是 AutoCAD 绘图中最常用的命令调用方式，熟练掌握相关命令图标的位置信息，可以大大提高绘图效率。

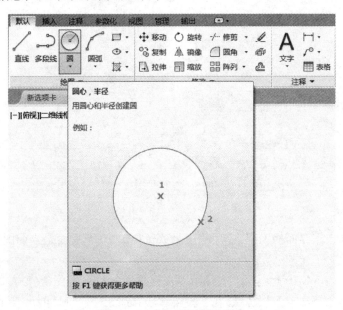

图 10-4 命令图标提示信息

(四) 绘图区

用户界面中间空白区域为绘图区,右侧边缘为视图导航控件,左上角为视口控件,左下角为坐标系。绘图区大小一般默认为 A3 幅面(420×297)。如想改变,可以使用 LIMITS 命令重新设置,然后利用 ZOOM 命令的 ALL 选项将新幅面全部显示出来。

(五) 命令窗口

AutoCAD 界面的核心部分是命令窗口,通常固定在应用程序窗口的底部。"命令"窗口可显示提示、选项和消息。AutoCAD 可使用多种方式进行操作,任何操作过程均会显示在命令窗口中,用户要随时注意观察操作过程中的各项提示,以便在人机交互下完成各种命令。若想查看前面的操作过程,可用 F2 键切换文本状态与绘图状态。

当用户开始键入命令时,如提供了多个可能的命令时(图 10-5),则可以通过单击或使用箭头键并按 Enter 键(以下简称回车)或空格键来进行选择。

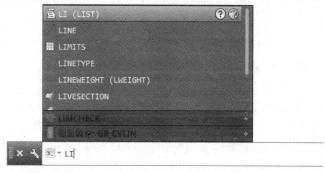

图 10-5　键入多个可能的命令

(六) 状态栏

AutoCAD 应用程序界面的右端最底部为状态栏,状态栏显示光标位置、绘图工具以及会影响绘图环境的工具,并提供对某些最常用的绘图工具的快速访问。用户可以切换设置(例如捕捉、极轴追踪和对象捕捉),也可以通过单击某些工具的下拉箭头,来访问它们的其他设置。

需要注意的是,默认情况下系统不会显示所有工具,用户可以通过状态栏上最右侧的"自定义"按钮,选择需要在状态栏中显示的工具。

二、AutoCAD 基本操作

(一) 命令的输入与执行

AutoCAD2015 命令的输入主要有三种方式:

(1) 菜单输入:使用下拉菜单、屏幕菜单或快捷菜单输入命令。

(2) 功能区图标输入:单击选项卡面板上的命令图标输入命令。

(3) 命令窗口输入:使用键盘在命令提示窗口输入命令。

在命令的执行过程中,命令窗口提示行中若出现[▬▬▬▬],表示系统提供给用户多种选择,这时鼠标单击某一选项或键入多选项中用蓝色大写字母表示的某一关键字,系统将按照选定方式继续执行命令;若出现 <···>,则表示系统提供默认值,此时回车则接受默认值,否则用户要输入新值。

执行完某个命令后,如想重复执行该命令,可以直接按空格键、回车键或在鼠标右键菜单中再次选取该命令,以实现当前命令的重复操作。在命令的操作过程中,若想要中途终止该命令的操作过程,按键盘上的 Esc 键即可。

(二)文件操作

AutoCAD 对图形文件的操作主要有:新建文件、打开文件、保存文件、文件另存为四种。一般通过加载系统默认的"acadiso.dwt"样板来创建新图形文件,也可以加载用户定义的新样板文件。打开系统后首次新建的图形文件系统一般默认命名为"Drawing1.dwg",用户可以在保存文件时自行修改文件的保存路径和文件名。

(三)数据输入

执行 AutoCAD 命令时,经常需要输入必要的数据,常见的数据有点坐标(线段的端点、圆心等)和数据(直径或半径、长度或距离、角度等)。

1. 点的坐标输入

(1)移动鼠标来控制光标位置,然后单击鼠标左键将当前点输入,或者打开对象捕捉模式来捕捉图形上的几何特征点(如端点、中点、垂足、交点、圆心、切点等)。

(2)绝对笛卡儿坐标(格式:x,y[,z],例:100,50)。

(3)相对笛卡儿坐标(格式:@x,y[,z],例:@100,50)。

(4)绝对极坐标(格式:长度<夹角,例:100<30)。

(5)相对极坐标(格式:@长度<夹角,例:@100<30)。

2. 数据输入

如绘制一定长度的水平直线,可以通过移动光标指示方向然后输入自上一个点的距离来指定直线的第二个点(除非明确知道目标点的具体坐标)。在"正交"模式或极轴追踪打开时,使用此方法绘制指定长度和方向的直线,以及移动或复制对象十分有效。

如绘制任意方向的直线,则可以使用角度替代功能,在命令提示指定点时输入左尖括号(<),其后跟一个角度,即可限制直线的绘制方向,然后输入直线长度即可。

(四)辅助绘图操作

AutoCAD 提供了一些辅助绘图工具,在状态栏中可以用鼠标左键单击来启动或关闭这些工具,也可以使用一些快捷键,状态栏中常用辅助绘图工具图标如图 10-6 所示。

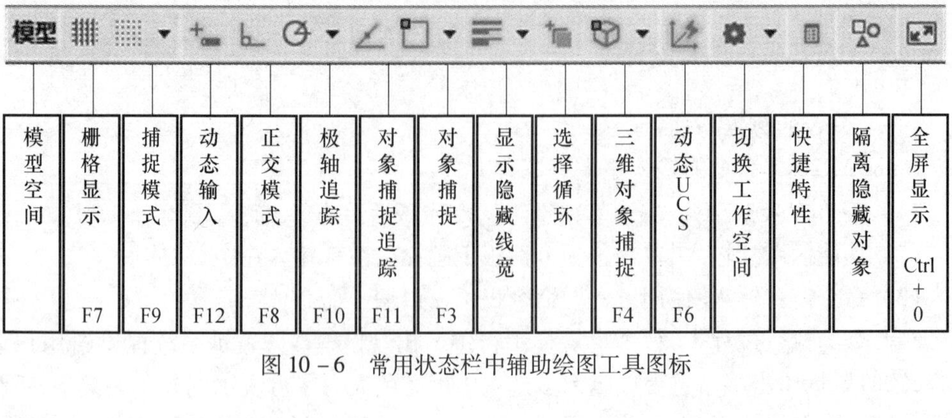

模型空间	栅格显示	捕捉模式	动态输入	正交模式	极轴追踪	对象捕捉追踪	对象捕捉	显示隐藏线宽	选择循环	三维对象捕捉	动态UCS	切换工作空间	快捷特性	隔离隐藏对象	全屏显示
	F7	F9	F12	F8	F10	F11	F3		F4	F6					Ctrl+0

图 10-6 常用状态栏中辅助绘图工具图标

1. 正交模式

用鼠标左键单击状态栏中的"正交模式(F8)",完成该方式的启动或关闭。该功能键被启动后,强制光标只能在平行于笛卡儿坐标系的 X 或 Y 的方向上移动,这样使用光标所确定的两点的连线一定会平行或垂直于坐标轴。因此,如果要绘制的图形完全由平行或垂直于坐标轴的直线组成,则使用此功能会非常方便。

2. 对象捕捉

用鼠标左键单击状态栏中的"对象捕捉(F3)",完成该方式的启动或关闭。对象捕捉被启动后,将指定点限制在现有对象的确切位置上,一般是一些几何特征点,例如:端点、圆心或两个图元对象的交点等。命令执行中由鼠标控制的点,在移动到被捕捉的位置时出现相应的符号,以便让用户根据需要准确绘图。可用鼠标左键单击对象捕捉图标右端黑三角或用鼠标右键单击对象捕捉图标,弹出快捷菜单,选择对象捕捉设置可弹出"草图设置"对话框,如图 10 - 7 所示。

在点的输入时,需要充分利用"对象捕捉"功能。可以选择常用的对象捕捉模式,但是选择的模式越多,实际操作时往往越捕捉不到预期目标。更为常用的方法是采用单一对象捕捉方式,即在提示输入点时,按住 Ctrl 或 Shift 键,在绘图区域中单击鼠标右键,在出现的快捷菜单上选择某一对象捕捉模式,然后移动光标在对象上选择一个位置,就可以准确捕捉到预期目标了。

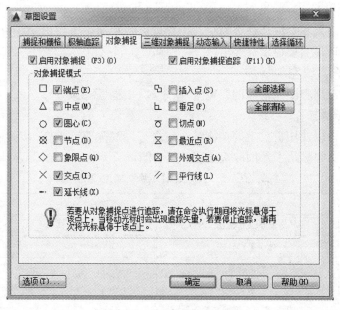

图 10 - 7 "对象捕捉"选项卡

3. 极轴追踪

使用极轴追踪,光标将按指定角度进行移动。创建或修改对象时,可以使用"极轴追踪"来显示由指定的极轴角度所定义的临时对齐路径。

注意:正交模式和极轴追踪不能同时打开。

4. 对象捕捉追踪

对象捕捉追踪(F11)是相对于对象捕捉点,并沿指定的追踪方向获得需要的点。对象捕捉追踪应与对象捕捉配合使用,使用对象捕捉追踪时必须打开一种或多种特殊点的捕捉,同时启用对象追踪功能。如图 10-8 所示,首先将光标悬停在端点 1 上,然后悬停在端点 2 上,再将光标移近位置 3 附近时,光标将锁定到和点 1 水平并且和点 2 垂直的位置。

5. 动态输入

动态输入工具提供了另外一种方法来输入命令。当动态输入处于启用状态时,工具提示将在光标附近动态显示更新信息。用户可以在工具提示文本框(而不是在命令行)中输入选项和值,按下箭头键可以查看和选择选项,按上箭头键可以显示最近的输入。这样,用户的注意力可以一直保持在光标附近。

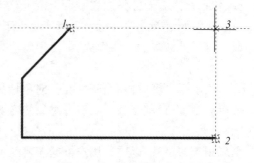

图 10-8 对象捕捉追踪

说明:

(1) 第二个点和后续点的默认设置为相对坐标,不需要输入@ 符号。如果确实需要使用绝对坐标,可以在坐标前使用#符号前缀。输入 X 坐标值和逗号,然后输入 Y 坐标值并回车以输入笛卡儿坐标;输入距第一点的距离并按 Tab 键,然后输入角度值并回车以输入极坐标。

(2) 动态输入不会取代命令窗口。用户可以隐藏命令窗口以增加更多绘图区域,但在有些操作中还是需要显示命令窗口。

6. 显示/隐藏线宽

当设置了图层和图元对象的线宽时,用于显示或隐藏线宽。

(五) 快捷键操作

AutoCAD 可以使用键盘上的功能键或使之与一些普通键组合,从而达到快速操作的目的。表 10-1 中显示了常用的快捷键及其功能。

表 10-1 AutoCAD 快捷键及其功能

快捷键	功能	快捷键	功能
F1	AutoCAD 帮助	Ctrl + N	新建文件
F2	命令窗口开关	Ctrl + O	打开文件
F3	对象捕捉开关	Ctrl + S	保存文件
F4	三维对象捕捉开关	Ctrl + Shift + S	另存为文件
F5	等轴测草图平面开关	Ctrl + P	打印文件
F6	动态 UCS 开关	Ctrl + Z	放弃上一步操作
F7	栅格显示开关	Ctrl + Y	重做放弃的上一步操作
F8	正交模式开关	Ctrl + C	复制
F9	栅格捕捉开关	Ctrl + V	粘贴
F10	极轴追踪开关	Ctrl + X	剪切
F11	对象捕捉追踪开关	Delete	删除选中的对象

第十一章 AutoCAD 二维基本绘图

第一节 绘图命令

有关绘图命令的图标如图 11-1 所示。

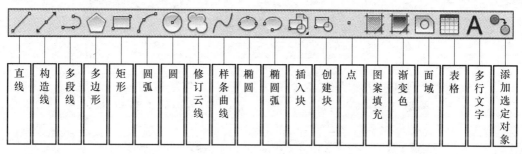

图 11-1 绘图命令

一、直线

使用直线命令可以绘制一系列连续的直线段,每条线段都是可以单独编辑的直线对象。

1. 命令调用

菜单栏:【绘图】/【直线】

绘图面板:

命令条目:Line

2. 命令提示

指定第一个点:输入直线的起点,或直接回车,将以最近绘制的直线的端点为起点绘制直线;如果最近绘制的对象是一条圆弧,则它的端点将定义为新直线的起点,并且新直线与该圆弧相切

指定下一点或[放弃(U)]:输入直线的终点后画出该直线

指定下一点或[闭合(C)/放弃(U)]:输入第二段直线的终点继续画直线(以第一段直线的终点为起点绘制第二段直线)或直接回车结束命令

3. 命令选项

(1)闭合:当绘制了两条或两条以上线段后,在命令提示"指定下一点或[闭合(C)/放弃(U)]"时输入"C"(闭合),能构成封闭多边形,并结束该命令。

(2)放弃:执行 Line 命令过程中,在命令提示"指定下一点或[放弃(U)]"或"指定下

一点或[闭合(C)/放弃(U)]"时输入"U"(放弃),能删除最后绘制的直线段,可连续使用。

例11-1 使用直线命令绘制图11-2所示图形。

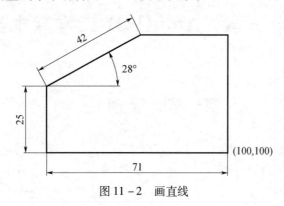

图11-2 画直线

命令:Line

指定第一个点:100,100 (输入坐标(100,100),并回车)

指定下一点或[放弃(U)]:71 (打开正交模式,鼠标向左移动,输入长度71并回车)

指定下一点或[放弃(U)]:25 (鼠标向上移动,输入长度25并回车)

指定下一点或[闭合(C)/放弃(U)]:<28 (输入"<28"用于锁定直线角度并回车)

指定下一点或[闭合(C)/放弃(U)]:42 (鼠标向右上移动,输入长度42并回车)

指定下一点或[闭合(C)/放弃(U)]:使用对象捕捉追踪,使目标点和点(100,100)竖直对齐

指定下一点或[闭合(C)/放弃(U)]:C (输入选项C并回车结束命令)

二、圆

绘制单个或相切圆。

1. 命令调用

菜单栏:【绘图】/【圆】

绘图面板:

命令条目:Circle

2. 命令提示

指定圆的圆心或[三点(3P)/两点(2P)/切点、切点、半径(T)]:鼠标单击或键盘输入一个点作为圆心;或选择其他画圆选项

指定圆的半径或[直径(D)]:以键盘输入或者鼠标单击点的方式给定圆的半径;或选择选项D,输入圆的直径

画圆的方式一共有六种,如图11-3所示。

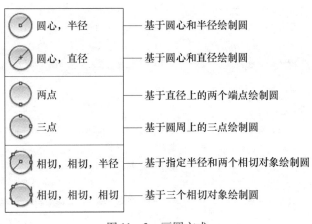

图 11-3 画圆方式

三、圆弧

通过指定圆心、端点、起点、半径、角度、弦长和方向值的各种组合,创建圆弧。

1. 命令调用

菜单栏:【绘图】/【圆弧】

绘图面板:

命令条目:Arc

2. 命令提示

指定圆弧的起点或[圆心(C)]:鼠标单击或键盘输入一点作为圆弧的起点,或输入选项 C,则通过指定圆弧所在的圆心开始绘制圆弧,或直接回车,最后绘制的直线或圆弧的端点将会作为起点,并立即提示指定新圆弧的端点,将创建一条与最后绘制的直线、圆弧或多段线相切的圆弧

指定圆弧的第二个点或[圆心(C)/端点(E)]:输入圆弧上的第二点

指定圆弧的端点:输入圆弧上的最后一点完成三点绘制圆弧

画圆弧的方式一共有 11 种,如图 11-4 所示。

四、正多边形

绘制等边多边形。

1. 命令调用

菜单栏:【绘图】/【正多边形】

绘图面板:

命令条目:Polygon

2. 命令提示

输入侧面数<4>:输入正多边形的边数(3 和 1024 之间的整数值)

指定正多边形的中心点或[边(E)]:输入正多边形的中心点;或者输入 E 边选项指定多边形的边长度及方向

273

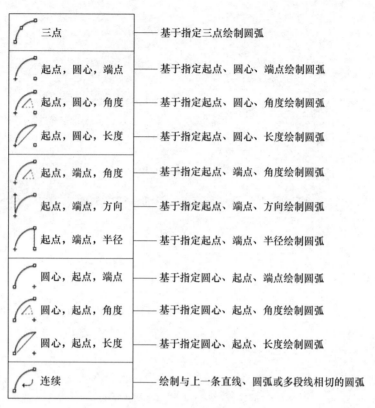

图 11-4 画圆弧方式

输入选项 [内接于圆(I)/外切于圆(C)] <I>:选择 I 或 C 选项
指定圆的半径:输入正多边形外接圆或内切圆的半径
内接于圆和外切于圆选项分别如图 11-5(a)、(b)所示。

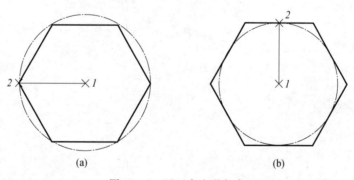

图 11-5 画正多边形方式

五、其他常用绘图命令

AutoCAD2015 中其他常用的绘图命令如表 11-1 所列。

表 11-1　其他常用绘图命令

绘图命令	命令条目	命令调用	命令的执行及说明
构造线：创建无限长的直线	XLine	菜单栏：绘图/构造线　面板图标：	指定点或[水平(H)/垂直(V)/角度(A)/二等分(B)/偏移(O)]：输入两个点绘制构造线 H：创建一条通过选定点的水平构造线 V：创建一条通过选定点的垂直构造线 A：以指定的角度创建一条通过选定点的构造线 B：创建经过选定的角顶点，并且将选定的两条线之间的夹角平分的构造线 O：创建偏离选定对象一定距离或创建从一条直线偏移并通过指定点的构造线
多段线：创建作为单个对象相互连接的线段	PLine	菜单栏：绘图/多段线　面板图标：	指定起点：输入多段线的起点。 指定下一点或[圆弧(A)/闭合(C)/半宽(H)/长度(L)/放弃(U)/宽度(W)]：指定下一点或输入选项 A：由画直线变为画圆弧 C：从最后一点到起点绘制封闭的多选线 L：在与上一线段相同的角度方向上绘制指定长度的直线段。 W：指定下一条多段线的宽度
矩形：从指定的矩形参数创建矩形多段线	Rectang	菜单栏：绘图/矩形　面板图标：	指定第一个角点或[倒角(C)/标高(E)/圆角(F)/厚度(T)/宽度(W)]：指定矩形第一个角点或输入选项 C：设定矩形的倒角距离 E：指定矩形的标高 F：指定矩形的圆角半径 T：指定矩形的厚度 W：为要绘制的矩形指定多段线的宽度 指定另一个角点或[面积(A)/尺寸(D)/旋转(R)]：输入矩形的另一个角点或输入选项 A：使用面积与长度或宽度创建矩形 D：使用长和宽创建矩形 R：按指定的旋转角度创建矩形
椭圆：以指定参数创建椭圆或椭圆弧	Ellipse	菜单栏：绘图/椭圆/…　面板图标：	指定椭圆的轴端点或[圆弧(A)/中心点(C)]：根据两个端点定义椭圆的第一条轴，输入第一个端点 A：创建一段椭圆弧 C：使用中心点、第一个轴的端点和第二个轴的长度来创建椭圆 指定轴的另一个端点：指定第一条轴的第二个端点 指定另一条半轴长度或[旋转(R)]：使用从第一条轴的中点到第二条轴的端点的距离定义第二条轴 R：通过绕第一条轴旋转来创建椭圆
样条曲线：创建经过或靠近一组拟合点的平滑曲线	Spline	菜单栏：绘图/样条曲线/…　面板图标：	指定第一个点或[方式(M)/节点(K)/对象(O)]：输入样条曲线的起点 输入下一个点或[起点切向(T)/公差(L)]：输入样条曲线的下一点 输入下一个点或[端点相切(T)/公差(L)/放弃(U)/闭合(C)]：可连续输入多点，或回车结束命令

第二节 显示命令

一、窗口缩放和平移

在绘图过程中,经常需要更改视图显示的位置和大小,最简单的方式是通过使用鼠标上的滚轮,常见操作如下:缩小或放大视图,滚动滚轮;任意方向平移视图,按住滚轮并移动鼠标;缩放至模型的范围,单击滚轮两次。

另外,软件还提供了导航栏(视口控件)来控制窗口的缩放和平移,如图11-6所示。

1. 命令提示

命令:Zoom

指定窗口的角点,输入比例因子(nX 或 nXP),或者[全部(A)/中心(C)/动态(D)/范围(E)/上一个(P)/比例(S)/窗口(W)/对象(O)]<实时>:指定缩放窗口角点或输入选项

2. 命令选项

(1) 全部(A):缩放以显示所有可见对象和视觉辅助工具,用于调整绘图区域的缩放,以适应图形中所有可见对象的范围,或适应视觉辅助工具(例如栅格界限(Limits 命令))的范围,取两者中较大者。

(2) 中心(C):缩放以显示由中心点和比例值/高度所定义的视图。

(3) 动态(D):使用矩形视图框进行平移和缩放。

(4) 范围(E):缩放以显示所有对象的最大范围。

图11-6 视口控件导航栏

(5) 上一个(P):缩放显示上一个视图。最多可恢复此前的10个视图。

(6) 比例(S):使用比例因子缩放视图以更改其比例。

(7) 窗口(W):缩放显示矩形窗口指定的区域。

(8) 对象(O):缩放以便尽可能大地显示一个或多个选定的对象并使其位于视图的中心。

二、重新生成

用于重新生成整个图形并重新计算当前视口中所有对象的位置和可见性,以优化显示和对象选择性能,可以把看上去不光滑的圆、圆弧、椭圆和样条曲线进行光顺。

某些情况下,在视口中无法继续执行缩放或平移,此时可在"命令"窗口中键入 Regen 命令,然后回车,系统将重新生成图形显示并重置可以用于平移和缩放的范围。

第三节 修改命令

一、修改对象选择方式

最常见的对象选择是通过鼠标左键单击单个对象来选择,当需要选择某个区域内的

多个对象时,则是通过使用窗口或窗交方法来选择对象。

矩形选择:单击并释放鼠标按钮,然后拖动并单击。

套索选择:单击、拖动并释放鼠标按钮。

窗口选择:从左到右拖动光标以选择完全封闭在选择矩形或套索中的所有对象。

窗交选择:从右到左拖动光标以选择由选择矩形或套索相交的所有对象。

要取消选择对象,需按住 Shift 键并单击各个对象、按住 Shift 键并在多个选定对象间拖动,或按 Esc 键取消选择全部选定对象。使用套索选择时,可以按空格键在"窗口""窗交"和"栏选"对象选择模式之间切换。

当用户执行一条命令时,如命令行提示:

选择对象:(此时输入"?",将显示如下提示信息)。

需要点或窗口(W)/上一个(L)/窗交(C)/框(BOX)/全部(ALL)/栏选(F)/圈围(WP)/圈交(CP)/编组(G)/添加(A)/删除(R)/多个(M)/前一个(P)/放弃(U)/自动(AU)/单个(SI)/子对象(SU)/对象(O)

命令选项:

(1) 全部 ALL:选择当前全部对象。

(2) 上一个 L:选择最近一次创建的对象。

(3) 前一个 P:选择最近创建的选择集。

(4) 窗口 W:同窗口选择。

(5) 窗交 C:同窗交选择。

二、常用修改命令

合理使用修改命令,如图 11-7 所示,可大大提高绘图效率。

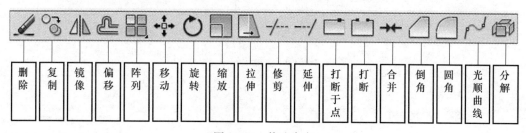

图 11-7 修改命令

(一) 复制

使用复制命令可以在指定方向上按指定距离复制对象。

例 11-2 将图 11-8(a)所示图形中的圆复制,结果如图 11-8(b)所示。

命令:Copy

选择对象:点取点 1 (选择圆)

选择对象:点取点 2 (选择竖直中心线)

选择对象:回车结束选取

指定基点或[位移(D)/模式(O)] <位移>:点取点 3 (选取圆心作为基点)

指定第二个点或[阵列(A)] <使用第一个点作为位移>:53 (打开正交模式,右移

光标输入 53 并回车)

指定第二个点或[阵列(A)/退出(E)/放弃(U)] <退出>:回车结束命令

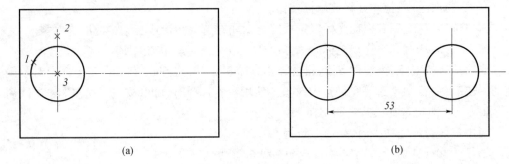

图 11-8 复制对象

(二) 镜像

使用镜像命令可以生成与选定对象对称的图形。

例 11-3 将图 11-9 (a) 所示图形中的圆沿竖直中心线镜像,结果如图 11-9 (b) 所示。

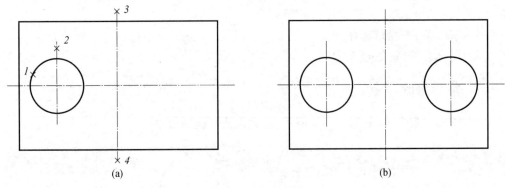

图 11-9 镜像对象

命令:Mirror

选择对象:点取点 1

选择对象:点取点 2

选择对象:回车结束选择

指定镜像线的第一点:点取点 3

指定镜像线的第二点:点取点 4

要删除源对象吗?[是(Y)/否(N)] <N>:回车接受默认(否)

(三) 偏移

很多图形包含大量的平行直线和曲线,使用偏移命令能生成与选定对象等距的图形。

例 11-4 将图 11-10 (a) 所示的图形向外侧等距偏移距离 10,结果如图 11-10 (b) 所示。

命令:Offset

指定偏移距离或[通过(T)/删除(E)/图层(L)] <默认值>:10

选择要偏移的对象,或[退出(E)/放弃(U)]<退出>:点取点1 选择对象

指定要偏移的那一侧上的点,或[退出(E)/多个(M)/放弃(U)]<退出>:点取点2 选取外侧

选择要偏移的对象,或[退出(E)/放弃(U)]<退出>:回车结束命令

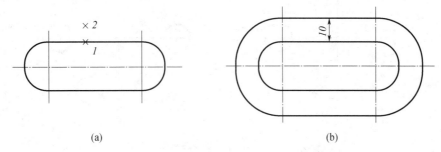

图 11-10 偏移对象

(四)阵列

使用阵列命令能将选定的图形按矩形、路径或环形排列。

例 11-5 将图 11-11(a)所示的圆阵列,结果如图 11-11(b)所示。

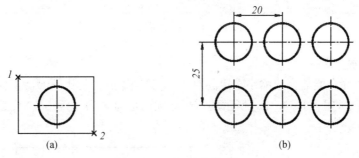

图 11-11 矩形阵列对象

命令:Arrayrect

选择对象:鼠标点取1和2,窗口选择阵列对象

选择对象:回车结束选择

弹出矩形阵列面板,如图 11-12 所示,输入阵列参数,单击关闭阵列。

图 11-12 矩形阵列面板

例 11-6 将图 11-13(a)所示的圆在中心圆上均匀分布 6 个,结果如图 11-13(b)所示。

命令:Arraypolar

选择对象:鼠标点取1和2,窗口选择阵列对象

选择对象:回车结束选择
指定阵列的中心点或［基点(B)/旋转轴(A)］:点选圆心 3

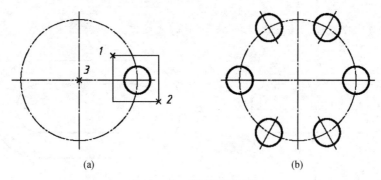

图 11-13　环形阵列对象

弹出环形阵列面板,如图 11-14 所示,输入阵列参数,单击关闭阵列。

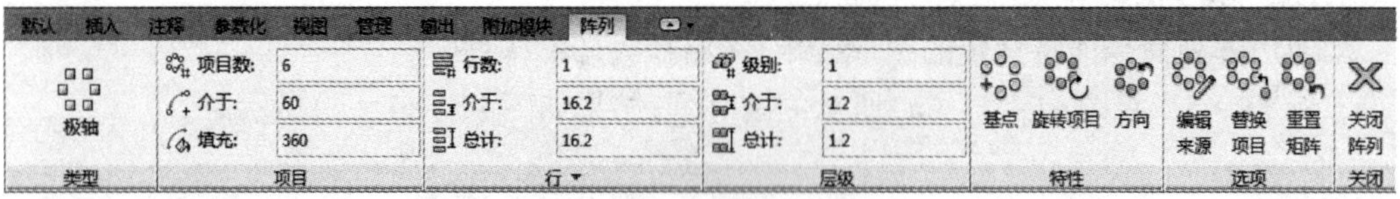

图 11-14　环形阵列面板

（五）缩放

使用缩放命令能放大或缩小选定的对象,对象经缩放后其比例保持不变。

例 11-7　将图 11-15(a)所示的矩形放大两倍,其左下角点位置不变,结果如图 11-15(b)所示。

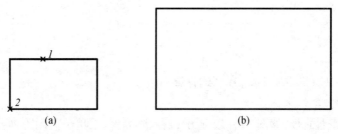

图 11-15　缩放对象

命令:Scale
选择对象:鼠标点取点 1 选择对象
选择对象:回车结束选取
指定基点:鼠标点取点 2 为缩放基点
指定比例因子或［复制(C)/参照(R)］:2　（放大两倍）

（六）修剪

修剪命令能以指定的一个或多个图元对象作为剪切边界来修剪选定的对象。

例 11-8　将图 11-16(a)所示图形修剪为图 11-16(b)。

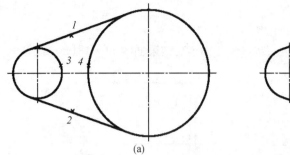
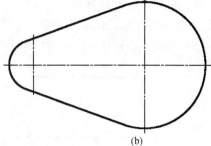

图 11-16 修剪对象

命令:Trim

选择剪切边…

选择对象或<全部选择>:点取点1和点2将两圆公切线作为剪切边

选择对象:回车结束选取

选择要修剪的对象,或按住 Shift 键选择要延伸的对象,或[栏选(F)/窗交(C)/投影(P)/边(E)/删除(R)/放弃(U)]:分别点取点3,4

选择要修剪的对象,或按住 Shift 键选择要延伸的对象,或[栏选(F)/窗交(C)/投影(P)/边(E)/删除(R)/放弃(U)]:回车结束命令

（七）打断

使用打断命令可以在两点之间或单个点处打断选定的对象。

例 11-9 将图 11-17（a）所示的外螺纹小径圆打断为3/4,结果如图 11-17（b）所示。

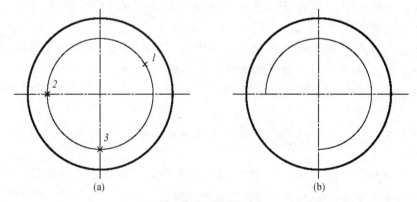

图 11-17 打断对象

命令:Break

选择对象:点取点1选择要打断的小圆(如果单点方式选择对象,默认将选择点视为第一个打断点)

指定第二个打断点或[第一点(F)]:输入 F 以确定第一打断点位置

指定第一个打断点:点取点2作为第一打断点

指定第二个打断点:点取点3作为第二打断点(如要将对象一分为二并且不删除某个部分,可输入@使第一个点和第二个点相同,但不能在一点打断闭合对象(例如圆))

281

(八) 倒角

倒角命令将平角或倒角连接两个对象。

例 11-10 将图 11-18(a) 所示的圆柱加倒角 C2,结果如图 11-18(b) 所示。

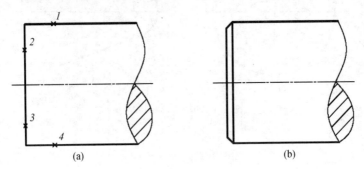

图 11-18 倒角对象

命令:Chamfer

("修剪"模式) 当前倒角距离 1 = 0.0000, 距离 2 = 0.0000

选择第一条直线或[放弃(U)/多段线(P)/距离(D)/角度(A)/修剪(T)/方式(E)/多个(M)]:D(设置倒角距离)

指定第一个倒角距离 <0.0000>:2

指定第二个倒角距离 <2.0000>:2

选择第一条直线或[放弃(U)/多段线(P)/距离(D)/角度(A)/修剪(T)/方式(E)/多个(M)]:M(进行多组倒角,选项 P 可以为多段线的所有角点加倒角)

选择第一条直线或[放弃(U)/多段线(P)/距离(D)/角度(A)/修剪(T)/方式(E)/多个(M)]:点取点 1

选择第二条直线,或按住 Shift 键选择直线以应用角点或[距离(D)/角度(A)/方法(M)]:点取点 2(如按住 Shift 键并选择对象将直接生成角点)

选择第一条直线或[放弃(U)/多段线(P)/距离(D)/角度(A)/修剪(T)/方式(E)/多个(M)]:点取点 3

选择第二条直线,或按住 Shift 键选择直线以应用角点或[距离(D)/角度(A)/方法(M)]:点取点 4

选择第一条直线或[放弃(U)/多段线(P)/距离(D)/角度(A)/修剪(T)/方式(E)/多个(M)]:回车结束命令,最后画出倒角直线投影

(九) 圆角

圆角命令将使用与对象相切并且具有指定半径的圆弧连接两个对象。

例 11-11 将图 11-19(a) 所示的矩形左侧加圆角 R10, 结果如图 11-19(b) 所示。

命令:Fillet

当前设置:模式 = 修剪, 半径 = 0.0000

选择第一个对象或[放弃(U)/多段线(P)/半径(R)/修剪(T)/多个(M)]:R(设置圆角半径)

指定圆角半径<0.0000>:10(设置半径大小)

选择第一个对象或[放弃(U)/多段线(P)/半径(R)/修剪(T)/多个(M)]:M(选择多个圆角,选项P可以为多段线的所有角点加圆角)

选择第一个对象或[放弃(U)/多段线(P)/半径(R)/修剪(T)/多个(M)]:点取点1

选择第二个对象,或按住Shift键选择对象以应用角点或[半径(R)]:点取点2(如按住Shift键选择对象将直接生成角点)

选择第一个对象或[放弃(U)/多段线(P)/半径(R)/修剪(T)/多个(M)]:点取点3

选择第二个对象,或按住Shift键选择对象以应用角点或[半径(R)]:点取点4

选择第一个对象或[放弃(U)/多段线(P)/半径(R)/修剪(T)/多个(M)]:回车结束命令

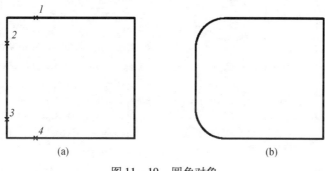

图11-19 圆角对象

说明:圆角命令也可以为两平行直线圆角,将创建与两个对象相切的圆弧。

三、其他常用修改命令

AutoCAD 2015中其他常用的修改命令如表11-2所列。

表11-2 其他常用修改命令

绘图命令	命令条目	命令调用	命令的执行及说明
删除: 删除选中的对象	Erase	菜单栏: 修改/删除 面板图标:	选择对象:选取单个或多个对象 选择对象:回车结束命令
移动: 在指定方向上按指定距离移动对象,命令和复制相似,只是将原对象进行移动	Move	菜单栏: 修改/移动 面板图标:	选择对象:使用对象选择方法选择对象 选择对象:完成选择后回车 指定基点或[位移(D)]<位移>:指定移动的起点或回车选择位移 指定第二个点或<使用第一个点作为位移>:指定第二个点,以指明选定对象要移动的距离和方向;或回车以接受将第一个点用作相对X,Y,Z位移

(续)

绘图命令	命令条目	命令调用	命令的执行及说明
延伸: 扩展对象以与其他对象的边相接	Extend	菜单栏: 修改/延伸 面板图标:	选择对象或<全部选择>:选择一个或多个对象并回车,或者回车选择所有对象 选择要延伸的对象,或按住 Shift 键选择要修剪的对象,或[栏选(F)/窗交(C)/投影(P)/边(E)/放弃(U)]: 选择要延伸的对象,或按住 Shift 键选择要修剪的对象,或输入其他选项
旋转: 将选定的对象围绕基点旋转指定的角度	Rotate	菜单栏: 修改/旋转 面板图标:	选择对象:选择对象并在完成选择后回车 指定基点:指定旋转的基准点 指定旋转角度,或[复制(C)/参照(R)]:输入角度或指定点,或者输入 C 或 R 选项
拉伸: 拉伸窗交窗口部分包围的对象,移动(而不是拉伸)完全包含在窗交窗口中的对象或单独选定的对象	Stretch	菜单栏: 修改/拉伸 面板图标:	选择对象:使用"圈交"选项或交叉对象选择方法指定对象中要拉伸的部分,完成选择后按回车 指定基点或[位移(D)]<位移>:指定基点,将计算自该基点的拉伸的偏移 指定第二个点或<使用第一个点作为位移>:指定第二个点,从基点到此点的距离和方向将定义对象的选定部分拉伸的距离和方向
删除重复对象: 删除重复或重叠的直线、圆弧和多段线,合并局部重叠或连续的对象	Overkill	菜单栏: 修改/删除重复对象 面板图标:	选择对象:选择重复或重叠对象(一般使用窗口或窗交选择对象而不是单击某一对象) 选择对象:回车结束命令
合并: 在其公共端点处合并一系列有限的线性和开放的弯曲对象,以创建单个二维或三维对象	Join	菜单栏: 修改/合并 面板图标:	选择源对象或要一次合并的多个对象:选择单一对象作为源对象或者选择两个以上对象直接回车合并 选择要合并的对象:选择对象以合并到源对象 选择要合并的对象:回车结束命令
光顺曲线: 在两条选定直线或曲线之间的间隙中创建样条曲线	Blend	菜单栏: 修改/光顺曲线 面板图标:	选择第一个对象或[连续性(CON)]:选择样条曲线起点附近的直线或开放曲线 选择第二个点:选择样条曲线端点附近的另一条直线或开放的曲线
分解: 分解多段线、标注、图案填充或块参照等合成对象,将其转换为单个元素	Explode	菜单栏: 修改/分解 面板图标:	选择对象:选择要分解的对象 选择对象:回车结束选择

第四节 对象特性

每个对象都具有常规特性,包括其图层、颜色、线型、线型比例、线宽、透明度和打印样式等。当指定图形中的当前特性时,所有新创建的对象都将自动使用这些设置。

一、图层

图层是 AutoCAD 中用户组织和管理图形的最有效工具之一。AutoCAD 中的图形都是由图层组成的,根据需要,一幅图形可以由任意多个图层组成。每个图层相当于一张没有厚度的透明纸,可以赋予每个图层不同的颜色、线型、线宽和状态等特性,用户可以在每个图层上进行绘图操作,然后将这些图层("透明纸")重叠在一起,就构成了一幅完整的图形。

绘制工程图时,图形中常包括各种线型(如粗实线、点画线、细实线、虚线等)、尺寸标注、文本注释等内容,为便于对不同图形对象的操作和管理,可以将不同的图形对象放置在不同的图层中。绘图之前,可以使用 Layer(图层)命令来进行图层的相关设置。

1. 命令调用

菜单栏:【格式】/【图层…】

图层面板:

命令条目:Layer

执行 Layer 命令后,将出现如图 11-20 所示的"图层特性管理器"对话框。新建的图形文件默认只有"0"层,其颜色为白色,线型为实线(Continuous),线宽为默认值。需要注意的是,"0"层不能被删除或重命名,在实际绘图中,用户最好创建自己的图层,而不使用此图层。用户可以对新建图层进行各种设置,包括添加、删除和重命名图层,以及更改图层特性等。

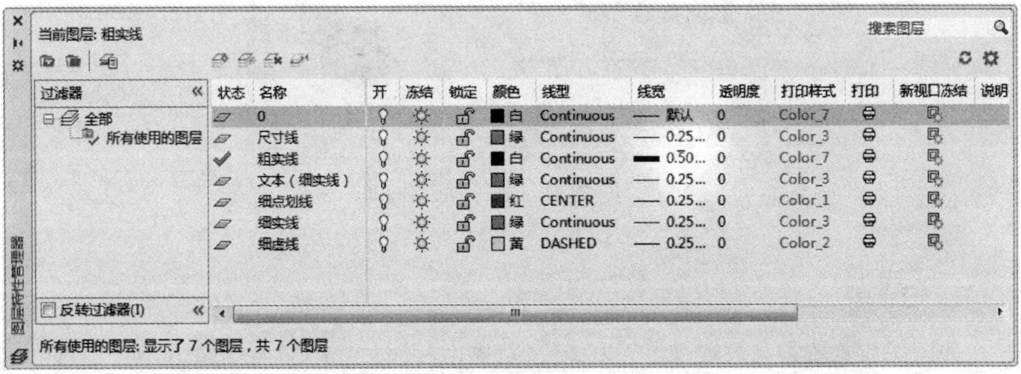

图 11-20 "图层特性管理器"对话框

2. 相关图层特性设置

开关:打开和关闭选定图层。当图层打开时,它可见并且可以打印。当图层关闭时,它不可见并且不能打印,即使已打开"打印"选项。

冻结:冻结和解冻选定图层。在复杂图形中,可以冻结图层来提高性能并减少重生成时间。当图层冻结时,将不会显示、打印、消隐或重生成冻结图层上的对象。

锁定:锁定和解锁选定图形。不能修改图层上的对象。用户仍然可以将对象捕捉应用于锁定图层上的对象,且可以执行不会修改这些对象的其他操作。

颜色:更改与选定图层关联的颜色。单击颜色名称可以显示"选择颜色"对话框。

线型:更改与选定图层关联的线型。单击线型名称可以显示"选择线型"对话框。

线宽:更改与选定图层关联的线宽。单击线宽名称可以显示"线宽"对话框。

透明度:控制所有对象在选定图层上的可见性。单击透明度值将显示"图层透明度"对话框。

打印:控制是否打印选定图层。不管打印设置如何,系统不会打印已关闭或冻结的图层。

二、颜色

要设置或改变某图层的颜色,需单击对应于该图层的颜色项,会弹出"选择颜色"对话框,如图 11-21 所示,在该对话框中单击要选择的颜色,并单击"确定"按钮,即选定了该颜色。

图 11-21 "选择颜色"对话框

三、线型

为图层设置线型与设置颜色的方法类似,单击对应于该图层的线型项,弹出"选择线型"对话框,如图 11-22 所示。

若所需的线型没有在"已加载的线型"列表框中,则单击"加载"按钮,进入"加载或重载线型"对话框,如图 11-23 所示,再单击所需的线型并单击"确定"按钮,即可将所需线型加载到"选择线型"对话框中,然后在"已加载的线型"列表框中选择所需的线型,并单击"确定"按钮。

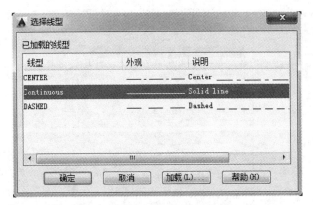

图11-22 "选择线型"对话框

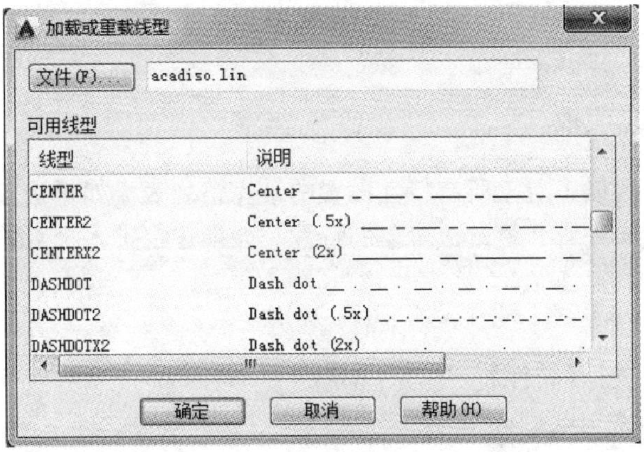

图11-23 "加载或重载线型"对话框

使用 LTScale 线型缩放命令以更改用于图形中所有对象的线型比例因子。

命令:LTScale

输入新线型比例因子 <1.0000>:输入新的线型比例因子。默认情况下,线型比例设置为1.00。比例因子越小,每个绘图单位生成的重复图案数就越多

图11-24表示了相同长度的点画线在不同的线型比例因子下的显示状态。

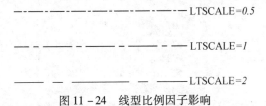

图11-24 线型比例因子影响

四、线宽

在"图层特性管理器"中的图层列表框中单击对应于某图层的线宽项,则弹出"线宽"对话框,如图11-25所示,从中选择所需的线宽即可。

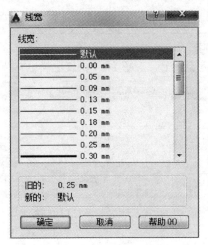

图 11-25 "线宽"对话框

五、"特性"选项板

"特性"选项板提供了对象所有特性设置的最完整列表。如果选定了单个对象,可以使用"特性"选项板来查看并更改该对象的特性。如果选定了多个对象,则可以查看并更改它们的常用特性。

命令调用:

菜单栏:【修改】/【特性】

特性面板:斜箭头↘

命令条目:Properties

快捷键:Ctrl + 1

弹出的"特性"选项板如图 11-26 所示。

图 11-26 "特性"选项板

若要将选定对象的特性快速复制到其他对象,可以使用"特性匹配"工具。

命令调用：

◇菜单栏:【修改】/【特性匹配】

◇特性面板:

⌨命令条目:Matchprop

选择源对象,然后选择要修改的所有对象即可。

第五节 文 字 注 释

一、文字样式

在绘制工程图时经常输入必要的文本注释信息,而在注写文本时一般首先指定所采用的文字样式(Style),以确定文字的字体、角度和方向等特征。

1. 命令调用

◇菜单栏:【格式】/【文字样式…】

◇注释面板:

⌨命令条目:Style

弹出如图 11 - 27 所示的"文字样式"对话框。

图 11 - 27 "文字样式"对话框

2. 对话框中有关选项

(1) AutoCAD 中,有 SHX 和 TrueType 两种字体。TrueType 字体总是以填充方式显示,所以写出的字较深粗。SHX 字体是 AutoCAD 专用的矢量 Unicode 字体。如图 11 - 26 中设置,推荐在"SHX 字体"下拉列表中,选择"gbeitc. shx"西文斜体或"gbenor. shx"西文正体,同时勾选"使用大字体"复选框,"大字体"的下拉列表中选择"gbcbig. shx"中文单线长仿宋体,可以同时符合字母、数字和汉字的国家标准要求。

(2) 设置文字高度,一般不修改默认的"0.0"值,实际调用书写文字命令时,根据命令行的提示再输入文字高度即可。字体的高度应从 GB/T 14665—2012《机械工程 CAD

制图规则》规定的图幅字高公称尺寸系列中选取,其中,A2、A3 和 A4 图纸字母和数字的高度为 3.5,汉字为 5。

二、文字注释

(一) 单行文字

使用单行文字(Text)可以创建一行或多行文字,每行文字都是一个独立的对象,可对其进行移动、格式设置或其他修改。

(二) 多行文字

使用多行文字(Mtext)可以创建每个文字段落作为单个对象的文本。启动 Mtext 命令后,系统会提示使用两次对角单击来创建一个"文本框"。指定文本框之后,将显示"在位编辑器",随时可以更改文本框的长度和宽度,功能区也会临时更改,显示文字样式、格式、段落和插入等选项。

(三) 特殊字符

一些特殊字符不能在键盘上直接输入,AutoCAD 使用控制码来实现,常见的特殊字符及控制码如表 11-3 所列。

表 11-3 常用特殊字符及控制码

特殊符号	控制代码
度符号(°)	%%d
正负公差符号(±)	%%p
直径符号(φ)	%%c
加上划线(⁻)	%%o
加下划线(＿)	%%u
说明:加上划线和下划线只对单行文字(Text)有效	

第六节 图 案 填 充

在绘制图形时,可使用图案填充、实体填充或渐变填充来填充封闭区域或选定对象,在机械图样中可以用来绘制剖面符号。

1. 命令调用

菜单栏:【绘图】/【图案填充…】

绘图面板:

命令条目:Hatch

输入命令后,面板区出现图 11-28 所示的"图案填充创建"选项卡。

图 11-28 "图案填充创建"选项卡

2. 相关选项

（1）"图案"面板，通常图案选择"ANSI31"，用于填充机械图样中的金属材料剖面符号。

（2）"边界"面板。

"拾取点"：通过选择由一个或多个对象形成的封闭区域内的点，确定图案填充边界。

"选择"：根据构成封闭区域的选定对象确定边界。

"删除"：从边界定义中删除之前添加的任何对象。

"重新创建"：围绕选定的图案填充或填充对象创建多段线或面域，并使其与图案填充对象相关联（可选）。

（3）"特性"面板，可以根据需要更改图案填充类型和颜色，或者修改图案填充的透明度级别、角度或比例。

（4）"选项"面板，可以更改绘图顺序以指定图案填充及其边界是显示在其他对象的前面还是后面。

第七节　尺　寸　标　注

标注尺寸是绘图过程中的一项重要内容。在 AutoCAD 中，可以利用"注释面板"和"标注"菜单进行图形尺寸标注。进行尺寸标注之前，要先设置尺寸标注样式。

一、标注样式

标注样式主要设置尺寸界线、尺寸线、尺寸箭头、尺寸文本的相对位置和相对大小比例之间的关系。一般将一张图形中有相同格式的大多数尺寸标注，设置成一个通用的尺寸样式，而将少部分的特殊尺寸标注单独处理。

命令调用：

❈菜单栏:【格式】/【标注样式…】;【标注】/【标注样式…】

❈注释面板:⊬

❈命令条目:DimStyle

执行命令后，弹出图 11-29 所示的"标注样式管理器"对话框。系统自带的标注样式不符合我国制图标准，在进行尺寸标注之前，应该按照制图标准新建尺寸标注样式或修改原有的标注样式。

单击"标注样式管理器"对话框中的"新建"按钮，弹出"创建新标注样式"对话框，如图 11-30 所示。输入新样式名称，单击"继续"按钮，弹出"新建标注样式"对话框。如需建立标注子样式，只需在"用于"下拉列表中选择线性标注、角度标注、直径标注等即可。

需要修改现有标注样式时，选择要修改的标注样式，然后单击"修改"按钮，则弹出"修改标注样式"对话框，对话框选项与"新建标注样式"对话框中的选项相同，如图 11-31 所示。

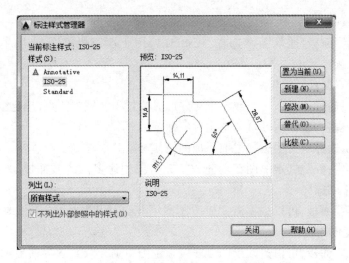

图 11-29 "标注样式管理器"对话框

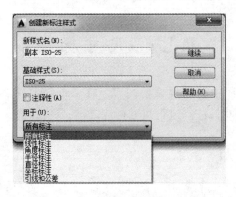

图 11-30 "创建新标注样式"对话框

图 11-31 "线"选项卡

该对话框有七个选项卡:"线""符号和箭头""文字""调整""主单位""换算单位"和"公差"。其中,"换算单位"和"公差"选项卡在机械图样标注中一般不需要进行设置。其余选项卡设置如下。

(一)"线"选项卡

如图 11 -31 所示,可以设置尺寸线及尺寸界线的格式和特性。其中,颜色、线型和线宽设为随层(ByLayer),"基线间距"一般为尺寸数字高度的 2 倍(A2 ~ A4 图纸,数字高度为 3.5,则基线间距为 7)。"超出尺寸线"为尺寸界线超出尺寸线的长度,一般设为 2 左右。"起点偏移量"为尺寸界线起点距离轮廓线的偏移量,一般设置为 0。其余均默认。

(二)"符号和箭头"选项卡

如图 11 -32 所示,可以设置箭头的形状和大小以及其他符号的特性。其中,箭头选择实心闭合,箭头大小为 3(当字高为 3.5 时),圆心标记为无,其余均默认。

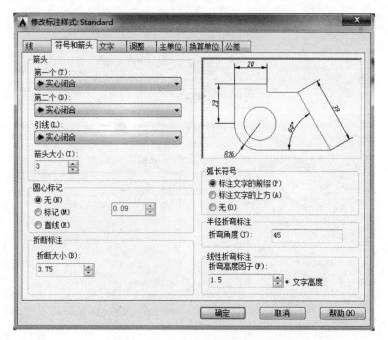

图 11 -32 "符号和箭头"选项卡

(三)"文字"选项卡

如图 11 -33 所示,可以根据需要修改"文字外观""文字位置"和"文字对齐"框的设置。其中,文字样式选择符合国家标准的文字样式,颜色随层(ByLayer),文字高度 3.5 (A2 ~ A4),文字位置,垂直选择上,水平居中,文字从尺寸线的偏移量一般为 0.625,文字对齐一般为"ISO 标准",角度标注子样式选择"水平"。

(四)"调整"选项卡

如图 11 -34 所示,可以根据需要调整尺寸文本、尺寸界线、尺寸箭头之间的位置关系。

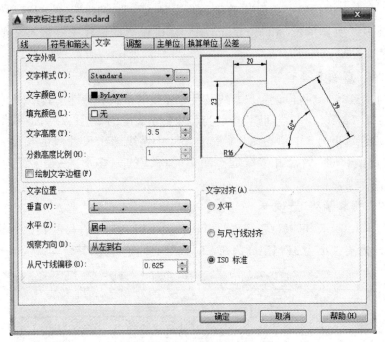

图 11-33 "文字"选项卡

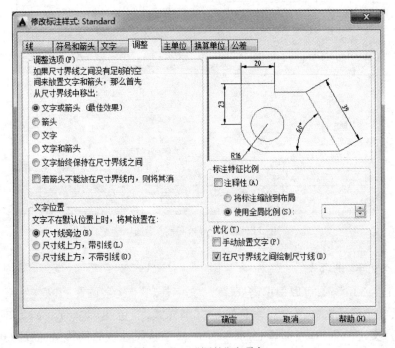

图 11-34 "调整"选项卡

(五)"主单位"选项卡

如图 11-35 所示,可以设置主单位的格式与精度等属性。

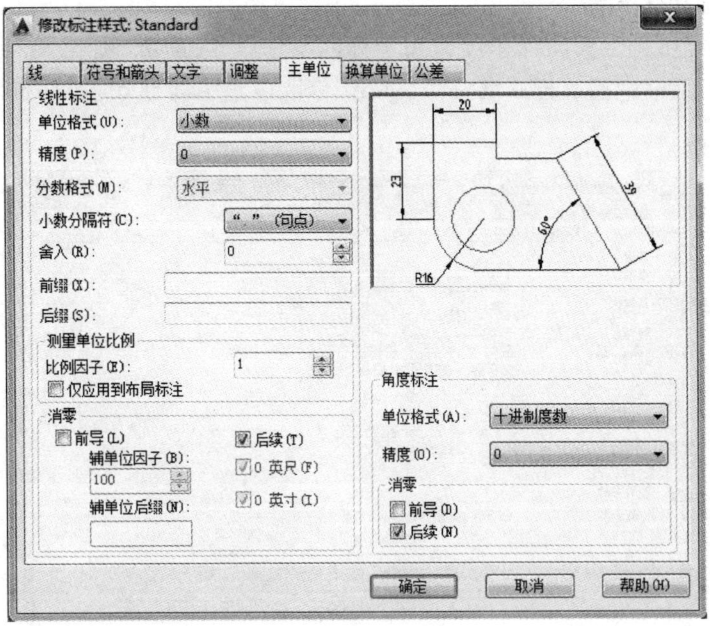

图 11-35 "主单位"选项卡

二、多重引线

(一) 多重引线样式

多重引线样式可以控制多重引线的基线、引线、箭头和内容的格式等。

命令调用：

❀菜单栏:【格式】/【多重引线样式…】

❀注释面板: ↗

❀命令条目:MLeaderStyle

弹出"多重引线样式管理器"对话框,如图 11-36 所示。使用方法和"标注样式管理器"对话框类似,可以新建和修改样式等操作。

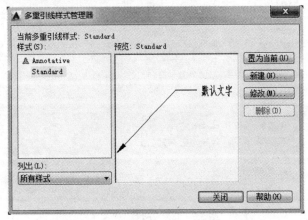

图 11-36 "多重引线样式管理器"对话框

（二）标注零件序号

多重引线在机械工程图样中经常用于标注零件序号,单击"新建"多重引线样式按钮,在弹出的对话框中输入样式名称后,弹出"修改多重引线样式"对话框,如图 11 – 37 所示。

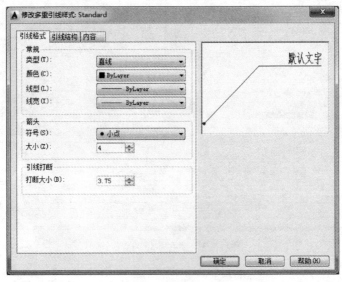

图 11 – 37 "修改多重引线样式"对话框

（1）"引线格式"选项卡可以设置多重引线的引线和箭头的格式,可将箭头符号设置为小点。

（2）"引线结构"选项卡中用于设置多重引线的引线点数量、基线尺寸和比例。

（3）"内容"选项卡用于设置附着到多重引线的内容类型,用于标注零件序号的设置,如图 11 – 38 所示。

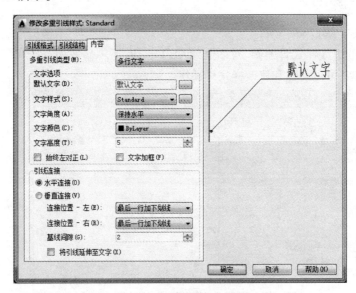

图 11 – 38 "内容"选项卡

设置好多重引线样式后,调用多重引线标注命令便可以标注零件序号。

1. 命令调用

菜单栏:【标注】/【多重引线】

注释面板:

命令条目:MLeader

2. 命令提示

指定引线箭头的位置或［引线基线优先(L)/内容优先(C)/选项(O)］<选项>:指定多重引线箭头位置

指定引线基线的位置:指定多重引线的基线位置,输入多行文字内容

(三) 标注几何公差

AutoCAD 在"标注"菜单中专门提供了用于标注几何公差的工具——"公差…",但是标注的几何公差不符合国家标准。为此,需要使用"快速引线(QLeader)"命令进行标注。

1. 命令调用

命令条目:QLeader

2. 命令提示

指定第一个引线点或［设置(S)］<设置>:回车选择设置,弹出"引线设置"对话框,如图 11-39 所示。在"注释"选项卡的"注释类型"中选择"公差"选项

指定第一个引线点或［设置(S)］<设置>:指定一系列引线线段中第一个引线线段的起点

指定下一点:指定一系列引线线段中第二个引线线段的起点 ("引线设置"对话框的"引线和箭头"选项卡上的"点数"可设置引线点提示的数量,默认为 3 点)

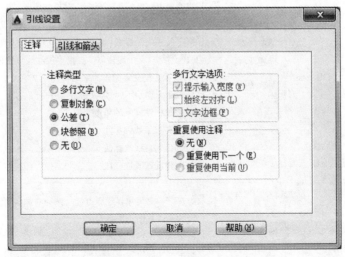

图 11-39 "引线设置"对话框

指定下一点:弹出"形位公差"对话框,如图 11-40 所示。输入几何公差符号、数值和基准等信息后单击"确定"按钮

按上述设置标注的零件序号和几何公差如图 11-41 所示。

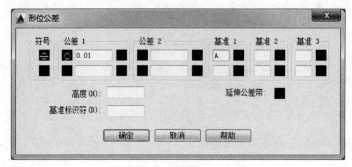

图 13-40 "形位公差"对话框

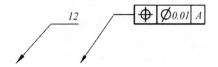

图 11-41 零件序号和几何公差标注实例

三、尺寸标注命令

常见的尺寸标注命令如表 11-4 所列。

表 11-4 常用尺寸标注命令

标注命令	命令条目	调用方式	命令的执行及说明
线性标注： 使用水平、竖直或旋转的尺寸线创建线性标注	DIMLinear	菜单栏： 标注/线性 面板图标：	指定第一个尺寸界线原点或 <选择对象>：指定第一条尺寸界线的原点或者回车选择标注对象和位置 指定第二条尺寸界线原点：指定第二条尺寸界线的原点 指定尺寸线位置或 [多行文字(M)/文字(T)/角度(A)/水平(H)/垂直(V)/旋转(R)]：指定尺寸线位置或输入下列选项 M：显示在位文字编辑器来编辑标注文字 T：在命令提示下，自定义标注文字 A：修改标注文字的角度 H：创建水平线性标注 V：创建垂直线性标注 R：创建旋转线性标注
对齐标注： 创建与尺寸界线的原点对齐的线性标注	DIMAligned	菜单栏： 标注/对齐 面板图标：	指定第一个尺寸界线原点或 <选择对象>：指定第一条尺寸界线的原点或回车选择对象 指定第二条尺寸界线原点：指定第二条尺寸界线的原点 指定尺寸线位置或 [多行文字(M)/文字(T)/角度(A)]：指定点确定尺寸线位置或输入选项 M：显示在位文字编辑器来编辑标注文字 T：在命令提示下，自定义标注文字 A：修改标注文字的角度

(续)

标注命令	命令条目	调用方式	命令的执行及说明
弧长标注： 弧长标注用于测量圆弧或多段线圆弧上的距离	DIMArc	菜单栏： 标注/弧长 面板图标：	选择弧线段或多段线圆弧段：选择对象 指定弧长标注位置或[多行文字(M)/文字(T)/角度(A)/部分(P)/引线(L)]：指定点确定尺寸线位置或输入选项 M：显示在位文字编辑器来编辑标注文字 T：在命令提示下，自定义标注文字 A：修改标注文字的角度 P：缩短弧长标注的长度 L：添加引线对象，仅当圆弧(或圆弧段)大于90°时才会显示此选项
半径标注： 测量选定圆或圆弧的半径，并显示前面带有半径符号 R 的标注文字	DIMRadius	菜单栏： 标注/半径 面板图标：	选择圆弧或圆：选择要标注的圆或圆弧 指定尺寸线位置或[多行文字(M)/文字(T)/角度(A)]：指定点确定尺寸线位置或输入选项 M：显示在位文字编辑器来编辑标注文字 T：在命令提示下，自定义标注文字 A：修改标注文字的角度
直径标注： 测量选定圆或圆弧的直径，并显示前面带有直径符号 ϕ 的标注文字	DIMDiameter	菜单栏： 标注/直径 面板图标：	选择圆弧或圆：选择要标注的圆或圆弧 指定尺寸线位置或[多行文字(M)/文字(T)/角度(A)]：指定点确定尺寸线位置或输入选项 M：显示在位文字编辑器来编辑标注文字 T：在命令提示下，自定义标注文字 A：修改标注文字的角度
角度标注： 测量选定的对象或3个点之间的角度	DIMAngular	菜单栏： 标注/角度 面板图标：	选择圆弧、圆、直线或<指定顶点>：选择圆弧、圆、直线，或按回车键通过指定三个点来创建角度标注 指定标注弧线位置或[多行文字(M)/文字(T)/角度(A)/象限点(Q)]：指定点确定尺寸线位置或输入选项 M：显示在位文字编辑器来编辑标注文字 T：在命令提示下，自定义标注文字 A：修改标注文字的角度 Q：指定标注应锁定到的象限
折弯标注： 测量选定对象的半径，并显示前面带有半径符号 R 的标注文字，可以在任意合适的位置指定尺寸线的原点	DIMJogged	菜单栏： 标注/折弯 面板图标：	选择圆弧或圆：选择一个圆弧、圆或多段线圆弧 指定图示中心位置：指定点作为折弯半径标注的新圆心，以用于替代圆弧或圆的实际圆心 指定尺寸线位置或[多行文字(M)/文字(T)/角度(A)]：指定点确定尺寸线位置或输入选项 M：显示在位文字编辑器来编辑标注文字 T：在命令提示下，自定义标注文字 A：修改标注文字的角度 指定折弯位置：指定折弯的中点

另外，基线标注(DIMBaseline)和连续标注(DIMContinue)也是经常用到的尺寸标注

类型。其中,基线标注是从上一个标注或选定标注的基线处自动创建线性标注、角度标注或坐标标注。连续标注是自动从创建的上一个线性约束、角度约束或坐标标注继续创建其他标注,或者从选定的尺寸界线继续创建其他标注并将自动排列尺寸线。

第八节 平面图形绘制实例

绘制图 11-42 所示的平面图形。

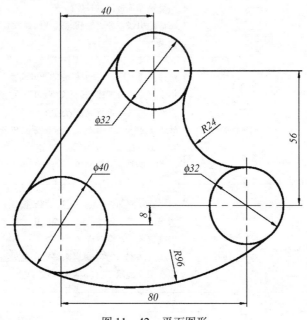

图 11-42 平面图形

一、设置图层及特性

本实例可设置三个图层:粗实线、细点画线和尺寸标注,并对每个图层设置相对应的颜色、线型和线宽,如表 11-5 所列。

表 11-5 图层设置

图层名称	颜色	线型	线宽
粗实线	白色	Continuous	0.5
细点画线	红色	Center	0.25
尺寸标注	绿色	Continuous	0.25

二、绘制已知线段

在中心线层根据定位尺寸 80、8、40 和 56 绘制三个已知圆的中心线,并在粗实线层绘制 $\phi 40$、$\phi 32$ 圆。

三、绘制连接线段

1. 绘制圆 $\phi 40$ 和 $\phi 32$ 的公切线

使用直线 Line 命令，采用 Ctrl + 鼠标右键的单点捕捉模式，分别捕捉切点为直线的起点和终点。

2. 绘制 $R24$ 外切圆弧

使用圆角 Fillet 命令，将圆角半径 R 设置为 24，在 $\phi 32$ 圆上切点附近选择圆。

3. 绘制 $R96$ 内切圆弧

使用相切、相切、半径的画圆方式绘制和圆 $\phi 40$、$\phi 32$ 相内切，半径为 $R96$ 的圆，再使用修剪 Trim 命令删除多余部分。

四、标注尺寸

利用前述尺寸标注方法，设置标准标注样式，使用线性标注尺寸 80、8、40 和 56；使用直径标注尺寸 $\phi 40$ 和 $\phi 32$；使用半径标注尺寸 $R24$ 和 $R96$。

第十二章　AutoCAD 三维实体建模

三维模型有许多优点:可以从任何有利位置查看模型,自动生成辅助二维视图,创建截面和二维图形,消除隐藏线并进行真实感着色,检查干涉和执行工程分析,添加光源和创建真实渲染,浏览模型,使用模型创建动画,提取加工数据等。正因如此,在工程设计和绘图过程中,三维图形应用越来越广泛。

第一节　AutoCAD 三维建模环境

三维建模之前,需要首先将工作空间由"草图与注释"切换为"三维基础"或"三维建模"。选项卡式功能区面板上面集成了三维建模常用的工具图标,其中,"三维基础"工作空间功能区集合了最常用的三维建模命令和常用二维图形绘制与编辑命令,主要用于简单三维模型的绘制,如图 12 – 1 (a) 所示。"三维建模"工作空间集中了三维图形绘制与修改的全部命令,同时也包含了常用二维图形绘制与编辑命令,如图 12 – 1 (b) 所示。一般选择"三维建模"工作空间即可。

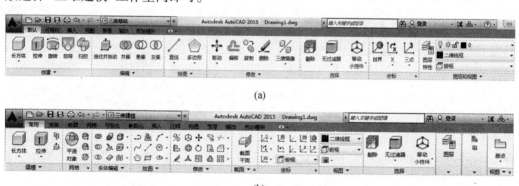

(a)

(b)

图 12 – 1　三维建模工作空间

一、标准视图

启动 AutoCAD 系统后直接进入的空间是一个三维模型空间,这时用户所看到的绘图区,实际上是系统默认设置的三维空间中的俯视图方向。快速改变视图的方法是选择系统预定义的三维视图,如图 12 – 2 所示,利用这些视点可以快速高效地完成图形的绘制。

调用方法:

(1) 菜单:【视图】/【三维视图】。

(2) 绘图区左上角:视口控件。

(3)功能区常用选项卡:"视图"面板。

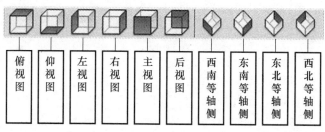

图 12-2 预定义视图

二、视觉样式

视觉样式是一组设置,用来控制视口中模型外观的显示效果。系统提供了十种视觉样式来控制模型外观的显示效果,如图 12-3 所示。

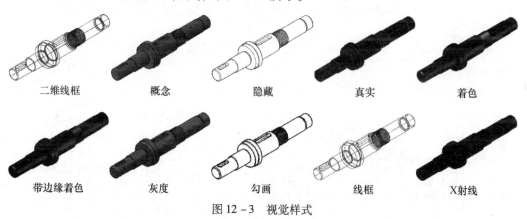

图 12-3 视觉样式

调用方法:
(1)菜单:【视图】/【视觉样式】。
(2)绘图区左上角:视口控件。
(3)功能区常用选项卡:"视图"面板。

三、坐标系

在 AutoCAD 中有两个坐标系:一个称为世界坐标系(WCS)的固定坐标系,另一个称为用户坐标系(UCS)的可移动坐标系。默认情况下,这两个坐标系在新图形中是重合的。

(一)世界坐标系

图形中的所有对象均由其世界坐标系(WCS)中的坐标定义,它无法移动或旋转。WCS 和 UCS 在新图形中最初是重合的。

(二)用户坐标系

为了能够更好地辅助绘图,经常需要修改坐标系的原点和方向,以利于在 XY 平面(工作平面)绘制图形,这时世界坐标系将变为用户坐标系 UCS。在三维环境中创建或修改对象时,可以在三维空间中的任何可以简化绘图的位置移动和重新定向 UCS。

1. 命令调用

❋菜单栏:【工具】/【新建 UCS】

❋坐标面板: ⊥

▩命令条目:UCS

2. 命令提示

指定 UCS 的原点或 [面(F)/命名(NA)/对象(OB)/上一个(P)/视图(V)/世界(W)/X/Y/Z/Z 轴(ZA)] <世界>:指定第一个点(即新坐标系的原点,当前 UCS 的原点将会移动,而不会更改 X、Y 和 Z 轴的方向)

指定 X 轴上的点或<接受>:指定第二个点(UCS 将旋转以使 X 轴正方向通过该点)

指定 XY 平面上的点或<接受>:指定第三个点(UCS 将围绕新 X 轴旋转来定义 Y 轴正方向)

第二节 AutoCAD 三维实体建模

使用 AutoCAD 基本图元命令(图 12-4)可以创建长方体、圆柱体等基本三维实体,通过拉伸、旋转、扫掠和放样(图 12-5)二维截面来创建三维实体,并结合使用布尔运算("并集""差集"和"交集")则可以创建复杂的零件模型。

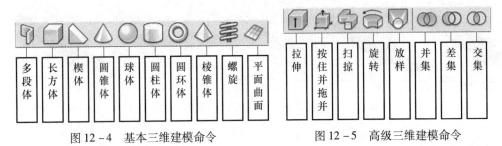

图 12-4 基本三维建模命令　　图 12-5 高级三维建模命令

一、创建三维基本实体

(一) 长方体

创建长方体,长方体的底面(长宽平面)始终与当前 UCS 的 XY 平面(工作平面)平行。

1. 命令调用

❋菜单栏:【绘图】/【建模】/【长方体】

❋建模面板: ▢

▩命令条目:Box

2. 命令提示

指定第一个角点或[中心(C)]:指定长方体底面第一个角点 1 或输入 C 使用指定的中心点创建长方体。

指定其他角点或[立方体(C)/长度(L)]:指定长方体底面的对角点 2 或输入 C 创建立方体或输入 L 按照指定长宽高创建长方体,长度与 X 轴对应,宽度与 Y 轴对应,高度与

Z轴对应。

指定高度或[两点(2P)]<默认值>:指定点3或直接输入长方体高度(输入正值将沿当前UCS的Z轴正方向绘制高度,输入负值将沿Z轴负方向绘制高度)或输入2P通过两个指定点之间的距离确定长方体高度(图12-6)。

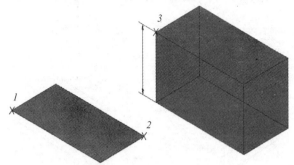

图12-6 创建长方体

（二）圆柱体

创建圆柱体,圆柱体的底面始终与当前UCS的XY平面(工作平面)平行。

1. 命令调用

菜单栏:【绘图】/【建模】/【圆柱体】

建模面板:

命令条目:Cylinder

2. 命令提示

指定底面的中心点或[三点(3P)/两点(2P)/切点、切点、半径(T)/椭圆(E)]:指定圆柱底面圆心,或输入3P通过指定三个点来定义圆柱体的底面圆,或输入2P通过指定两个点来定义圆柱体的底面圆,或输入T定义具有指定半径且与两个对象相切的圆柱体底面圆,或输入E指定圆柱体底面为椭圆

指定底面半径或[直径(D)]:输入圆柱底面圆的半径或输入D指定圆柱体的底面圆直径

指定高度或[两点(2P)/轴端点(A)]<默认值>:输入圆柱体高度,输入正值将沿当前UCS的Z轴正方向绘制高度,输入负值将沿Z轴负方向绘制高度,或输入2P通过两个指定点之间的距离确定圆柱体高度,或输入A指定圆柱体轴的端点位置,此端点是圆柱体的顶面圆心,可以位于三维空间的任意位置(图12-7)。

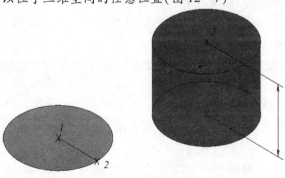

图12-7 创建圆柱体

二、创建拉伸实体

如图 12-8 所示,拉伸命令通过将二维截面沿拉伸方向拉伸来创建三维实体。二维截面必须为单个闭合对象,才能从中创建拉伸实体。

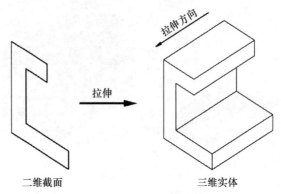

图 12-8 创建拉伸实体

将多个对象转换为单个对象的常用方法如下:
(1) 使用合并(Join)命令将多个对象合并为单一的二维对象。
(2) 使用面域(Region)命令将对象转换为面域。
(3) 使用编辑多段线(Pedit)命令中的"合并"选项将对象合并为多段线。

1. 命令调用

❀菜单栏:【绘图】/【建模】/【拉伸】

❀建模面板:

❀命令条目:Extrude

2. 命令提示

选择要拉伸的对象或[模式(MO)]:选择拉伸对象或输入 MO 控制拉伸对象是实体还是曲面

选择要拉伸的对象或[模式(MO)]:回车结束选择

指定拉伸的高度或[方向(D)/路径(P)/倾斜角(T)/表达式(E)]<默认值>:沿 Z 轴的正向或负向拉伸选定对象,或输入 D 用两个指定点指定拉伸的长度和方向,或输入 P 指定基于选定对象的拉伸路径,或输入 T 指定拉伸的倾斜角,或输入 E 输入公式或方程式以指定拉伸高度

例 12-1 创建图 12-9 所示的三维实体。

绘图步骤:
(1) 选择主视图投影面创建二维截面。
(2) 打开正交模式,绘制二维端面(立体前端面)。
(3) 将二维端面转换为单个对象。
(4) 执行 Extrude 拉伸命令:

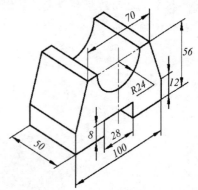

图 12-9 拉伸实例

选择要拉伸的对象:选取二维端面

选择要拉伸的对象:回车结束选择

指定拉伸的高度或[方向(D)/路径(P)/倾斜角(T)]:鼠标后移并输入50

三、创建旋转实体

如图12-10所示,旋转命令通过将二维截面绕轴旋转来创建三维实体。所要旋转的二维截面和拉伸相同,需为单个对象。

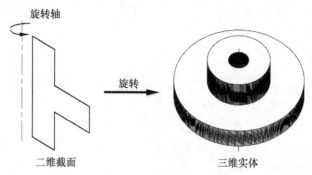

图12-10 创建旋转实体

1. 命令调用

菜单栏:【绘图】/【建模】/【旋转】

建模面板:

命令条目:Revolve

2. 命令提示

选择要旋转的对象或[模式(MO)]:选择旋转对象或输入 MO 控制旋转对象是实体还是曲面

选择要旋转的对象或[模式(MO)]:回车结束选择

指定轴起点或根据以下选项之一定义轴[对象(O)/X/Y/Z]<对象>:指定旋转轴的起点,或输入 O 指定要用作轴的现有对象,或输入 X 将当前 UCS 的 X 轴正向设定为轴的正方向,或输入 Y 将当前 UCS 的 Y 轴正向设定为轴的正方向,或输入 Z 将当前 UCS 的 Z 轴正向设定为轴的正方向

指定轴端点:指定第二点确定旋转轴

指定旋转角度或[起点角度(ST)/反转(R)/表达式(EX)]<360>:指定旋转角度,正角度将按逆时针方向旋转对象,或输入 ST 为从旋转对象所在平面开始的旋转指定偏移角度,或输入 R 更改旋转方向,或输入 EX 输入公式或方程式以指定旋转角度

例12-2 创建图12-11所示的三维实体。

绘图步骤:

(1)选择左视图投影面创建二维截面。

(2)打开正交模式,绘制二维端面和旋转体轴线。

(3)将二维端面转换为单个对象。

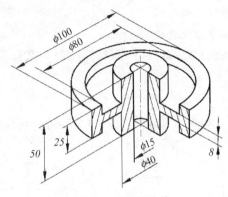

图 12-11 旋转实体

（4）执行 Revolve 旋转命令：

选择要旋转的对象或[模式(MO)]:选择二维端面

选择要旋转的对象或[模式(MO)]:回车结束选择

指定轴起点或根据以下选项之一定义轴[对象(O)/X/Y/Z]<对象>:指定旋转轴的起点

指定轴端点:指定旋转轴端点

指定旋转角度或[起点角度(ST)/反转(R)/表达式(EX)]<360>:回车接受旋转角度360°

四、创建扫掠实体

如图 12-12 所示，扫掠命令通过将二维截面沿路径扫描来创建三维实体。所要扫掠的二维截面仍需为单个对象。

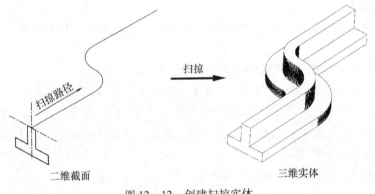

图 12-12 创建扫掠实体

1. 命令调用

菜单栏:【绘图】/【建模】/【扫掠】

建模面板:

命令条目:Sweep

2. 命令提示

选择要扫掠的对象或[模式(MO)]:指定要用作扫掠截面轮廓的对象

选择要扫掠的对象或[模式(MO)]:回车结束选择

选择扫掠路径或[对齐(A)/基点(B)/比例(S)/扭曲(T)]:基于选择的对象指定扫掠路径,或输入 A 指定是否对齐轮廓以使其作为扫掠路径切向的法向,或输入 B 指定要扫掠对象的基点,或输入 S 指定比例因子以进行扫掠操作,或输入 T 设置正被扫掠的对象的扭曲角度

五、创建放样实体

如图 12-13 所示,放样命令通过指定一系列二维横截面在空间中创建三维实体。

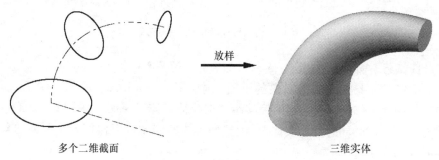

图 12-13 创建放样实体

1. 命令调用

菜单栏:【绘图】/【建模】/【放样】

建模面板:

命令条目:Loft

2. 命令提示

输入选项[导向(G)/路径(P)/仅横截面(C)/设置(S)]<仅横截面>:回车结束命令(选择 C 在不使用导向或路径的情况下创建放样对象),或输入 G 指定控制放样实体形状的导向曲线,或输入 P 指定放样实体的单一路径,或输入 S 显示"放样设置"对话框

按放样次序选择横截面或[点(PO)/合并多条边(J)/模式(MO)]:按实体将通过二维截面的次序指定二维截面

按放样次序选择横截面或[点(PO)/合并多条边(J)/模式(MO)]:回车结束选择

六、使用按住并拖动

如图 12-14 所示,在选择二维对象以及由闭合边界或三维实体面形成的区域后,按住并拖动命令通过拉伸或偏移所选择的对象以创建实体。

1. 命令调用

建模面板:

命令条目:Presspull

2. 命令提示

选择对象或边界区域:选择要修改的对象、边界区域或三维实体面

指定拉伸高度或[多个(M)]:可通过移动光标或输入距离指定拉伸高度,拉伸方向

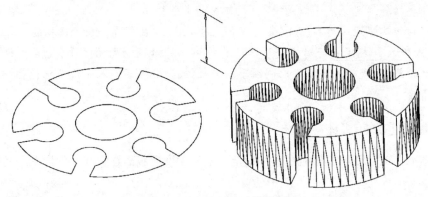

图 12 - 14 按住并拖动闭合区域

垂直于所选择的平面对象;或输入 M 以指定要进行的多个选择

如果选择了一个三维实体对象的平面(例如图 12 - 15 (a) 所示四棱锥台的上表面),按住并拖动操作将基于指定的偏移距离来拉伸实体对象面,如图 12 - 15 (b) 所示。如果在按住 Ctrl 键的同时选择实体面,则拉伸实体的同时可以保留与相邻面的角度,如图 12 - 15 (c) 所示。

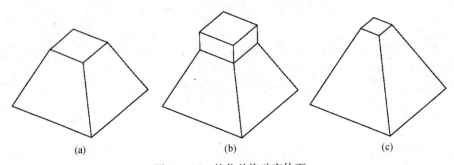

图 12 - 15 按住并拖动实体面

七、创建截切体和相贯体

(一) 剖切实体

通过剖切或分割现有对象,来创建新的三维实体。截平面可以由两点或三点确定的平面及 XY、YZ、ZX 平面和对象等确定,可以选择保留三维实体剖切面的一侧或两侧。

1. 命令调用

菜单栏:【修改】/【三维操作】/【剖切】

实体编辑面板:

命令条目:Slice

2. 命令提示

选择要剖切的对象:指定要剖切的三维实体

选择要剖切的对象:回车结束选择

指定切面的起点或 [平面对象(O)/曲面(S)/Z 轴(Z)/视图(V)/XY(XY)/YZ

(YZ)/ZX(ZX)/三点(3)] <三点>:指定用于定义剖切平面的角度的两点中的第一点,默认剖切平面与当前 UCS 的 XY 平面垂直;或输入以下选项

O:将剪切平面与包含选定的圆、椭圆、圆弧、椭圆弧、二维样条曲线或多段线所在平面对齐

S:将剪切平面与曲面对齐

Z:通过平面上指定一点和在平面的 Z 轴(法向)上指定另一点来定义剪切平面

V:将剪切平面与当前视口的视图平面对齐,通过指定一点定义剪切平面的位置

XY:将剪切平面与当前 UCS 的 XY 平面对齐,通过指定一点定义剪切平面的位置

YZ:将剪切平面与当前 UCS 的 YZ 平面对齐,通过指定一点定义剪切平面的位置

ZX:将剪切平面与当前 UCS 的 ZX 平面对齐,通过指定一点定义剪切平面的位置

3:用三点定义剪切平面的位置

指定平面上的第二个点:指定剖切平面上两点中的第二点

在所需的侧面上指定点或[保留两个侧面(B)]<保留两个侧面>:在需要保留实体的一侧指定点或回车选择保留剖切后的两个实体

例 12-3 创建如图 12-16 所示的截切体。

绘图步骤:

(1) 选取左视图绘制二维截面。

(2) 将二维截面拉伸成三维拉伸实体。

(3) 执行 UCS 命令,将坐标系原点移动到点 1 位置,并使 XY 平面垂直于剖切平面,如图 12-17 所示。

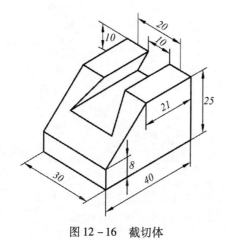

图 12-16 截切体

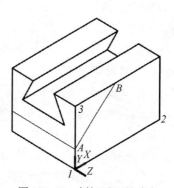

图 12-17 剖切平面的确定

命令:UCS

指定 UCS 的原点或 [面(F)/命名(NA)/对象(OB)/上一个(P)/视图(V)/世界(W)/X/Y/Z/Z 轴(ZA)] <世界>:指定点 1

指定 X 轴上的点或 <接受>:指定点 2

指定 XY 平面上的点或 <接受>:指定点 3

(4) 执行剖切(Slice)命令。

选择要剖切的对象:选择生成的拉伸体

选择要剖切的对象:回车结束选择

指定切面的起点或[平面对象(O)/曲面(S)/Z轴(Z)/视图(V)/XY(XY)/YZ(YZ)/ZX(ZX)/三点(3)]<三点>:点$A(0,8,0)$

指定平面上的第二个点:$B(19,25,0)$(如使用动态输入,在工具提示中输入坐标前使用#前缀以指定绝对坐标)

在所需的侧面上指定点或[保留两个侧面(B)]<保留两个侧面>:指定点2

(二) 布尔运算

1. 并集

将两个或多个三维实体合并为一个复合三维实体。图12-18(a)中两圆柱执行并集运算后,结果如图12-18(b)所示。

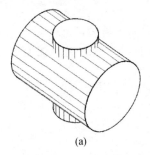
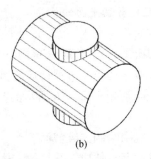

图12-18 并集运算

1) 命令调用

菜单栏:【修改】/【实体编辑】/【并集】

实体编辑面板:

命令条目:Union

2) 命令提示

选择对象:选择第一个对象

选择对象:选择第二个对象

选择对象:继续选择对象或回车结束选择

2. 差集

将第一个选择集中的三维实体减去第二个选择集中的三维实体以创建新的三维实体。图12-19(a)中两圆柱执行差集运算后,结果如图12-19(b)所示。

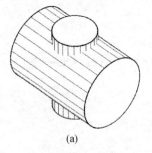
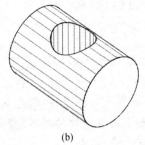

图12-19 差集运算

1) 命令调用

▶菜单栏:【修改】/【实体编辑】/【差集】

▶实体编辑面板:◐◑

▶命令条目:Subtract

2) 命令提示

选择要从中减去的实体、曲面和面域...

选择对象:选择要保留的对象(从中减去)

选择对象:继续选择要保留的对象或回车结束选择(自动将选择保留的多个对象执行并集运算,合并为一个实体对象)

选择要减去的实体、曲面和面域...

选择对象:选择要减去的对象(减去)

选择对象:继续选择要减去的对象或回车结束选择(自动将选择减去的多个对象执行并集运算,合并为一个实体对象,再执行差集运算,从而生成单个实体对象)

3. 交集

将两个或两个以上现有三维实体的公共体积创建成新的三维实体。图 12-20(a)中两圆柱执行交集运算后,结果如图 12-20(b)所示。

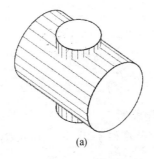 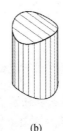

(a)　　　　　　　　(b)

图 12-20　交集运算

1) 命令调用

▶菜单栏:【修改】/【实体编辑】/【交集】

▶实体编辑面板:◐◑

▶命令条目:Intersect

2) 命令提示

选择对象:选择第一个对象

选择对象:选择第二个对象

选择对象:继续选择对象或回车结束选择

八、创建组合体

组合体建模是三维建模的综合运用,在建模之前,首先要对组合体进行形体分析,以确认各几何体在组合体中的位置,从而确定各几何体的创建顺序。

例 12 – 4 创建图 12 – 21 所示的组合体。

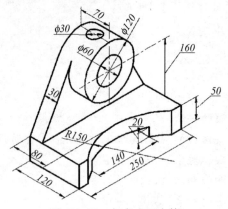

图 12 – 21 复合式组合体

（1）选取主视图，绘制凹形底板二维端面，如图 12 – 22 所示。

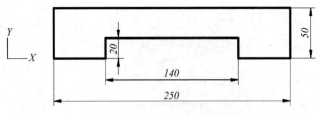

图 12 – 22 凹形底板二维端面

命令：Pline

指定起点：鼠标点取任意点，打开正交模式

指定下一个点或 [圆弧(A)/半宽(H)/长度(L)/放弃(U)/宽度(W)]：移动光标并输入距离 50

指定下一点或 [圆弧(A)/闭合(C)/半宽(H)/长度(L)/放弃(U)/宽度(W)]：移动光标并输入距离 250

指定下一点或 [圆弧(A)/闭合(C)/半宽(H)/长度(L)/放弃(U)/宽度(W)]：移动光标并输入距离 50

指定下一点或 [圆弧(A)/闭合(C)/半宽(H)/长度(L)/放弃(U)/宽度(W)]：移动光标并输入距离 55

指定下一点或 [圆弧(A)/闭合(C)/半宽(H)/长度(L)/放弃(U)/宽度(W)]：移动光标并输入距离 20

指定下一点或 [圆弧(A)/闭合(C)/半宽(H)/长度(L)/放弃(U)/宽度(W)]：移动光标并输入距离 140

指定下一点或 [圆弧(A)/闭合(C)/半宽(H)/长度(L)/放弃(U)/宽度(W)]：移动光标并输入距离 20

指定下一点或 [圆弧(A)/闭合(C)/半宽(H)/长度(L)/放弃(U)/宽度(W)]：C

（2）切换视图至西南等轴测，将二维端面拉伸成实体，如图 12 – 23 所示。

命令:Extrude

选择要拉伸的对象或［模式(MO)］:点取凹形底板二维端面多段线

选择要拉伸的对象或［模式(MO)］:回车结束选择

指定拉伸的高度或［方向(D)/路径(P)/倾斜角(T)/表达式(E)］＜默认值＞:移动光标并输入 120

（3）如图 12-24 所示,将坐标系原点移动到凹形底板上面后棱边中点处,创建直径 φ60 和 φ120、高 70 的两圆柱体,圆柱后底面圆心坐标(0,110,0)。

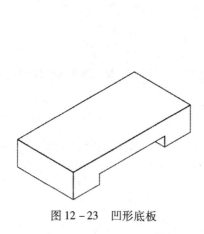

图 12-23　凹形底板　　　　图 12-24　创建 φ120、φ60 圆柱体

命令:UCS

指定 UCS 的原点或［面(F)/命名(NA)/对象(OB)/上一个(P)/视图(V)/世界(W)/X/Y/Z/Z 轴(ZA)］＜世界＞:采用对象捕捉,点取凹版上表面后棱边中点,如图 12-18 所示

指定 X 轴上的点或＜接受＞:按回车接受

命令:Cylinder

指定底面的中心点或［三点(3P)/两点(2P)/切点、切点、半径(T)/椭圆(E)］:0,110,0

指定底面半径或［直径(D)］:30

指定高度或［两点(2P)/轴端点(A)］＜120.0000＞:光标沿 Z 轴正向移动并输入 70

命令:Cylinder

指定底面的中心点或［三点(3P)/两点(2P)/切点、切点、半径(T)/椭圆(E)］:点取圆心

指定底面半径或［直径(D)］＜30.0000＞:60

指定高度或［两点(2P)/轴端点(A)］＜70.0000＞:光标沿 Z 轴正向移动并回车接受 70

（4）如图 12-25 所示,将坐标系移动到圆柱体 φ120 的前端面圆心处,X 轴水平向右,Y 轴水平向后。创建直径 φ30、高大于等于 60 的圆柱体,圆柱底面中心坐标(0,35,0)。

命令:UCS

指定 UCS 的原点或［面(F)/命名(NA)/对象(OB)/上一个(P)/视图(V)/世界(W)/X/Y/Z/Z 轴(ZA)］<世界>:点取圆柱体 φ120 的前端面圆心

指定 X 轴上的点或<接受>:光标右移点取点使 X 轴正向向右

指定 XY 平面上的点或<接受>:光标后移点取点使 Y 轴正向向后,此时 Z 轴正向向上

命令:Cylinder

指定底面的中心点或［三点(3P)/两点(2P)/切点、切点、半径(T)/椭圆(E)］:0,35,0

指定底面半径或［直径(D)］<60.0000>:15

指定高度或［两点(2P)/轴端点(A)］<70.0000>:光标上移并输入 80(大于等于 60 任意值)

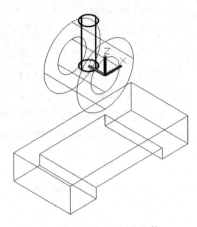

图 12-25　创建 φ30 圆柱体

(5) 如图 12-26 所示,绘制支撑板二维端面;将二维端面合并为单个对象,然后将其拉伸厚度 30,如图 12-27 所示。

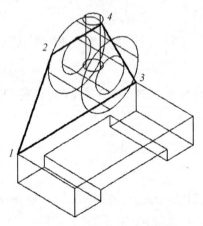

图 12-26　绘制支撑板二维端面

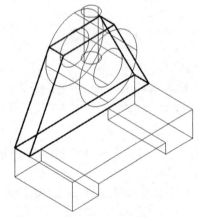

图 12-27　创建支撑板

命令:Line

指定第一个点:对象捕捉端点 1

指定下一点或［放弃(U)］:对象捕捉切点 2

指定下一点或［放弃(U)］:回车

命令:Line

指定第一个点:对象捕捉端点 3

指定下一点或［放弃(U)］:对象捕捉切点 4

指定下一点或［放弃(U)］:点取切点 2

指定下一点或［闭合(C)/放弃(U)］:回车

命令:Line

指定第一个点:点取点 1

指定下一点或［放弃(U)］:点取点2

指定下一点或［放弃(U)］:回车

命令:Join

选择源对象或要一次合并的多个对象:点取直线12

选择要合并的对象:点取直线24

选择要合并的对象:点取直线34

选择要合并的对象:点取直线13

选择要合并的对象:回车

命令:Extrude

选择要拉伸的对象或［模式(MO)］:选取支撑板二维端面多段线

选择要拉伸的对象或［模式(MO)］:回车

指定拉伸的高度或［方向(D)/路径(P)/倾斜角(T)/表达式(E)］<80.0000>:光标前移并输入30

(6) 如图12-28所示,将坐标系移动到凹形底板上表面前棱边中点处,X轴水平向右,Y轴水平向前。创建半径R150、高大于等于50的圆柱体,圆柱底面中心坐标(0,110,0)。

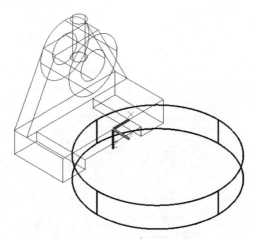

图12-28　创建R150圆柱体

命令:UCS

指定UCS的原点或［面(F)/命名(NA)/对象(OB)/上一个(P)/视图(V)/世界(W)/X/Y/Z/Z轴(ZA)］<世界>:对象捕捉凹形底板上表面前棱边中点

指定X轴上的点或<接受>:光标右移点取点使X轴正向向右

指定XY平面上的点或<接受>:光标前移点取点使Y轴正向向前,此时Z轴正向向下

命令:Cylinder

指定底面的中心点或［三点(3P)/两点(2P)/切点、切点、半径(T)/椭圆(E)］:0,110,0

指定底面半径或［直径(D)］<15.0000>:150

指定高度或［两点(2P)/轴端点(A)］＜－30.0000＞:光标下移并输入50(大于等于50任意值)

(7)执行差集布尔运算,选择凹形底板、φ120圆柱和支撑板三个需要保留的外形实体,回车,然后选择φ60圆柱、φ30圆柱和R150圆柱三个减去的内形实体,回车结束命令。最后完成的组合体如图12-29所示。

命令:Subtract

选择要从中减去的实体、曲面和面域…

选择对象:选择凹形底板

选择对象:选择支撑板

选择对象:选择φ120圆柱

选择对象:回车

选择对象:选择要减去的实体、曲面和面域…

选择对象:选择φ60圆柱

选择对象:选择φ30圆柱

选择对象:选择R150圆柱

选择对象:回车

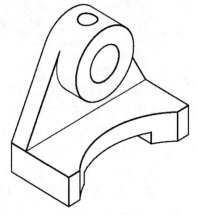

图12-29　布尔运算后的组合体

第十三章 AutoCAD 绘制工程图样

第一节 图块的使用

图块是由一个或多个对象组合创建而成的集合。对象可以是图形对象,也可以是非图形对象。非图形对象外观显示为文字信息,在图块中称为属性。可以理解为:图块 = 图形 + 属性。工程图样中有一些经常大量重复使用的图形,例如螺母、螺栓等标准件和表面结构符号等,如果把这些图形定义为图块,需要时可以随时插入使用。此外,图形中的文本信息也可定义为属性,属性可根据需要而改变。把这种包含有差异文本的图形(例如机械图中的标题栏)作为块来使用可以提高绘图速度、节省存储空间,而且便于修改图形。

一、属性定义

属性是所创建的包含在块定义中的对象,通常用指定名字标识的一组文本。一般图形中将可变的文本定义为属性,不变的文本仍作为文本对象处理。当使用带属性的图块时,系统会提示用户输入新的属性值。

1. 命令调用

菜单栏:【绘图】/【块】/【定义属性】

块面板:

命令条目:Attdef

弹出"属性定义"对话框,如图 13 - 1 所示,输入相关选项或参数可实现属性定义。

图 13 - 1 "属性定义"对话框

2. 相关选项说明

(1)"模式":在图形中插入块时,设定与块关联的属性值选项。

(2)"属性":"标记"指定用来标识属性的名称;"提示"指定在插入包含该属性定义的块时显示的提示。如果不输入提示,属性标记将用作提示。

(3)"插入点":指定属性位置。输入坐标值,或选择"在屏幕上指定"。

(4)"文字设置":设定属性文字的对正、样式、高度和旋转。

二、创建图块

可以将图形对象单独创建为图块,也可以将属性和图形对象组合在一起创建图块。

1. 命令调用

菜单栏:【绘图】/【块】/【创建】

块面板:

命令条目:Block

弹出"块定义"对话框,如图 13-2 所示。

图 13-2 "块定义"对话框

2. 相关选项说明

(1)"名称":指定块的名称。

(2)"基点":指定块的插入基点,默认值是(0,0,0)。输入坐标值,或单击"拾取点"按钮,在屏幕上指定块的基点。

(3)"对象":指定新块中要包含的对象,以及创建块之后如何处理这些对象,是保留还是删除选定的对象或者是将它们转换成块。

(4)"方式":指定是否允许块参照按统一比例缩放及块参照是否可以被分解。

(5)"设置":指定块参照插入单位。

使用 Block 命令创建的图块,只能被其所定义的图形文件引用,如需创建被其他文件引用的图块,可以使用"写块"(WBlock)命令,如图13-3所示。

图13-3 "写块"对话框

三、插入图块

1. 命令调用

菜单栏:【插入】/【块】

块面板:

命令条目:Insert

弹出"插入"对话框,如图13-4所示。

图13-4 "插入"对话框

2. 相关选项说明

(1)"名称":指定要插入块的名称,或指定要作为块插入的文件的名称。

(2)"插入点":指定块的插入点。在屏幕上指定插入点或输入插入点坐标值。
(3)"比例":指定插入块的缩放比例。在屏幕上指定块的比例或输入比例系数。
(4)"旋转":在当前UCS坐标系中指定插入块的旋转角度。
(5)"分解":分解块并插入该块的各个部分。

在"插入"对话框中确定图块插入到图形的状态后,单击"确定"按钮,根据命令行的提示,就可以实现插入图块。如果图块中有属性,则命令行会提示输入对象属性的属性值。

第二节 建立图形样板

AutoCAD中所有新建图形都是通过图形样板文件(文件扩展名*.dwt)来创建的。由于系统默认的公制单位样板文件acadiso.dwt不符合我国的国家标准,导致每次绘图之前都要进行重复性的设置,包括测量单位(Units)、图层和图层特性(Layer)、文字样式(Style)和标注样式(DIMStyle)等。为了提高绘图效率,使绘图文件符合国家标准(GB/T 18229—2000《CAD工程制图规则》、GB/T 14665—2012《机械工程CAD制图规则》),可以将这些设置一次完成并保存为图形样板文件,以后启动AutoCAD时,直接打开保存的样板文件快速启动新的图形文件。

下面以A3图幅为例介绍创建图形样板文件的步骤。

一、设置图幅

命令调用:

❀菜单栏:【格式】/【图形界限】

命令:Limits

重新设置模型空间界限:

指定左下角点或 [开(ON)/关(OFF)] <0.0000,0.0000>:ON(打开绘图界线)

命令调用:

❀菜单栏:【视图】/【"缩放"】/【全部】

命令:Zoom

指定窗口的角点,输入比例因子(nX或nXP),或者 [全部(A)/中心(C)/动态(D)/范围(E)/上一个(P)/比例(S)/窗口(W)/对象(O)] <实时>:A(全屏显示A3图幅)

二、设置图形单位、图层

命令调用:

❀菜单栏:【格式】/【单位…】

▦命令条目:Units

弹出"图形单位"对话框,如图13-5所示。设置长度和角度的类型和精度。

参考国家标准的规定设置图层,如表13-1所列。

图 13-5 "图形单位"对话框

表 13-1 常用图层设置

图层名称	颜色	线型	线宽	主要应用
01 粗实线	白色	Continuous	0.5	可见轮廓线
02 细实线	绿色	Continuous	0.25	细实线、波浪线、双折线
04 细虚线	黄色	Dashed	0.25	不可见轮廓线
05 细点画线	红色	Center	0.25	轴线、对称中心线
07 细双点画线	粉红色	Phantom	0.25	相邻辅助零件、零件极限位置轮廓线
08 尺寸标注	绿色	Continuous	0.25	尺寸线、投影连线、尺寸和公差
10 剖面符号	绿色	Continuous	0.25	剖面线
11 文本(细)	绿色	Continuous	0.25	文字注释

三、设置文字样式、标注样式

参考国家标准的规定,设置文字样式和标注样式,如表 13-2 和表 13-3 所列。

表 13-2 文字样式设置

样式名称	SHX 字体	大字体	应用
正体	gbenor.shx	gbcbig.shx	标注正体汉字和正体字母、数字
斜体	gbeitc.shx	gbcbig.shx	标注斜体汉字和斜体字母、数字

表 13-3 标注样式设置

样式名称	应用
标准样式	标注线性尺寸、半径尺寸和直径尺寸
角度样式	标注角度尺寸
对称样式	标注对称半标注尺寸

四、绘制图样边框、图框及标题栏、表面结构符号

根据国家标准 GB/T 14689—2008 和 GB/T 10609.1—2008 的规定绘制图纸边框、图框(图 13-6)及标题栏(图 13-7)。

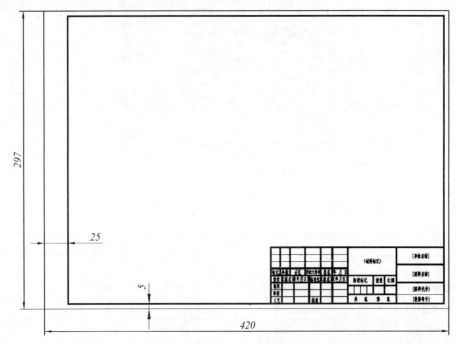

图 13-6　A3 图幅

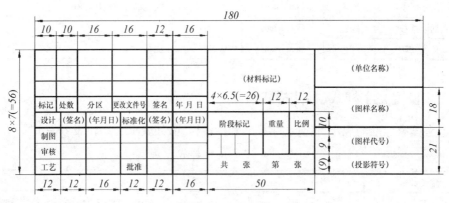

图 13-7　标题栏

根据国家标准 GB/T 131—2006 绘制 A3 图纸使用的表面结构符号,如图 13-8 所示。

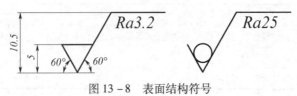

图 13-8　表面结构符号

五、创建图块

使用 Block 命令将绘制好的 A3 图幅和表面结构符号创建为内部图块,使用 WBlock 命令将标题栏创建为外部图块,方便建立其他样板文件使用。其中,表面结构值和标题栏中的选项可以定义为相应图块的属性,方便在插入图块时更改属性值。

六、保存文件

将完成上述设置的图形文件保存为 AutoCAD 图形样板(*.dwt)文件,例如 A3_GB.dwt。在弹出的"样板选项"对话框中输入文件说明,选择公制测量单位,单击"确定"按钮,完成样板文件的创建。

第三节　模型到投影图的转换

AutoCAD 可以实现由三维模型生成二维视图,首先单击绘图区左下角或状态栏模型/图纸空间按钮,从模型空间进入图纸布局(也称图纸空间,是一个用于组织多个视图,进行图形输出的二维环境)。如图 13-9 所示,这个视口连图带框是一个整体,可以被移动、复制、删除,称为浮动视口。

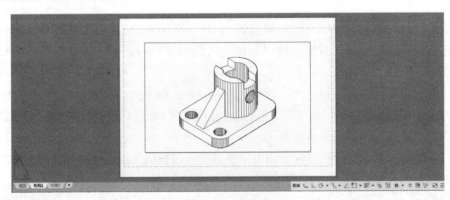

图 13-9　图纸布局

命令调用:
🖰菜单栏:【文件】/【页面设置管理器】/【新建视口】
🖰布局面板:
⌨命令条目:PageSetup

根据模型大小设置布局图纸大小。如需在图纸空间重新布局视口,需要先删除原视口。方法:选择视口边界并使用 Delete 键或 Erase 命令删除。

一、Vports-Solprof 方法

(一) 创建多视口
命令调用:

✿菜单栏:【视图】/【视口】/【新建视口】

✿布局视口面板:

✿命令条目:Vports

弹出图13-10所示对话框,设置四个标准视口。

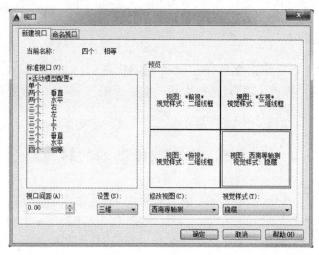

图13-10 新建视口

设置好视口后,双击每个视口,使用Zoom命令的XP选项或单击状态栏上的视口比例按钮,调整主视图、俯视图和左视图的视口比例一致(一般选1∶1,便于后续的尺寸标注)。

可使用以下两种方法将三视图按照制图"长对正、高平齐、宽相等"的规律对齐视图:

(1)使用MVSetup命令中的"对齐(A)"选项水平、垂直对齐使一个视口中的点与另一个视口中的基点水平或垂直对齐。

(2)使用构造线配合移动命令以及对象捕捉可以精确无误地在视口之间对齐对象。

对齐后的视口如图13-11所示。

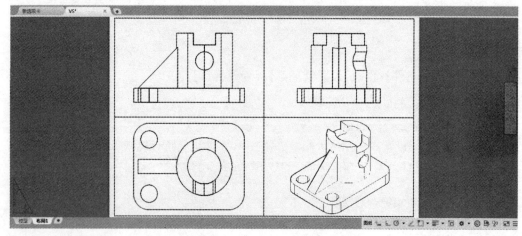

图13-11 生成并对齐四个视口

（二）创建实体二维轮廓

创建三维实体的二维轮廓图,以显示在布局视口中。选定的三维实体将被投影至与当前布局视口平行的二维平面上。二维对象结果在两个新建图层(隐藏线和可见线)上生成,且仅显示在该视口中。

1. 命令调用

菜单栏:【绘图】/【建模】/【设置】/【轮廓】

建模面板:

命令条目:Solprof

2. 命令提示

选择对象:选取视口内的三维对象,回车

是否在单独的图层中显示隐藏的轮廓线?［是(Y)/否(N)］ <是>:回车(生成两个新图层,PV－*:用于可见的轮廓图层;PH－*:用于隐藏的轮廓图层)

是否将轮廓线投影到平面?［是(Y)/否(N)］ <是>:回车(三维轮廓被投影到一个与观察方向垂直并且通过 UCS 原点的平面上)

是否删除相切的边?［是(Y)/否(N)］ <是>:回车(删除轮廓中相切的边)

（三）修改图层特性

（1）修改自动形成的"PH－*"层(隐藏线层)和"PV－*"层(可见线层)中的线型和线宽等特性。

（2）补画中心线等。

（3）冻结实体层(一般为 0 层)。

如果是多视口,以上过程需要重复执行。最后的结果如图 13－12 所示。

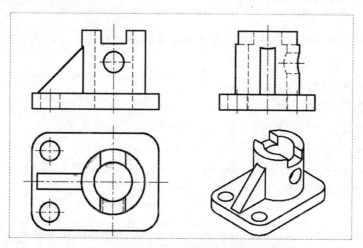

图 13－12　完成的三视图

二、Solview-Soldraw 方法

（一）设置图形视图

Solview 创建 Soldraw 用于放置每个视图的可见线和隐藏线的图层(视图名——VIS、

视图名——HID、视图名——HAT),以及创建可以放置各个视口中均可见的标注的图层(视图名——DIM),并自动创建VPORTS图层以将视口对象放置其上。

1. 命令调用

❄菜单栏:【绘图】/【建模】/【设置】/【视图】

❄建模面板:

❄命令条目:Solview

2. 命令提示

输入选项[UCS(U)/正交(O)/辅助(A)/截面(S)]:U(创建相对于用户坐标系的投影视图。如果图形中不存在视口,"UCS"选项用于创建初始视口,所有其他Solview选项均需要现有视口)

输入选项[命名(N)/世界(W)/?/当前(C)] <当前>:C(使用当前UCS的XY平面创建轮廓视图)

输入视图比例<1>:输入视图的比例

指定视图中心:输入视图的中心点

指定视图中心<指定视口>:回车

指定视口的第一个角点:指定俯视图矩形视口的第一个角点

指定视口的对角点:指定俯视图矩形视口的第二个角点

输入视图名:Top(生成4个图层:Top—DIM(尺寸线层)、Top—HID(不可见线层)、Top—VIS(可见线层)、VPORTS(视口边界所在层))

命令:Solview

输入选项[UCS(U)/正交(O)/辅助(A)/截面(S)]:O(从现有视图创建折叠的正交视图)

指定视口要投影的那一侧:选中想要作为投影新视图的视口的侧边(如由俯视图创建主视图,选择俯视图视口下边框中点)

指定视图中心:输入视图的中心点

指定视图中心<指定视口>:回车

指定视口的第一个角点:指定主视图矩形视口的第一个角点

指定视口的对角点:指定主视图矩形视口的第二个角点

输入视图名:Front(生成3个图层:Front—DIM(尺寸线层)、Front—HID(不可见线层)、Front—VIS(可见线层))

命令:Solview

输入选项[UCS(U)/正交(O)/辅助(A)/截面(S)]:S(通过图案填充创建实体图形的剖视图)

指定剪切平面的第一个点:指定剖切平面的第一点

指定剪切平面的第二个点:指定剖切平面的第二点

指定要从哪侧查看:指定剖切平面一侧的点来定义视图方向

输入视图比例<1>:回车

指定视图中心:输入视图的中心点

指定视图中心＜指定视口＞:回车

指定视口的第一个角点:指定左视图矩形视口的第一个角点

指定视口的对角点:指定左视图矩形视口的第二个角点

输入视图名:Left(生成4个图层:Left—DIM(尺寸线层)、Left—HID(不可见线层)、Left—VIS(可见线层)和Left—HAT(剖切线层))

(二)创建二维截面

在用Solview命令创建的布局视口中生成轮廓和截面。将创建视口中表示实体的轮廓和边的可见线及隐藏线,投影到垂直于观察方向的平面上。

1. 命令调用

菜单栏:【绘图】/【建模】/【设置】/【图形】

建模面板:

命令条目:Soldraw

2. 命令提示

选择要绘图的视口…

选择对象:依次选择使用Solview命令创建的布局视口

选择对象:回车

(三)修改图层特性

调整各个视图的位置,补画中心线,修改自动生成图层的线型、颜色和线宽等特性。如需绘制半剖视图,同时创建外形视图和全剖视图,然后使用Vpclip命令剪裁布局视口,最后拼接即可。如涉及肋板纵向剖切,为了符合制图规定,需重新定义剖切区域。

第四节　绘制工程图

一、绘制零件图

在绘图前,需要了解、分析零件并确定其表达方案,然后用AutoCAD绘制零件图。

(一)调用图形样板

在绘制零件图之前,首先使用本章第二节介绍的方法创建多个标准图幅大小的图形样板文件,再根据所要绘制的零件图的大小和绘图比例打开相应的图形样板文件,并将其另存为"零件名称.dwg"文件。

(二)绘制零件视图

绘制零件视图可使用以下两种方法:

1. 直接绘制二维投影视图

使用AutoCAD中的绘图命令和修改命令,并合理配以正交模式、对象捕捉和对象捕捉追踪等辅助绘图操作来直接绘制零件的各个视图,以满足"长对正、高平齐、宽相等"的投影关系要求。

2. 使用模型到投影图的转换

首先使用三维建模方法在模型空间建立零件的三维实体模型,然后进入图纸布局空间,利用本章第三节介绍的 Vports – Solprof 和 Solview – Soldraw 方法生成零件的各个投影视图。

(三) 标注尺寸

使用图形样板文件中建立好的尺寸标注样式,分别标注线性尺寸、直径尺寸和对称尺寸等。其中,带有极限偏差的尺寸可以使用"多行文字"命令中"文字编辑器"选项卡"格式"面板上的"堆叠"命令。

在尺寸标注过程中出现命令提示:

指定尺寸线位置或 [多行文字(M)/文字(T)/角度(A)/…]:M

出现多行文字在位编辑器,在系统自动测量的数值后追加输入字符" +0.028^ +0.015",然后选择" +0.028^ +0.015",单击"堆叠"命令$\left(\frac{b}{a}\right)$即可实现。

(四) 标注技术要求

1. 表面结构

使用图形样板文件中创建的表面结构图块来进行零件表面结构代号的标注,具体参考本章第一节内容。

2. 几何公差

使用"多重引线"标注零件的几何公差,详见第十一章第七节中的多重引线部分。

3. 文字注释

使用"多行文字"或"单行文字"填写文字性的技术要求。

(五) 保存文件

对零件图中各个视图、尺寸标注的位置等进行整体调整优化,检查无误后保存文件。

二、绘制装配图

在部件测绘中,先绘制部件的非标准件的零件图,然后根据零件图拼画装配图。AutoCAD绘制装配图的方法和绘制零件图相似。具体步骤如下。

(一) 绘制零件图

按照本章第四节所介绍的方法,绘制装配体的各个零件图。

(二) 拼画装配图

(1) 建立标准图幅的装配图样板文件,再根据所要绘制的装配图的大小和比例打开相应的图形样板文件,并将其另存为"装配体名称.dwg"文件。

(2) 根据装配体的主装配干线和零件的位置,使用带基点的复制方法和AutoCAD设计中心将已绘制好的零件图插入到装配图中。

(3) 对于标准件,可直接使用比例画法绘制,或通过插入图块的方法实现。

(三) 注释图形

(1) 根据零件大小和位置修改剖面符号方向和比例。

(2) 标注性能(规格)尺寸、装配尺寸、安装尺寸、外形尺寸和其他重要尺寸。其中,装配尺寸的标注可参考本章第四节零件图中带有极限偏差的尺寸标注方法,只需将符号(^)换成(/)即可。

(3) 使用"多重引线"标注零部件序号,详见第十一章第七节中的多重引线部分。

（4）绘制明细栏。
（四）**保存文件**
对装配图中的视图位置和表达、尺寸位置和文字性技术要求进行调整优化,检查无误后保存文件。

第十四章　Pro/E 机械设计基础

零件设计模型的建立速度是决定整个产品开发效率的关键。产品开发初期,零件形状和尺寸有一定模糊性,要在装配验证、性能分析和数控编程之后才能确定。因此,要求零件模型具有易于修改的柔性。参数化设计方法就是将模型中的定量信息变量化,使之成为任意调整的参数。对于变量化参数赋予不同数值,就可得到不同大小和形状的零件模型。

在 CAD 中要实现参数化设计,参数化模型的建立是关键。Pro/Engineer 软件以参数化著称,是参数化技术的最早应用者,是现今主流的 CAD/CAM/CAE 软件之一。PTC Creo Parametric 3.0 是 PTC 核心产品 Pro/E 的升级版本,是新一代 Creo 产品系列的参数化建模软件。

第一节　Pro/E 基础知识

一、用户界面

(一) 基本界面

在 Windows 操作系统下安装好 PTC Creo 后,系统会在桌面上创建快捷图标,并在程序文件夹中创建 PTC Creo 程序组。双击操作系统桌面上的 PTC Creo Parametric 3.0 图标启动软件,如图 14-1 所示。

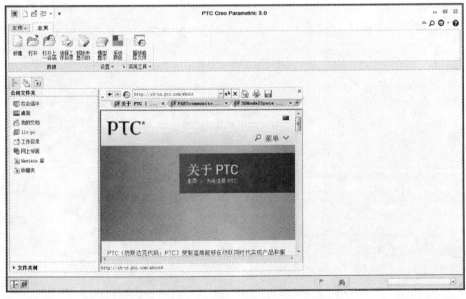

图 14-1　PTC Creo Parametric 3.0 启动界面

"主页"选项卡中的"选择工作目录"可设置文件的工作目录,方便以后文件的保存与打开,既便于文件的管理,也节省文件打开的时间。

单击"主页"/"新建"命令,弹出图14-2所示的"新建"对话框。系统共提供了10种类型工作模式用以创建不同的模型文件。其中,机械设计中常用的类型有以下几种。

草绘:建立二维草图文件,其后缀名为".sec"。

零件:建立三维零件模型文件,其后缀名为".prt"。

装配:建立三维装配模型文件,其后缀名为".asm"。

绘图:建立二维工程图文件,其后缀名为".drw"。

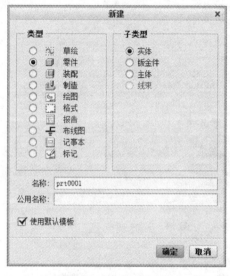

图14-2　新建文件

选择好文件类型后,由于软件默认模板为英制单位,故一般取消"使用默认模板"选项,单击"确定"按钮后,弹出图14-3所示的"新文件选项"对话框,选择公制绘图单位模板"mmns_part_solid"。

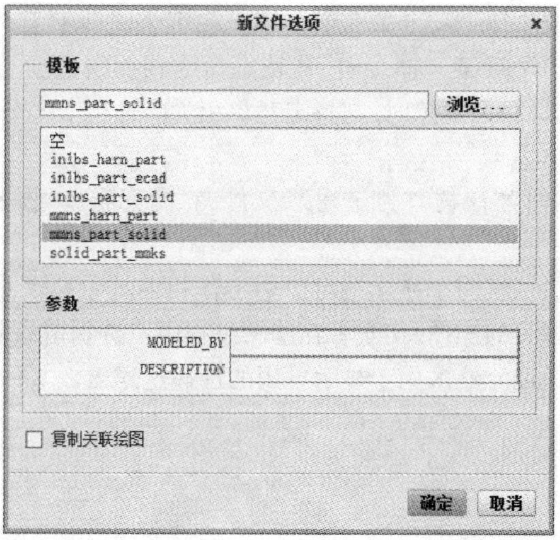

图14-3　模板选择

（二）零件模块界面

选择"零件"类型文件，进入三维零件设计环境，如图14-4所示。其界面和其他绘图软件类似，主要包括标题栏、工具栏、选项卡式功能区、导航区、绘图区和状态栏等。

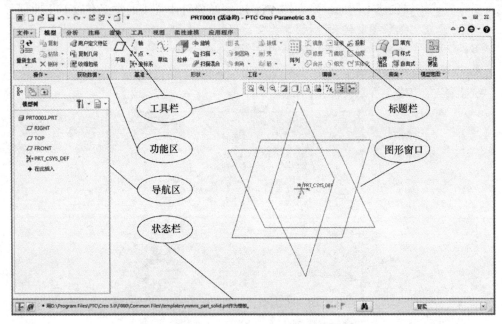

图14-4　零件模块工作界面

1. 工具栏

"快速工具栏"位于 PTC Creo Parametric 窗口的顶部，提供了对常用按钮的快速访问，比如打开和保存文件、撤销、重做、重新生成、关闭窗口、切换窗口等按钮。

"图形工具栏"被嵌入到图形窗口顶部，用于控制图形的显示。通过右键单击并从快捷菜单中选取位置，可以更改工具栏的位置。

2. 功能区

功能区包含组织成一组选项卡的命令按钮。在每个选项卡上，相关按钮分组在一个面板中。在激活或取消激活某一命令时，与特定命令相关的选项卡会自动打开或关闭。同样，在选择或取消选择相关对象时，与特定对象相关的选项卡会分别打开或关闭。

3. 导航区

导航区包括"模型树""层树""细节树""文件夹"浏览器和"收藏夹"。

4. 状态栏

状态栏中间空白消息区用于显示与窗口中工作相关的单行消息。在执行命令时，消息区将引导用户进行相关的操作，初学者在绘图过程中应特别留意消息区的提示信息。

状态栏右端的选择过滤器区用于显示可用的选择过滤器。

二、基本操作

（一）保存文件

每次保存文件时，会在内存中创建该对象的新版本，Pro/E 会对存储文件的每一个版本进行连续编号（例如 gear.prt.1、gear.prt.2、gear.prt.3、…以此类推），并将其写入磁盘中。

（二）拭除文件

使用功能区"视图"/"窗口"/"关闭"命令关闭窗口时，文件对象不再显示，但在当前会话中会保存在内存中。拭除对象将从内存中，但不从磁盘中移除对象。

单击"文件"/"管理会话"/"拭除未显示的"，将从当前会话中拭除所有对象，但不拭除当前显示的对象及其显示对象所参考的全部对象。

（三）删除文件

正由于上述特殊的保存机制，同一文件被保存多次后会生成多个文件，占用大量磁盘空间。当确认最新版本文件后，可单击"文件"/"管理文件"/"删除旧版本"，以删除除最新版本（具有最高版本号的版本）外的所有版本。

（四）鼠标操作

一般使用带滚轮的三键鼠标绘制图形，常用操作如表 14-1 所列。

表 14-1 常用鼠标操作

鼠标按键	功能
左键	选择对象、特征等
右键	依据不同环境弹出相应的快捷菜单
中键	按住中键并移动可任意方向旋转视图中的模型
中键	转动滚轮可放大或缩小视图中的模型
中键	草绘中用于结束命令或确定尺寸标注的放置位置
Ctrl + 中键	上下移动可放大或缩小视图中的模型
Ctrl + 中键	左右移动可旋转视图中的模型
Shift + 中键	移动视图区域中的模型或草绘中的图形
Ctrl + Alt + 右键	装配模块中用于移动待装配的元件
Ctrl + Alt + 中键	装配模块中用于旋转待装配的元件

第二节 草 绘 工 具

任何一个基本的三维实体都可以看做是将一定形状的二维截面图形按一定方式如拉伸、旋转、扫描、混合等生成的。在 Pro/E 中，二维截面的绘制是由系统提供的草绘模块来完成的，该模块是系统的基础模块。特征的创建、工程图的建立、三维装配图的建立以及需要进行平面草图绘制的地方，都会调用草绘模块。

一、草绘界面

可使用以下方法进入"草绘器"模式：

（1）单击"文件"/"新建"，选择"草绘"类型，直接创建草绘文件。

（2）在零件建模过程中，单击功能区"模型"/"基准"/"草绘" ，以创建独立的草绘特征（外部草绘），其特点是可以被该零件的其他特征调用，作为特征直接显示在模型树中。

（3）在建立零件特征时，单击特征选项卡底部的"放置"/"定义"按钮，以创建草绘（内部草绘），其特点是内部草绘仅能被该特征调用，不直接显示在模型树中，使得零件模型树简洁明了，便于管理。

在单击"草绘"图标后，弹出图14-5所示的"草绘"对话框。

其中：

（1）"放置"选项卡中"草绘平面"和"草绘方向"用于选择草绘放置的平面和绘图方向，"使用先前的"可直接使用上次创建的草绘平面和方向设置。

（2）选择草绘平面后，大多数情况下系统会在"参考"选项中自动选择一个和草绘平面垂直的平面作为参考平面，并给定了该参考平面的正法线方向，如需要可重新选择参考平面和方向。

选择草绘平面和参考平面后，单击"草绘"进入草绘界面，在功能区出现"草绘"选项卡，集成了用于草图绘制的一系列命令图标，如图14-6所示，主要包括设置、基准、草绘、编辑、约束和尺寸等面板组。

图14-5 草绘选项

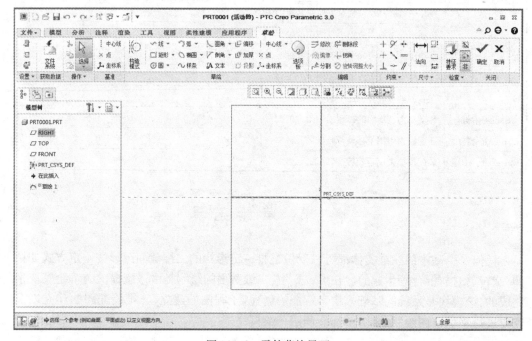

图14-6 零件草绘界面

二、常用术语

软件中经常用到的术语如表14-2所列。

表14-2 常用术语汇总表

术语	定义
图元	截面几何的任何元素(如直线、圆弧、圆、样条曲线、圆锥、点或坐标系)
参照图元	在零件草绘器中创建截面图元时所参照的截面外的几何图元
尺寸	图元或图元之间关系的测量
约束	定义图元几何或图元间关系的条件,约束符号出现在应用约束的图元旁边
参数	草绘器中的辅助数值
构造图元	只在草绘器中可见的元素(如构造中心线)
几何图元	真正几何元素(如几何中心线),可将特征级信息传达到草绘器之外
弱尺寸	系统自动生成的尺寸,显示为灰色,在用户修改几何、添加/修改尺寸或约束时消失
强尺寸	由用户创建的、草绘器不能自动删除的尺寸
冲突	两个或多个强尺寸或约束的矛盾或多余条件。出现这种情况时,必须通过删除一个不需要的约束或尺寸来解决

三、草图绘制

单击"草绘"选项卡中的相应图标,然后在草绘窗口中选择点,便可开始草绘图元。此时将创建一个可随指针伸缩的点,选择点的位置后,余下的几何便会随指针伸缩,直到选择了放置该几何的点。

(一)草绘工具

常用的草绘工具如表14-3所列。

表14-3 常用草绘工具

工具	功能	工具	功能
	绘制直线段		使用圆心和端点创建弧
	创建与两个图元相切的线		使用三点创建弧或创建与端点相切的弧
	使用拐角创建矩形		用弧连接两个图元,构造线延伸到交点
	通过定义中心创建矩形		用弧连接两个图元
	使用圆心和点创建圆		用倒角连接两个图元,构造线延伸到交点
	通过三点创建圆		用倒角连接两个图元
	创建同心圆		将选定的模型曲线或边投影到草绘平面
	创建与三个图元相切的圆		用零件的边作为草绘参考创建偏移图元
	通过定义中心和轴来创建椭圆		用零件的边作为草绘参考创建双偏移图元
	创建构造点		创建几何点
	创建构造中心线		创建几何中心线

（二）草绘编辑

常用的草绘编辑命令有删除段、拐角、分割、镜像和旋转等。

⌀删除段：删除图元。单击要删除的段，或直接按住鼠标左键滑过要删除的图元。

⌀拐角：使用拐角连接两个图元。在要保留的图元部分上，单击任意两个图元。

⌀分割：将一个截面图元分割成两个或多个新图元，在要分割的位置单击图元。

⌀镜像：沿中心线镜像几何图元。选择要镜像的一个或多个图元，单击命令并选择中心线。

（三）草绘约束

约束是定义图元几何或图元间关系的条件，约束可以参考几何图元或构造图元，可以创建约束或接受草绘时给出的约束，还可以选择并删除现有约束。

1. 动态约束

在创建草绘时，系统会自动对草绘进行约束和标注，以使截面可以求解。当在某个约束的公差内移动草绘光标时，光标将捕捉该约束并在图元旁边显示其图形符号。进行草绘时，可以通过接受移动草绘光标时所提供的约束来约束几何。

可以使用表 14-4 所列操作来控制约束。

表 14-4 控制动态约束

命令	操作
单击	接受约束以完成对图元的草绘
右键单击	锁定约束并继续进行草绘
右键单击两次	禁用所提供的约束并继续进行草绘
右键单击三次	启用所提供的约束并继续进行草绘
按住 Shift 键	禁用提供约束
按 Tab 键	在多个活动约束之间进行切换，这样就可以锁定或禁用它们

2. 添加约束

当系统创建的动态约束无法满足草绘要求时，可以使用表 14-5 所列的约束类型手动添加几何约束至草绘图元。

表 14-5 约束类型及功能

约束	功能
⌀	使直线或两顶点竖直。选取命令，单击直线或两个顶点。竖直约束标记为"V"
⌀	使直线或两顶点水平。选取命令，单击直线或两个顶点。水平约束标记为"H"
⌀	使两个图元处于垂直(正交)状态。选取命令，单击两直线。垂直约束标记为"⊥"
⌀	使两个图元处于相切状态。选取命令，单击直线和圆弧。相切约束标记为"T"
⌀	使点放置在直线的中点处。选取命令，单击点和直线。中点约束标记为"M"
⌀	使两图元共线重合。选取命令，选取两条直线。重合约束标记为"— —"、"⌀"

(续)

约束	功能
╂	使两顶点关于中心线对称。选取命令,选取中心线和两个顶点。对称约束标记为"→ ←"
=	使两直线等长或两圆弧半径相等。选取命令,单击两对象。相等约束标记为"L""R"
//	使两直线或多条直线平行。选取命令,单击两直线。平行约束标记为"∥"

(四)尺寸标注

和约束类似,在创建草绘时系统会自动对草绘进行标注。系统提供的尺寸标注有时不是完全需要的,则可以通过定义新尺寸、修改自动生成的尺寸、加强弱尺寸等操作进而完成尺寸标注。

1. 创建基本尺寸

(1)单击"草绘"/"尺寸"/"法向"▭。

(2)选择要标注的一个或多个图元。

(3)中键单击以放置尺寸。

2. 修改尺寸值

双击该尺寸,并键入新值,然后按 Enter 键,可修改单个尺寸。

也可以通过以下步骤修改一组尺寸:

(1)单击并拖动框以选择要修改的多个尺寸。

(2)单击右键并从快捷菜单中选取"修改",或单击"草绘"/"编辑"/"修改"▭。弹出"修改尺寸"对话框,如图 14 – 7 所示。

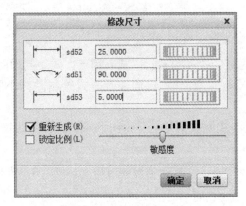

图 14 – 7　修改尺寸

其中:

重新生成——控制截面是在每次修改尺寸时,还是仅在完成修改尺寸后重新生成截面。

锁定比例——控制在修改尺寸时是否锁定截面比例。

敏感度滑块——控制更改选定尺寸的敏感度。

(3)键入尺寸的新值。

(4) 单击"确定",截面会重新生成。

3. 加强弱尺寸

选择要加强的尺寸,右键单击,然后从快捷菜单中选取"强"。

四、综合实例

由于尺寸驱动和几何约束的存在,Pro/E 在草绘器中创建二维截面与 AutoCAD 绘制方式有所不同,其主要步骤如下:

(1) 根据所要创建的二维截面几何形状大致草绘轮廓。

(2) 根据需要,添加尺寸和约束,修改由"草绘器"创建的标注形式。如果要保留系统自动创建的尺寸,则在退出"草绘器"之前加强它们。

(3) 如果需要,可添加关系来控制截面状态。

绘制如图 14 - 8 所示的平面图形。

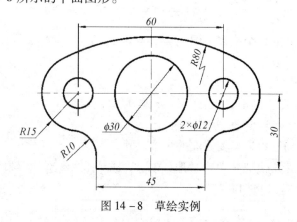

图 14 - 8 草绘实例

绘图步骤:

(1) 过原点绘制竖直、水平中心线,以圆心和点方式绘制中间大圆,然后绘制直线段,以端点相切(3 点)方式绘制两段弧,以同心圆方式绘制左侧小圆,结果如图 14 - 9(a)所示。

(2) 将图 14 - 9(a)中除大圆外的其余图元沿竖直中心线镜像,结果如图 14 - 9(b)所示。

(3) 使用端点相切(3 点)方式绘制顶部最后一段弧,结果如图 14 - 9(c)所示。

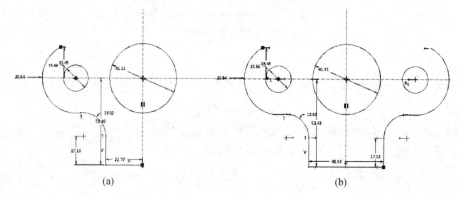

(a)   (b)

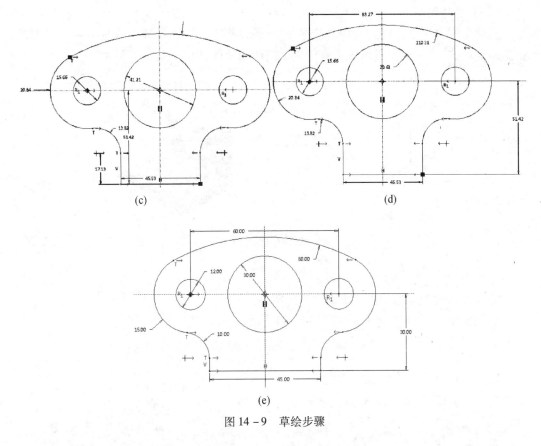

图 14-9　草绘步骤

（4）添加约束，由于左右对称，只需将小圆圆心和水平中心线添加重合约束，之后标注尺寸。结果如图 14-9（d）所示。

（5）修改尺寸，全部选择并单击修改尺寸，输入尺寸值。结果如图 14-9（e）所示。

第三节　Pro/E 实体建模

Pro/E 是一个基于特征的实体模型系统，零件建模从对几何特征的相继创建开始，每个特征的创建都会改变零件的几何形状，并在零件实体模型中加入一些设计信息。特征包括基础特征（拉伸、旋转、扫描等）、基准特征（基准面、基准轴等）、工程特征（孔、倒圆角、倒角等）等，而这些特征的参数，例如孔的半径和深度等称为特征参数，用于驱动特征的生成。

一、基础特征

一个模型一般由多种特征组成，在 Pro/E 系统的建模过程中，基础特征的建立是必需的，也就是说任何其他特征都必须建立在基础特征之上。所以，在每次建立模型的时候，首先要做的工作是建立基础特征，然后才是建立其他的附加特征。常用的基础特征包括拉伸、旋转、扫描和混合。

（一）拉伸特征

拉伸是定义三维几何的一种最基本方法，通过将二维截面延伸到垂直于草绘平面的指定距离处，二维截面扫过的体积就构成了拉伸的特征，如图 14 – 10 所示。

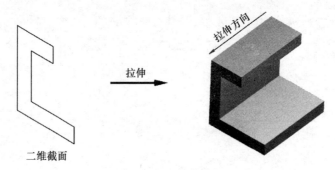

图 14 – 10　拉伸特征

1. 命令调用

功能区选项卡"模型"/"形状"/"拉伸"：

功能区出现"拉伸"选项卡，如图 14 – 11 所示。

图 14 – 11　"拉伸"选项卡

2. 面板图标

——创建实体拉伸。

——创建曲面拉伸。

——将拉伸深度方向反向至草绘的另一侧。

——沿拉伸移除材料，以便为实体特征创建切口。

——反向移除功能，从草绘的相对侧移除材料。

——为草绘添加厚度以创建薄实体、薄实体切口。

——将加厚方向切换到草绘的一侧、另一侧或两侧。

3. 深度选项

通过选择表 14 – 6 所列的深度选项之一来指定拉伸特征的深度。

表 14-6 深度选项

深度	含义
	盲孔:自草绘平面以指定深度值拉伸截面(输入负值会反转深度方向)
	对称:在草绘两侧方向上以指定深度值的一半拉伸截面
	到下一个:将截面拉伸到实体的下一个曲面(在其接触到实体的首个曲面处终止)
	穿透:拉伸截面,使之与所有曲面相交(在其到达最后一个曲面时将其终止)
	穿至:将截面拉伸,使其与选定曲面相交(可选择实体中的任意曲面为终止曲面)
	到选定项:将截面拉伸至一个选定点、曲线、平面或曲面(可捕捉至任意有效图元)

4. 子选项卡

"放置":显示定义拉伸特征的草绘。用于定义、编辑内部草绘,选择外部草绘或断开与选定草绘的关联,并复制草绘作为内部草绘。

"选项":设置拉伸两侧的深度选项。可创建双侧特征,此特征在草绘平面的两侧构造,并具有为每一侧所定义的深度选项。

"属性":设置特征名称,在浏览器中显示详细的元件信息。

5. 创建步骤

(1) 单击"拉伸" ,"拉伸"选项卡随即打开。

(2) 选择现有草绘,或单击"拉伸"/"放置"/"定义"以创建内部草绘截面;也可以先选择一个外部草绘,或一个基准平面或平面曲面,然后单击"拉伸"。

(3) 选择一个深度选项。

(4) 选择截面拉伸方向。

① 要创建切口,单击移除材料 ,根据需要单击右侧 反向移除材料。

② 要给截面添加厚度,单击加厚草绘 ,在右侧的框内键入厚度值,根据需要单击厚度框右侧的 切换加厚方向。

(5) 如需要创建双侧特征,单击"选项"选项卡并为侧 2 方向定义深度。

(6) 单击 完成特征创建。

6. 说明

(1) 用于创建零件的第一个实体拉伸特征的草绘截面必须是封闭的(使用加厚草绘拉伸除外)。

(2) 其余实体拉伸特征的草绘截面可以是封闭的,也可以是开放的,但开放截面轮廓必须与零件模型边界构成封闭区域,且拉伸深度不能超出零件模型(切口和加厚草绘拉伸除外)。

(3) 封闭截面可以是单一或多个不叠加的封闭环,如为嵌套环,则其中最大的环用作外部环,而将其他所有环视为较大环中的孔。

（二）旋转特征

旋转也是定义三维几何的一种基本方法，将二维截面绕中心线旋转指定的角度，二维截面扫过的体积就构成了旋转特征，如图 14-12 所示。

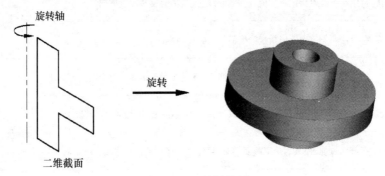

图 14-12　旋转特征

1. 命令调用

功能区选项卡"模型"/"形状"/"旋转"：。

功能区出现"旋转"选项卡，如图 14-13 所示。

图 14-13　"旋转"选项卡

2. 面板图标

——创建实体旋转。

——创建曲面旋转。

——收集器，显示旋转轴。

——将旋转角度方向反向至草绘的另一侧。

——沿旋转移除材料，以便为实体特征创建切口。

——反向移除功能，从草绘的相对侧移除材料。

——为草绘添加厚度以创建薄实体、薄实体切口。

——将加厚方向切换到草绘的一侧、另一侧或两侧。

3. 角度选项

通过选择表 14-7 所列的角度选项之一来指定旋转特征的角度。

表 14-7　角度选项

深度	含义
☐	变量:自草绘平面以指定角度值旋转截面
☐	对称:在草绘平面的每一侧上以指定角度值的一半旋转截面
☐	到选定项:将截面旋转到选定的基准点、顶点、平面或曲面

4. 子选项卡

"放置":显示定义旋转特征的草绘。

① 草绘——用于定义、编辑内部草绘,选择外部草绘或断开与选定草绘的关联,并复制草绘作为内部草绘。

② 轴——用于显示旋转轴,如使用草绘中心线作为旋转轴,则显示为"内部 CL"。

"选项":设置旋转两侧的角度选项。可创建双侧特征,此特征在草绘平面的两侧构造,并具有为每一侧所定义的深度选项。

"属性":设置旋转特征名称,在浏览器中显示详细的元件信息。

5. 创建步骤

(1) 单击"旋转"按钮 ☐,"旋转"选项卡随即打开。

(2) 选择现有草绘,或单击选项卡"旋转"/"放置"/"定义"以创建内部草绘截面,如果需要,可在草绘中创建几何中心线;也可以先选择一个草绘,或选择一个基准平面或平面曲面,然后单击"旋转"。

(3) 如果草绘的截面不包含中心线,单击 ☐ 收集器,然后选择线性参考作为旋转轴。

(4) 选择一个角度选项。

(5) 选择截面旋转方向。

① 要创建切口,单击"移除材料"按钮 ☐,根据需要单击右侧 ☐ 反向移除材料。

② 要给截面添加厚度,单击"加厚草绘"按钮 ☐,在右侧的框内键入厚度值,根据需要单击厚度框右侧的 ☐ 切换加厚方向。

(6) 要创建双侧特征,单击"选项"选项卡,并为侧 2 方向定义角度。

(7) 单击 ☐ 完成特征创建。

6. 说明

(1) 草绘旋转特征截面时,其截面必须全部位于旋转轴的一侧。

(2) 如果草绘中包含一条以上的中心线,则创建的第一条几何中心线用作旋转轴。若草绘中不包含几何中心线,则使用创建的第一条构造中心线。要指定用作旋转轴的中心线,选择并右键单击所需中心线,然后选择"指定旋转轴"。

(三) 扫描特征

扫描特征就是将二维截面沿着预先定义的轨迹线移动,二维截面扫过的体积就构成了扫描特征,如图 14-14 所示。

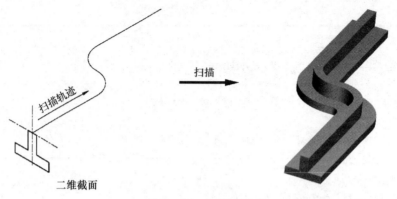

图 14-14 扫描特征

1. 命令调用

🔸功能区选项卡"模型"/"形状"/"扫描":🗔。

功能区出现"扫描"选项卡,如图 14-15 所示。

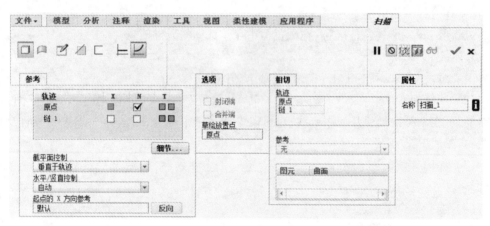

图 14-15 "扫描"选项卡

2. 面板图标

🗔——创建实体扫描。

🗔——创建曲面扫描。

🖉——打开内部草绘器来创建或编辑扫描横截面。

🗔——沿扫描移除材料,以便为实体特征创建切口。

🗔——反向移除功能,从草绘的相对侧移除材料。

🗔——为草绘添加厚度以创建薄实体、薄实体切口。

🗔——将加厚方向切换到草绘的一侧、另一侧或两侧。

🗔——创建恒定截面扫描,沿轨迹扫描时,截面不会更改其形状;只有截面所在框架的方向发生变化。

🗔——创建可变截面扫描,指定多条轨迹(第一条轨迹称为原点轨迹,其余所有轨迹称为其他轨迹),通过将草绘图元约束到其他轨迹上以使截面形状在扫描过程中实时更改。使用由系统参数 trajpar 设置的截面关系也可使草绘截面可变。

3. 子选项卡

"参考":显示轨迹列表,包括选择作为轨迹原点和集类型的轨迹,以及截平面方向控制有关选项。

"选项":

(1)封闭端——控制是否封闭扫描特征的每一端,适用于具有封闭环截面和开放轨迹的曲面扫描。

(2)合并端——控制是否将实体扫描特征的端点连接到邻近的实体曲面而不留间隙。

(3)草绘放置点——用于指定原点轨迹上的点来草绘截面。

"相切":显示扫描特征中的轨迹列表,及用相切轨迹控制曲面有关选项。将轨迹分配为相切轨迹时,会向扫描截面的草绘添加一条中心线,此中心线在该轨迹与草绘平面的交点处与相邻曲面相切。

"属性":设置扫描特征名称,在浏览器中显示详细的元件信息。

4. 创建步骤

(1)单击"扫描"按钮 ,"扫描"选项卡随即打开。

(2)单击"扫描"/"参考"选项卡,并单击"轨迹"收集器,然后选择现有曲线链或边链。

(3)要更改截面类型,单击 创建大小和形状保持不变的截面,或单击 创建大小和形状可以沿扫描变化的截面。

① 要沿着扫描移除材料,单击 ,根据需要单击右侧 反向移除材料。

② 要给截面添加厚度,单击"加厚草绘"按钮 ,在右侧的框内键入厚度值,根据需要单击厚度框右侧的 切换加厚方向。

(4)单击"参考"选项卡,然后按要求选择相应的项。

(5)要设置相切,单击"相切"选项卡,在"轨迹"下拉列表中选择一条轨迹,在"参考"下,选择一个选项将扫描截面设置为包含一条中心线,该中心线在选定轨迹的"侧1"或"侧2"与曲面相切,或与"选定"曲面相切。

(6)单击 打开"草绘器"。在轨迹起点的十字交叉处草绘截面。

(7)要消除扫描端点合并到邻近实体处的间隙,选择"选项"选项卡中的"合并端"复选框。

(8)单击 完成特征创建。

(四)混合特征

混合是将多个有一定空间距离的平面截面在其顶点处用过渡曲面连接而构成的连续特征,如图14-16所示。

共有三种混合类型:

(1)平行混合:所有混合截面均位于平行平面上。

(2)旋转混合:混合截面绕旋转轴旋转,旋转的角度范围为 -120° ~ 120°。

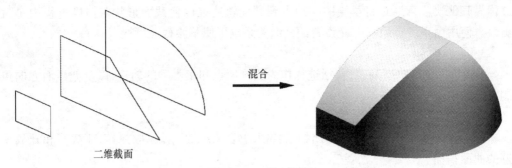

图 14-16 混合特征

（3）常规混合：一般混合截面可以绕 x 轴、y 轴和 z 轴旋转，也可以沿这三个轴平移。每个截面都单独草绘，并用截面坐标系对齐。

下面介绍常用的平行混合特征的使用方法。

1. 命令调用

功能区选项卡"模型"/"形状"/"混合"：。

功能区出现"混合"选项卡，如图 14-17 所示。

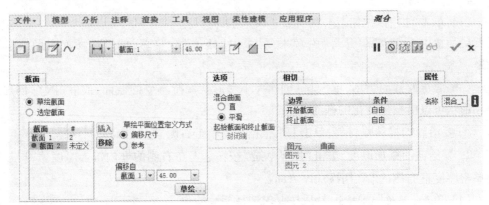

图 14-17 "混合"选项卡

2. 面板图标

——创建实体混合。

——创建曲面混合。

——使用内部或外部草绘截面创建混合。

——通过使用选定截面来创建混合。

——使用相对于上一个草绘平面的偏移定义草绘平面位置。

——沿混合移除材料以创建切口。

——切换移除材料的草绘侧，或切换添加材料的草绘侧。

——为草绘添加厚度以创建薄实体、薄实体切口。

——将加厚方向切换到草绘的一侧、另一侧或两侧。

3. 子选项卡

"截面":

① 草绘截面——使用草绘截面来创建混合。

② 选定截面——通过使用选定截面来创建混合。

"选项":

(1) 直——在两个截面间形成直曲面。

(2) 平滑——形成平滑曲面。

"相切":边界——在起始或终止截面处设置混合相切。

"属性":设置混合特征名称,在浏览器中显示详细的元件信息。

4. 创建步骤

(1) 单击"混合"按钮 ,"混合"选项卡随即打开。

(2) 要将内部或外部草绘用作第一个截面,可单击 或选择"截面"选项卡上的草绘截面,选择已草绘的截面或定义一个新的草绘。单击"截面"选项卡"插入",输入偏移尺寸或选择参考来确定第二个截面的位置,然后单击草绘 创建第二个截面。

(3) 要选择链用作第一个截面,可单击 或选择"截面"选项卡上的"选定截面"选择定义第一个截面的曲线链。单击"截面"选项卡上"插入",选择曲线链以创建第二个截面。

(4) 根据需要,通过重复前一步骤来草绘或选择更多的截面。

① 要沿着混合移除材料,单击 ,根据需要单击右侧 反向移除材料。

② 要给截面添加厚度,单击"加厚草绘"按钮 ,在右侧的框内键入厚度值,根据需要单击厚度框右侧的 切换加厚方向。

(5) 单击"选项"选项卡,然后选择"直"用直线连接混合截面并通过直纹曲面连接截面的边,或选择"平滑"来创建平滑直线,并通过样条曲面来连接截面的边。

(6) 单击"相切"选项卡,然后选择每个起始和终止截面的相切条件。

(7) 单击 完成特征创建。

创建旋转混合和常规混合的步骤和平行混合类似,本书限于篇幅不再赘述。

二、基准特征

基准特征在创建三维几何模型的过程中起着重要的辅助参考作用,常用的基准特征包括基准面和基准轴。

(一) 基准平面

系统默认提供了三个相互垂直的基准平面 FRONT、TOP 和 RIGHT,可以在基准平面上草绘或放置特征,也可以将基准平面作为标注、装配体和剖视图的参考面等。

1. 命令调用

功能区选项卡"模型"/"基准"/"平面": 。

弹出"基准平面"对话框,如图 14-18 所示。

(1) "放置":通过参考现有平面、曲面、边、点、坐标系、轴、顶点、基于草绘的特征、曲线、草绘等对象来放置新基准平面。

(2)"显示":调整基准平面轮廓的尺寸,基准平面是无限的,但是可调整其显示大小,使其与零件、特征、曲面、边或轴相吻合。

(3)"属性":设置基准平面名称。

2. 创建步骤

通过指定约束可创建基准平面,该约束相对于现有的几何定位该基准平面。所选约束必须相对于模型无模糊地定位基准平面。

(1)创建偏移基准平面。选择要自其偏移的现有基准平面或平面曲面,在"偏移"值框中输入偏移尺寸,负值可反向偏移,或在图形窗口中拖动控制滑块。

图14-18 "基准平面"对话框

(2)创建具有角度偏移的基准平面。选择现有的基准轴、直边或直曲线,在约束列表中,选择"穿过",按住Ctrl键并选择现有的基准平面或平面曲面,在"旋转"值框中键入一个角度值,或在图形窗口中拖动控制滑块。

(3)创建相切或垂直与曲面的基准平面。选择圆柱或圆锥的旋转曲面,在旋转曲面旁的列表中选择"相切"或"垂直",按住Ctrl键的同时选择基准点或顶点。

(二)基准轴

和基准平面类似,基准轴也可以用作特征创建的参考,主要用于创建基准平面、同轴放置项和创建径向阵列等参考。

1. 命令调用

功能区选项卡"模型"/"基准"/"轴":。

弹出"基准轴"对话框,如图14-19所示。

2. 创建步骤

(1)创建垂直于曲面的基准轴。择一个曲面,此时约束类型被设置为"法向",垂直于选定曲面的基准轴的预览出现,并且曲面上显示一个放置控制滑块和两个偏移参考控制滑块;单击"偏移参考"并在图形窗口中选择两个参考(例如平面、平面曲面或直边),或者将偏移参考控制滑块拖动至参考,设置相应偏移数值。

(2)创建过圆柱曲面轴线的基准轴。选择圆柱面,此时约束类型被设置为"穿过",单击鼠标中键。

图14-19 "基准轴"对话框

(3)创建过两平面的交线的基准轴。选择第一个平面,按住Ctrl键并选择第二个平面,单击鼠标中键。

三、工程特征

工程应用中零件种类繁多,结构往往比较复杂。工程特征是在基础特征的基础上创建的,例如孔、圆角、倒角、筋和壳等特征,这类特征又称为放置特征,创建时需要确定特征的位置和形状。合理地使用工程特征可以提高零件建模的效率,方便后续的出图和装配等。

(一) 孔特征

孔是机械零件中常见的一种工程特征。孔的形式多种多样,按照加工方式,主要分为中心孔、阶梯孔、沉头孔、埋头孔等;按照孔的深度形式,可分为通孔和盲孔;按照有无螺纹,可划分为直孔和标准孔。Pro/E 中孔特征主要有简单孔和标准孔两大类。

1. 命令调用

✧功能区选项卡"模型"/"工程"/"孔":⟦图标⟧。

功能区出现"孔"选项卡,如图 14-20 所示。

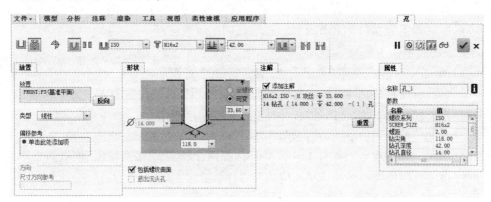

图 14-20 "孔"选项卡

2. 面板图标

"孔"选项卡上的图标含义如表 14-8 所列。

表 14-8 孔特征命令图标

简单孔		标准孔	
	创建简单孔		创建标准孔
	将预定义矩形用作钻孔轮廓		为孔添加攻丝
	轻量化孔几何表示		创建锥孔
	将标准孔轮廓用作钻孔轮廓		创建钻孔
	使用草绘来定义钻孔轮廓		创建间隙孔
	打开现有草绘轮廓		设置螺纹类型
	打开草绘器创建轮廓		设置螺钉尺寸
	测量到肩末端的深度		测量到肩末端的深度
	测量到孔顶端的深度		测量到孔顶端的深度
	添加沉头孔		添加沉头孔
	添加沉孔		添加沉孔

3. 子选项卡

"放置":显示孔放置参考平面及放置类型,常用放置类型有以下几种。

(1) 线性——选择两个偏移参照,标注线性尺寸,确定孔的放置位置。

(2) 径向——选择一条轴线和一个平面作为偏移参照,以参照轴线到钻孔轴线距离为圆的半径,以两轴线确定的平面和参照平面夹角尺寸确定孔的位置。

(3) 直径——选择一条轴线和一个平面作为偏移参照,以参照轴线到钻孔轴线距离的 2 倍为圆的直径,以两轴线确定的平面和参照平面夹角尺寸确定孔的位置。

(4) 同轴——选择一条轴线为参考放置孔。

"形状":定义孔几何形状并对其进行说明,选项与孔类型相关。

"注解":显示标准孔的螺纹注解,仅在已选定标准孔时可用。

"属性":设置空特征的名称及显示标准孔的图表数据。

4. 创建简单孔步骤

(1) 单击"模型"/"工程"/"孔","孔"特征选项卡随即打开。

(2) 选取孔的放置平面,被选表面加亮显示,并预显孔的位置和大小。如选择孔的放置平面的同时按住 Ctrl 键选择轴线,可直接创建简单同轴孔。

(3) 单击"放置"选项卡,并在放置"类型"框中选择一个放置类型。

(4) 单击"偏移参考",按住 Ctrl 键同时选择两个参考,并在"偏移"值框后面输入尺寸,或将预显孔绿色控制滑块拖至相应的参考位置处,再修改尺寸。

(5) 设置孔的直径和深度。

(6) 单击 ☑ 完成特征创建。

创建标准孔的步骤和简单孔基本相同,定位后只需选择标准孔的形状和大小即可,其余操作相同。

(二) 壳特征

壳特征可将实体内部掏空,只留一个特定壁厚的壳,并可指定要从壳移除的一个或多个面,还可选择要在其中分配不同厚度的曲面。将图 14 – 21 (a) 所示的长方体进行抽壳,移除顶面并将左侧面分配不同厚度后,结果如图 14 – 21 (b) 所示。

创建壳后,将掏空所有在创建壳特征之前添加到实体的特征。因此,特征创建的次序非常重要。

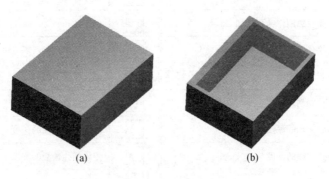

图 14 – 21　壳特征

1. 命令调用

功能区选项卡"模型"/"工程"/"壳"：。

功能区出现"壳"选项卡，如图 14-22 所示。

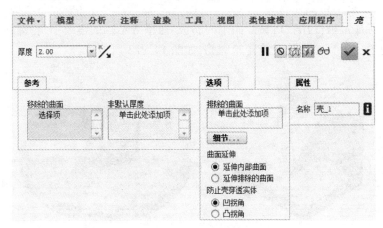

图 14-22 "壳"选项卡

2. 子选项卡

"参考"：

（1）移除的曲面——显示要移除的曲面，如果未选择任何曲面，则会创建一个封闭壳，将零件的整个内部都掏空，且空心部分没有入口。

（2）默认厚度——显示分配有不同厚度的曲面，可选择曲面并指定单独的厚度值。

"选项"：

（1）排除的曲面——显示一个或多个要从壳排除的曲面。

（2）延伸内部曲面——将在壳特征的内部曲面上形成一个盖。

（3）延伸排除的曲面——将在壳特征的排除曲面上形成一个盖。

（4）凹拐角——防止壳在凹拐角处切割实体。

（5）凸拐角——防止壳在凸拐角处切割实体。

"属性"：设置壳特征名称，在浏览器中显示详细的元件信息。

3. 创建步骤

（1）单击"模型"/"工程"/"壳"，"壳"选项卡随即打开。

（2）要修改壳厚度，在"壳"选项卡的"厚度"框内键入一个值或选择一个值。

（3）要反向壳特征的方向，单击。

①要移除曲面，打开"参考"选项卡中的"移除的曲面"收集器，然后选择一个或多个曲面。

②要指定具有不同厚度的曲面，打开"参考"选项卡上的"非默认厚度"收集器，然后选择曲面，并指定厚度值。

③要从壳化过程中排除曲面，打开"选项"选项卡上的"排除的曲面"收集器，然后选择一个或多个要从壳中排除的曲面。

（4）单击 完成特征创建。

(三) 筋特征

筋特征是零件设计中连接到实体曲面的肋板伸出项,通常用来加强零件的强度,防止出现不必要的弯曲。筋特征包括轮廓筋和轨迹筋两种。轨迹筋常用于加固含有腔槽空间的塑料零件,这里不再赘述。

轮廓筋特征常被使用在机械产品中的肋板、薄壁等结构的建模中,轮廓筋根据草图连接几何自动生成为直轮廓筋或旋转轮廓筋,如图14-23所示。

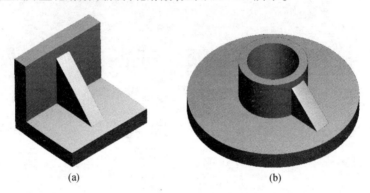

图14-23 轮廓筋特征
(a)直轮廓筋;(b)旋转轮廓筋。

1. 命令调用

功能区选项卡"模型"/"工程"/"轮廓筋":。

功能区出现"轮廓筋"选项卡,如图14-24所示。

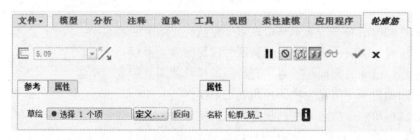

图14-24 "轮廓筋"选项卡

2. 子选项卡

"参考":显示有效草绘参考,用于定义和编辑使用草绘器定义的内部截面,以及中断从属截面和父草绘特征之间的关联性。

"属性":设置壳特征名称,在浏览器中显示详细的元件信息。

3. 创建步骤

(1) 单击"模型"/"工程"/"轮廓筋","轮廓筋"选项卡随即打开。

(2) 单击"参考"选项卡上的"定义"创建草绘截面,或选择现有草绘截面。

(3) 预览几何显示在图形窗口中,更改箭头方向使箭头指向要填充的草绘侧。

(4) 输入筋的厚度,默认厚度相对草绘平面对称,单击 更改加厚方向。

(5) 单击 完成特征创建。

4. 说明

用于轮廓筋的草绘截面必须是连续的非相交开放图元,和零件模型构成单一封闭区域,草绘一般使用参考将端点约束到和筋特征相关的实体面、边上,如图14-25所示。

(四)圆角特征

圆角特征广泛应用于机械零件中,是通过向一条或多条边、边链或在曲面之间的空白处添加半径形成的一种边处理特征。常见的圆角类型包括恒定圆角、完全圆角、可变圆角和曲线圆角,如图14-26所示。

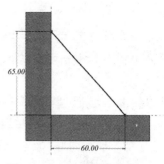

图 14-25 绘制轮廓筋截面

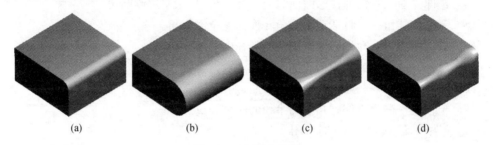

图 14-26 圆角特征

(a)恒定圆角;(b)完全圆角;(c)可变圆角;(d)曲线圆角。

1. 命令调用

功能区选项卡"模型"/"工程"/"倒圆角":。

功能区选项卡"模型"/"工程"/"自动倒圆角":。

功能区出现"倒圆角"选项卡,如图14-27所示。

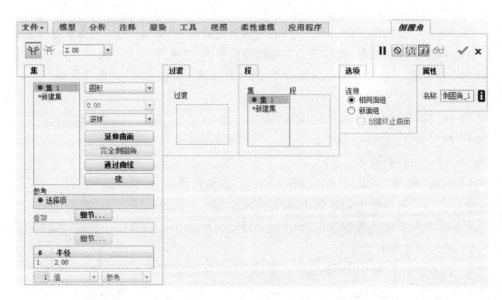

图 14-27 "倒圆角"选项卡

2. 面板图标

▢——激活"集"模式,默认选项。

▢——激活"过渡"模式。

3. 子选项卡

"集":激活"集"模式时可用。

(1) 集列表——显示当前倒圆角特征的所有倒圆角集。

(2) 横截面形状——定义活动倒圆角集的横截面形状,如圆形、圆锥等,一般为圆角。

(3) 创建方法列表——包括"滚球"和"垂直于骨架",一般为"滚球"。

(4) 延伸曲面——延伸接触曲面时展开倒圆角,只用于边倒圆角。

(5) 完全倒圆角——将活动倒圆角转换为完全倒圆角。

(6) 通过曲线——允许活动倒圆角的半径由选定曲线驱动。

(7) 弦——以恒定的弦长创建倒圆角。

(8) 参考收集器——显示选取的集参照,如平面、曲面等。

(9) 半径表——定义倒圆角集的半径的距离和位置。

"过渡":激活"过渡"模式时可用。

"段":用于查看特征中的所有集合、查看倒圆角集中的所有倒圆角段,以及修剪、延伸或排除段或者处理放置模糊问题。

"选项":设置倒圆角的几何类型,零件建模一般为实体。

"属性":设置倒圆角特征名称,在浏览器中显示详细的元件信息。

4. 创建步骤

(1) 单击"模型"/"工程"/"倒圆角"▢,"倒圆角"选项卡随即打开。

(2) 选择要创建倒圆角的参考(一般选择圆角边),随即显示预览几何。

① 按住 Ctrl 键可以一次选择多条边。

② 要创建可变圆角,将光标置于预览几何半径锚点上,单击右键并选取添加半径。

③ 要创建完全倒圆角,选取有公共曲面的两条边(往往平行或近似平行),单击"集"中的"完全倒圆角";或选取两个曲面参考,同时选择第三个曲面作为"驱动曲面",此曲面决定倒圆角的位置。

(3) 修改圆角半径大小。

(4) 单击 ▢ 完成特征创建。

5. 创建自动倒圆角

(1) 单击"模型"/"工程"/"自动倒圆角","自动倒圆角"选项卡随即打开。

▢——在所有凸边上创建自动倒圆角特征。

▢——在所有凹边上创建自动倒圆角特征。

(2) 修改圆角半径大小。

(3) 若不想对某些边倒圆角,单击"排除"选项卡,然后从模型中选择要排除的边。

(4) 单击 ▢ 完成特征创建。

(五)倒角特征

倒角和圆角一样是机械产品中常见的特征,该特征通过对边或拐角进行斜切削来保护零件边缘以及便于装配。倒角包括边倒角和拐角倒角两种类型,如图14-28所示。

图14-28 倒角特征
(a)边倒角;(b)拐角倒角。

1. 命令调用

🔹功能区选项卡"模型"/"工程"/"倒角":⬚。

🔹功能区选项卡"模型"/"工程"/"拐角倒角":⬚。

功能区出现"倒圆角"选项卡,如图14-29所示。

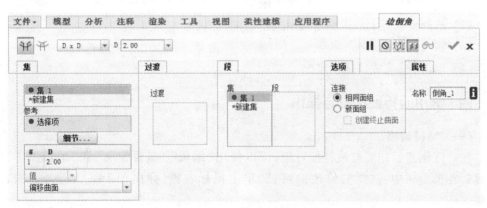

图14-29 "边倒角"选项卡

2. 面板图标

⬚——激活"集"模式,默认选项。

"标注形式"框——显示倒角集的当前倒角类型,包含:

① $D \times D$——在各曲面上与边相距 D 处创建倒角,软件默认选择此选项。

② $D_1 \times D_2$——在一个曲面上距选定边 D_1、在另一个曲面上距选定边 D_2 处创建倒角。

③ 角度 $\times D$——距相邻曲面选定边的距离为 D、与该曲面的夹角为指定角度创建倒角。

④ $45 \times D$——与两个曲面都成 $45°$ 角且与各曲面上的边的距离为 D 处创建倒角。

⑤ $O \times O$——在与各曲面上的边之间的偏移距离为 O 处创建倒角。

⑥ $O_1 \times O_2$——在一个曲面上距选定边的偏移距离为 O_1、在另一个曲面上距选定边的偏移距离为 O_2 处创建倒角。

⊞——激活"过渡"模式。

3. 子选项卡

"集":

集——包含倒角特征的所有倒角集,可用来添加、移除或选择倒角集以进行修改。

参考——显示为倒角集所选择的有效参考。

"过渡"、"段"、"选项":同倒圆角。

"属性":设置倒角特征名称,在浏览器中显示详细的元件信息。

4. 创建步骤

(1) 单击"模型"/"工程"/"倒角" ,"倒角"选项卡随即打开。

(2) 选择要创建倒角的参考(一般选择倒角边),随即显示预览几何。

(3) 选择一种倒角类型。

(4) 输入倒角距离。

(5) 单击 ☑ 完成特征创建。

5. 创建拐角倒角

(1) 单击"模型"/"工程"/"拐角倒角"。

(2) 选择要在其上放置倒角的顶点。

(3) 输入倒角距离。

(4) 单击 ☑ 完成特征创建。

四、常用的特征编辑与操作

(一) 特征编辑

在特征创建后如需修改特征对象,可以使用"编辑""编辑定义"和"编辑参考"等工具。在模型树中,选择要修改的特征,单击鼠标右键,弹出图 14-30 所示的快捷菜单。

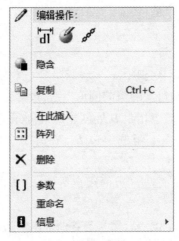

图 14-30 特征编辑快捷菜单

▭——编辑，修改特征尺寸。

▭——编辑定义，重新定义特征。

▭——编辑参考，通过用新参考替换现有参考的方式，来更改现有参考。

（二）特征操作

在零件的建模过程中，经常用到包括复制与粘贴、镜像和阵列等在内的特征操作，可以大大提高建模效率。

1. 复制与粘贴

使用"复制""粘贴"和"选择性粘贴"命令可在同一模型内或跨模型复制并放置特征或特征集、几何、曲线和边链。

（1）复制对象。选择要复制的特征，单击"模型"/"操作"/"复制"▭或使用 Ctrl + C 快捷键将选定项复制到剪贴板。

（2）粘贴对象。复制特征后使用"模型"/"操作"/"粘贴"▭或使用 Ctrl + V 快捷键，将调用要粘贴特征类型的创建工具。例如，如果要粘贴拉伸特征，则将打开拉伸创建工具；如果粘贴基准特征，相应的基准创建对话框就会打开。每个特征创建工具的选项卡都包含一个用红色突出显示的选项卡，必须修改突出显示的选项卡的设置以放置粘贴特征。

（3）选择性粘贴对象。复制特征后使用"模型"/"操作"/"选择性粘贴"▭，弹出图 14 – 31 所示的"选择性粘贴"对话框。

图 14 – 31　"选择性粘贴"对话框

（1）从属副本：创建原始特征的从属副本。复制特征从属于原始特征的尺寸或草绘，或完全从属于原始特征的所有属性、元素和参数，默认情况下会选择此选项。

完全从属于要改变的选项——创建完全相关于所有属性、元素和参数的原始特征副本，但允许改变尺寸、注释、参数、草绘和参考的相关性。

仅尺寸和注释元素细节——创建原始特征的副本，但仅在原始特征的尺寸或草绘、或两者、或者注释元素上设置从属关系。

（2）对副本应用移动/旋转变换：通过平移、旋转或同时使用这两种操作来创建特征的完全从属移动副本。

（3）高级参考配置：使用原始参考或新参考在同一模型中或跨模型粘贴复制的特征。

2. 镜像特征

镜像工具用来复制关于平面曲面对称的特征或几何。

创建镜像特征的步骤:
(1) 选择要镜像的一个或多个特征。
(2) 单击"模型"/"编辑"/"镜像","镜像"选项卡随即打开。
(3) 选择一个镜像平面。
(4) 单击"选项"选项卡,更改镜像特征和原始特征的关联性。
(5) 单击 ☑ 完成特征创建。

3. 阵列特征

阵列工具用于创建具有规律性排列的多个相同结构。常见的阵列类型有矩形阵列和环形阵列,如图14 – 32 所示。

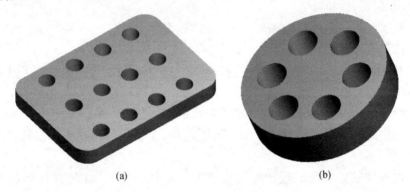

图14 – 32 阵列特征
(a)矩形阵列;(b)环形阵列。

1) 命令调用

功能区选项卡"模型"/"编辑"/"阵列":。

功能区出现"阵列"选项卡,如图14 – 33 所示。

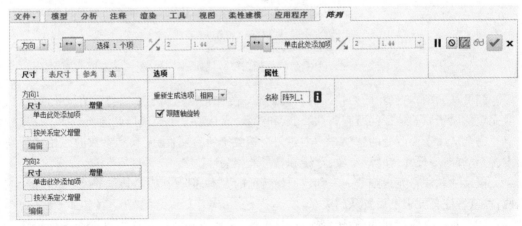

图14 – 33 "阵列"选项卡

2) 阵列类型

(1) 尺寸——通过选择尺寸驱动指定阵列的增量变化以及特征数目,可以创建单向或双向阵列。

(2)方向——通过选择方向(直边、平面或平面曲面、线性曲线、坐标系的轴、基准轴)指定方向、方向增量及特征数目,可以创建单向或双向阵列。

(3)轴——通过围绕一选定轴旋转特征来创建阵列,包括指定角度(第一方向,阵列成员绕轴线旋转)和径向(第二方向,阵列成员被添加在径向方向)增量及阵列数目。

(4)填充——通过将特征使用特点形状填充草绘区域创建阵列。

(5)表——通过一个可编辑表,为阵列的每个特征指定唯一的尺寸创建阵列。

(6)参考——参考任何其他阵列特征创建阵列。

(7)曲线——通过选择草绘曲线,指定阵列增量或阵列数目创建阵列。

(8)点——将阵列成员放置在点或坐标系上来创建阵列。

3)创建步骤

选择要阵列的特征,单击"模型"/"编辑"/"阵列","阵列"选项卡随即打开。

(1)创建尺寸阵列。

① 在第一方向选择用于阵列的尺寸,图形窗口中的组合框打开,其中尺寸增量的初始值等于尺寸值,键入或选择一个值作为尺寸增量。

② 按住 Ctrl 键可在第一方向上选择多个用于阵列的尺寸,在"尺寸"选项卡上的"方向1"收集器中指定每个选定尺寸的增量。

③ 在"阵列"选项卡上键入第一方向的阵列成员数(包括阵列导引),默认阵列成员数为2。

④ 要创建双向阵列,在"尺寸"选项卡上单击"方向2"收集器在第二方向阵列,选择尺寸,然后指定尺寸增量。在"阵列"选项卡上键入第二方向的阵列成员数。

(2)创建方向阵列。

① 在第一方向选择用于阵列的方向参考,系统会在选定方向上创建包含两个成员(用黑点表示)的默认阵列,键入第一方向的阵列成员数及阵列成员之间的距离。

② 要在第二方向上添加阵列成员,单击第二方向收集器,然后选择第二方向参考。键入第二方向的阵列成员数及阵列成员之间的距离。

③ 要反转阵列的方向,对各个方向单击 ▨,或输入负增量。

(3)创建轴阵列。

① 在阵列中心选择或创建基准轴,将预览角度方向上的默认阵列,以黑点表示阵列成员。

② 在"阵列"选项卡上指定角度方向的阵列成员数;在框中键入阵列成员之间的角度或单击 ▨ 并在框中键入角度范围。

单击 ☑ 完成特征创建。

第四节 综合实例

绘制图14-34所示的零件。

(一)零件分析

(1)零件为机械支架,整体前后对称,可绘制一半,然后镜像零件。

(2) 绘制 80×90×12 底板,然后通过定位尺寸 95 和 74 确定圆柱 ϕ32 的圆心,绘制 ϕ32 圆柱。

(3) 中间连接的 T 字形状肋板可拆分为两部分绘制。

(4) 通过拉伸切除绘制凹槽 30×4。

(5) 使用孔特征中的标准沉孔绘制底板锪平孔,可绘制一个再镜像生成另一个。

(6) 使用圆角特征创建肋板中的圆角 R25 和 R10,以及底板圆角 R10。

(7) 添加铸造圆角 R2~R3。

(8) 镜像零件。

(9) 通过定位尺寸 22 创建基准平面绘制圆柱 ϕ16。

(10) 使用孔特征绘制直径 ϕ20 和 ϕ8 同轴孔。

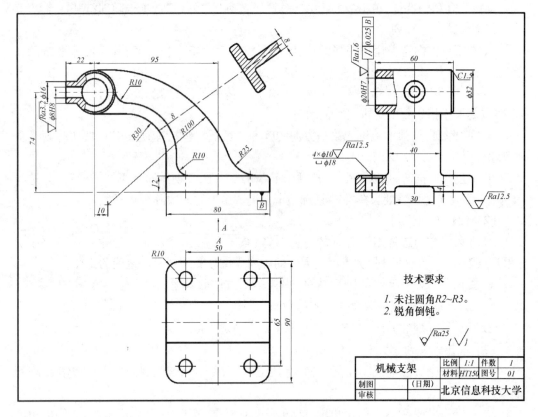

图 14-34 机械支架零件

(二) 建模步骤

1. 创建 80×90×12 底板

① 单击"模型"/"形状"/"拉伸" ,通过"放置"/"定义"创建草绘截面,选择 FRONT 面为草绘平面,默认参考 RIGHT 面向右,进入草绘。

② 过 RIGHT 基准面绘制竖直中心线,绘制 80×12 矩形,使其关于竖直中心线左右对称,底边和 TOP 面重合,如图 14-35 (a) 所示。

③ 单击确定完成草绘,设置拉伸方向向前,深度为 45,如图 14-35 (b) 所示。

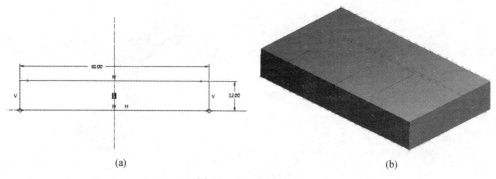

图 14-35 创建底板

2. 创建 φ32 圆柱

(1)单击"模型"/"基准"/"平面",将 TOP 面向上偏移 74 距离创建基准平面 DTM1,将 RIGHT 面向左偏移 95 距离创建基准平面 DTM2,以确定 φ32 圆柱的轴线位置,如图 14-36(a)所示。

(2)创建拉伸特征,选择 FRONT 面为草绘平面,参考 DTM1 面向上进入草绘,绘制 φ32 圆,如图 14-36(b)所示。

(3)单击确定完成草绘,设置拉伸方向向前,深度为 30。

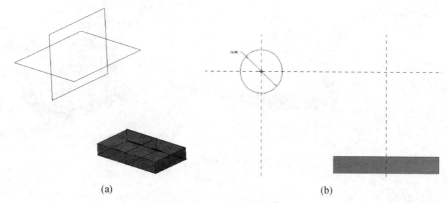

图 14-36 创建 φ32 圆柱

3. 创建肋板

(1)单击"模型"/"形状"/"拉伸",通过"放置"/"定义"创建草绘截面,选择 FRONT 面为草绘平面,默认参考 RIGHT 面向右,进入草绘。

(2)参考底板的上表面和左表面,圆柱轴线所在的竖直平面 DTM2,使用直线、圆角以及偏移命令绘制如图 14-37(a)所示的截面。

(3)单击"确定"完成草绘,设置拉伸方向向前,深度为 20,结果如图 14-37(b)所示。

(4)单击"模型"/"基准"/"草绘",选择 FRONT 面为草绘平面,默认参考 RIGHT 面向右,进入草绘。

(5)参考底板的上表面,φ32 圆柱面,使用三点圆弧方式绘制圆弧,端点分别添加相

363

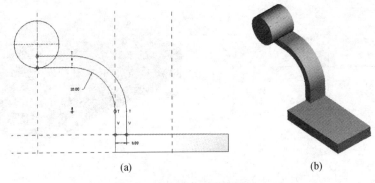

图 14-37 创建 T 形肋板(一)

切和重合约束,标注半径 $R100$ 和定位尺寸 10,结果如图 14-38(a)所示。

(6)单击"模型"/"形状"/"拉伸",选择刚才的草绘截面,选择实体拉伸,使拉伸填充箭头朝向零件内部,向前拉伸厚度为 4;或单击"模型"/"工程"/"轮廓筋",使筋板填充朝向零件内部,单击 更改厚度方向为朝前方,厚度设置为 4,如图 14-38(b)所示。

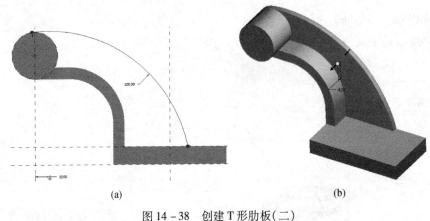

图 14-38 创建 T 形肋板(二)

4. 创建底板锪平孔

(1)单击"模型"/"工程"/"孔",依次选择"简单孔"/"标准孔轮廓"/"添加沉孔",修改"形状"选项卡中沉孔的尺寸:直径 $\phi 10$,深度为"穿透";直径 $\phi 18$,锪平深度为 1~2。

(2)单击底板的上表面为孔的放置平面,将预显孔绿色控制滑块分别拖至 FRONT 面(设置距离为 32.5)和 RIGHT 面(设置距离为 25),如图 14-39 所示。

(3)单击模型树锪平孔特征,然后单击"模型"/"编辑"/"镜像"。

(4)选择 RIGHT 基准面为镜像平面,单击"完成"。

5. 创建 $\phi 20$ 孔

(1)单击"模型"/"工程"/"孔",选择"简单孔"。

(2)单击 $\phi 32$ 圆柱前端面为孔的放置平面,按住 Ctrl 键选择其轴线,可直接创建同轴孔,设置直径为 $\phi 20$,深度为"穿透",如图 14-40 所示。

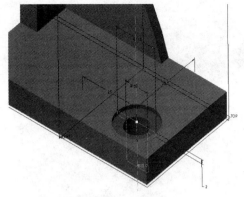
图14-39 创建锪平孔

图14-40 创建φ20孔

6. 创建30×4底板凹槽

（1）单击"模型"/"形状"/"拉伸"，通过"放置"/"定义"创建草绘截面，选择RIGHT面为草绘平面，参考TOP面向下，进入草绘。

（2）绘制15×4大小矩形，单击完成草绘，将拉伸深度设定为"穿透"，单击"选项"，将"侧2"深度设定为"穿透"，如图14-41所示。

7. 创建C1.5倒角

（1）单击"模型"/"工程"/"倒角"。

（2）选择倒角边，设置大小为1.5，如图14-42所示。

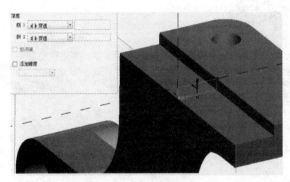
图14-41 创建凹槽切口图

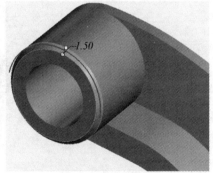
图14-42 创建倒角

8. 创建圆角

（1）单击"模型"/"工程"/"倒圆角"。

（2）按住Ctrl键依次选择要用R10圆角的边：底板和肋板，设置圆角半径为10。

（3）选择肋板中间边，设置圆角半径为25，如图14-43（a）所示。

（4）选择其余需要倒圆的边，将其圆角半径设置为R2～R3，结果如图14-43（b）所示。

9. 镜像零件

（1）单击模型树零件名称，选中之前创建的全部特征。

（2）单击"模型"/"编辑"/"镜像"。

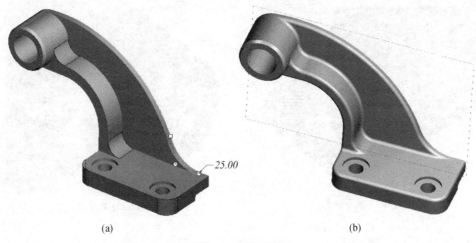

(a) (b)

图 14-43 创建圆角

(3) 选择 FRONT 基准面为镜像平面,如图 14-44 所示。

图 14-44 镜像零件

10. 创建 φ16 圆柱和 φ8 孔

(1) 单击"模型"/"基准"/"平面",将过 φ32 圆柱轴线的竖直基准面 DTM2 向左偏移 22 距离,创建基准平面 DTM3,以确定 φ16 圆柱的端面位置。

(2) 创建拉伸特征,选择 DTM3 面为草绘平面,参考过 φ32 圆柱轴线的水平基准面 DTM1 向上进入草绘,绘制 φ16 圆。

(3) 单击"确定"完成草绘,设置拉伸方向为右(朝向零件),深度为"到下一个",结果如图 14-45 所示。

(4) 单击"模型"/"工程"/"孔",选择"简单孔";单击 φ16 圆柱左端面为孔的放置平面,按住 Ctrl 键选择其轴线,可直接创建同轴孔,设置直径为 φ8,深度为"到下一个",结果如图 14-46 所示。

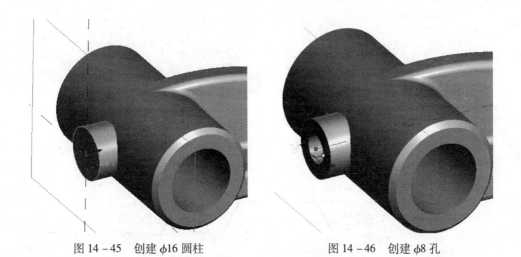

图 14-45 创建 φ16 圆柱　　　　图 14-46 创建 φ8 孔

最终完成机械支架零件的模型创建，结果如图 14-47 所示。

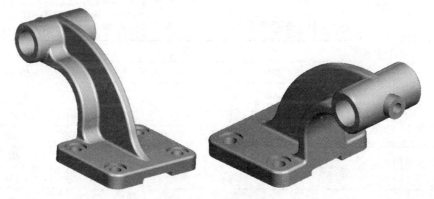

图 14-47 机械支架

附录一 螺　　纹

1. 普通螺纹(摘自 GB/T 193—2003)

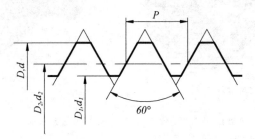

附表 1-1　普通螺纹的直径与螺距系列、基本尺寸　　　(mm)

公称直径 D、d		螺距		粗牙小径 D_1、d_1
第一系列	第二系列	粗牙	细牙	
3		0.5	0.35	2.459
	3.5	(0.6)		2.850
4		0.7	0.5	3.242
	4.5	(0.75)		3.688
5		0.8		4.134
6		1	0.75, (0.5)	4.197
8		1.25	1, 0.75, (0.5)	6.647
10		1.5	1.25, 1, 0.75, (0.5)	8.376
12		1.75	1.5, 1.25, 1, (0.75), (0.5)	10.106
	14	2	1.5, (1.25), 1, (0.75), (0.5)	11.835
16		2	1.5, 1, (0.75), (0.5)	13.835
	18	2.5	2, 1.5, 1, (0.75), (0.5)	15.294
20		2.5		17.294
	22	2.5	2, 1.5, 1, (0.75), (0.5)	19.294
24		3	2, 1.5, 1, (0.75)	20.752
	27	3	2, 1.5, 1, (0.75)	23.752
30		3.5	(3), 2, 1.5, 1, (0.75)	26.211
	33	3.5	(3), 2, 1.5, (1), (0.75)	29.211
36		4	3, 2, 1.5, (1)	31.670
	39	4		34.670

(续)

公称直径 D、d		螺距		粗牙小径
第一系列	第二系列	粗牙	细牙	D_1、d_1
42		4.5	(4),3,2,1.5,(1)	37.129
	45	4.5		40.129
48		5		42.587
	52	5		46.587
56		5.5	4,3,2,1.5,(1)	50.046

注：1. 优先选用第一系列，括号内尺寸尽可能不用，第三系列未列入；
2. 中径 D_2、d_2 未列入

2. 55°非密封管螺纹(摘自 GB/T 7307—2001)

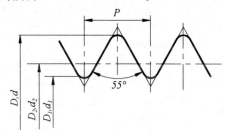

附表 1-2 55°非密封管螺纹的直径与螺距系列　　　　(mm)

尺寸代号	每25.4mm 内的牙数 n	螺距 P	基本直径	
			大径 D、d	小径 D_1、d_1
1/16	28	0.907	7.723	6.561
1/8	28	0.907	9.728	8.566
1/4	19	1.337	13.157	11.445
3/8	19	1.337	16.662	14.950
1/2	14	1.814	20.955	18.631
5/8	14	1.814	22.911	20.587
3/4	14	1.814	26.441	24.117
7/8	14	1.814	30.201	27.877
1	11	2.309	33.249	30.291
1 1/8	11	2.309	37.897	34.939
1 1/4	11	2.309	41.910	38.952
1 1/2	11	2.309	47.803	44.845
1 3/4	11	2.309	53.746	50.788
2	11	2.309	59.614	56.656
2 1/4	11	2.309	65.710	62.752
2 1/2	11	2.309	75.184	72.226
2 3/4	11	2.309	81.534	78.576

369

(续)

尺寸代号	每25.4mm 内的牙数 n	螺距 P	基本直径	
			大径 D、d	小径 D_1、d_1
3	11	2.309	87.884	84.926
3 1/2	11	2.309	100.330	97.372
4	11	2.309	113.030	110.072
4 1/2	11	2.309	125.730	122.772
5	11	2.309	138.430	135.472
5 1/2	11	2.309	151.130	148.172
6	11	2.309	163.830	160.872

附录二 螺纹紧固件

1. 螺栓

六角头螺栓 C 级（GB/T 5780—2000）　　六角头螺栓 A 级和 B 级（GB/T 5782—2000）

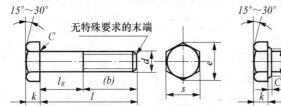 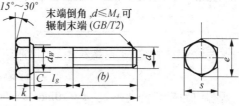

标 记 示 例

螺纹规格 d = M12，公称长度 l = 80、性能等级为 8.8 级、表面氧化、A 级的六角头螺栓：

螺栓　GB/T 5782　M12 × 80

附表 2-1　六角头螺栓各部分尺寸　　　　　　　　　　　（mm）

螺纹规格 d			M3	M4	M5	M6	M8	M10	M12	M16	M20	M24	M30	M36	M42
b 参考	$l \leq 125$		12	14	16	18	22	26	30	38	46	54	66	—	—
	$125 < l \leq 200$		18	20	22	24	28	32	36	44	52	60	72	84	96
	$l > 200$		31	33	35	37	41	45	49	57	65	73	85	97	109
C			0.4	0.4	0.5	0.5	0.6	0.6	0.6	0.8	0.8	0.8	0.8	0.8	1
d_w	产品等级	A	4.57	5.88	6.88	8.88	11.63	14.63	16.63	22.49	28.19	33.61	—	—	—
		B、C	4.45	5.74	6.74	8.74	11.47	14.47	16.47	22	27.7	33.25	42.75	51.11	59.95
e	产品等级	A	6.01	7.66	8.79	11.05	14.38	17.77	20.03	26.75	33.53	39.98	—	—	—
		B、C	5.88	7.50	8.63	10.89	14.20	17.59	19.85	26.17	32.95	39.55	50.85	60.79	72.02
k（公称）			2	2.8	3.5	4	5.3	6.4	7.5	10	12.5	15	18.7	22.5	26
r			0.1	0.2	0.2	0.25	0.4	0.4	0.6	0.6	0.8	0.8	1	1	1.2
s（公称）			5.5	7	8	10	13	16	18	24	30	36	46	55	65
l（商品规格范围）			20~30	25~40	25~50	30~60	40~80	45~100	50~120	65~160	80~200	90~240	110~300	140~360	160~440
l 系列			12, 16, 20, 25, 30, 35, 40, 45, 50, 55, 60, 65, 70, 80, 90, 100, 110, 120, 130, 140, 150, 160, 180, 200, 220, 240, 260, 280, 300, 320, 340, 360, 380, 400, 420, 440, 460, 480, 500												

注：1. A 级用于 $d \leq 24$ mm 和 $l \leq 10d$ 或 $l \leq 150$ mm（按较小值）的螺栓；
　　B 级用于 $d > 24$ mm 和 $l > 10d$ 或 $l > 150$ mm（按较小值）的螺栓。
2. 螺纹规格 d 范围：GB/T 5780 为 M5 ~ M64；GB/T 5782 为 M1.6 ~ M64；
3. 公称长度范围：GB/T 5780 为 25 ~ 500；GB/T 5782 为 12 ~ 500。

2. 双头螺柱(GB/T 897—1988 ~ GB/T 900—1988)

双头螺柱—$b_m = 1d$(GB/T 897—1988); 双头螺柱—$b_m = 1.25d$(GB/T 898—1988)
双头螺柱—$b_m = 1.5d$(GB/T 899—1988); 双头螺柱—$b_m = 2d$(GB/T 900—1988)

A 型   B 型

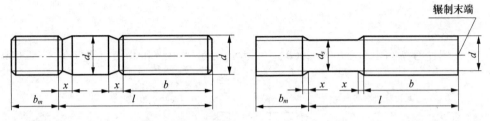

末端按 GB2 规定;$d_s \approx$ 螺纹中径(仅适用于 B 型);$x = 1.5P$

标记示例

两端均为粗牙普通螺纹、$d = 10\text{mm}$、$l = 50\text{mm}$,性能等级为 4.8 级、不经表面处理、B 型、$b_m = 1.25d$ 的双头螺柱:

螺柱 GB/T 898 M10 × 50

旋入机件一端为粗牙普通螺纹、旋螺母一端为螺距 $P = 1\text{mm}$ 的细牙普通螺纹、$d = 10\text{mm}$、$l = 50\text{mm}$、性能等级为 4.8 级、不经过表面处理、A 型、$b_m = 1d$ 的双头螺柱:

螺柱 GB/T 897 A – M10 × 1 × 50

附表 2-2 双头螺柱各部分尺寸   (mm)

螺纹规格	b_m				l/b
	GB/T 897—1988 $b_m = 1d$	GB/T 898—1988 $b_m = 1.25d$	GB/T 899—1988 $b_m = 1.5d$	GB/T 900—1988 $b_m = 2d$	
M5	5	6	8	10	16~22/10, 23~50/16
M6	6	8	10	12	18~22/10, 23~30/14, 32~75/18
M8	8	10	12	16	18~22/12, 23~30/16, 32~90/22
M10	10	12	15	20	25~28/14, 30~38/16, 40~120/26, 130/32
M12	12	15	18	24	25~30/16, 32~40/20, 45~120/30, 130~180/36
(M14)	14		21	28	30~35/18, 38~50/25, 55~120/34, 130~180/40
M16	16	20	24	32	30~38/20, 40~60/30, 65~120/38, 130~200/44
(M18)	18		27	36	35~40/22, 45~60/35, 65~120/42, 130~200/48

(续)

螺纹规格	b_m				l/b
	GB/T 897—1988 $b_m=1d$	GB/T 898—1988 $b_m=1.25d$	GB/T 899—1988 $b_m=1.5d$	GB/T 900—1988 $b_m=2d$	
M20	20	25	30	40	35~40/25, 45~65/35, 70~120/46, 130~200/52
(M22)	22		33	44	40~55/30, 50~70/40, 75~120/50, 130~200/56
M24	24	30	36	48	45~50/30, 55~75/45, 80~120/54, 130~200/60
(M27)	27		40	54	50~60/35, 65~85/50, 90~120/60, 130~200/66
M30	30	38	45	60	60~65/40, 70~90/50, 95~120/66, 130~200/72
(M33)	33		49	66	65~70/45, 75~95/60, 100~120/72, 130~200/78
M36	36	45	54	72	65~75/45, 80~120/60, 130~200/84, 210~300/97
(M39)	39		58	78	70~80/50, 85~120/65, 130~200/90, 210~300/103
M42	42	52	64	84	70~80/50, 85~120/70, 130~200/96, 210~300/109
M48	48	60	72	96	75~90/60, 95~120/80, 130~200/108, 210~300/121
l(系列)	16, (18), 20, (22), 25, (28), 30, (32), 35, (38), 40, 45, 50, (55), 60, (65), 70, (75), 80, (85), 90, (95), 100, 110, 120, 130, 140, 150, 160, 170, 180, 190, 200, 210, 220, 230, 240, 250, 260, 270, 280, 290, 300				

注：1．尽可能不采用括号内的规格；
2．P——粗牙螺纹的螺距

3．开槽圆柱头螺钉（GB/T 65—2000）

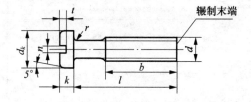

标记示例

螺纹规格 d = M5、公称长度 l = 20、性能等级为 4.8 级、不经表面处理的 A 级开槽圆柱头螺钉：

螺钉　GB/T 65　M5×20

附表2-3 开槽圆柱头螺钉各部分尺寸 (mm)

螺纹规格 d	M1.6	M2	M2.5	M3	M4	M5	M6	M8	M10
P(螺距)	0.35	0.4	0.45	0.5	0.7	0.8	1	1.25	1.5
b	25	25	25	25	38	38	38	38	38
d_k	3.0	3.8	4.5	5.5	7.0	8.5	10.0	13.0	16.0
k	1.1	1.4	1.8	2.0	2.6	3.3	3.9	5.0	6.0
n	0.4	0.5	0.6	0.8	1.2	1.2	1.6	2	2.5
r	0.1	0.1	0.1	0.1	0.2	0.2	0.25	0.4	0.4
t	0.45	0.6	0.7	0.85	1.1	1.3	1.6	2	2.4
公称长度 l	2~16	3~20	3~25	4~30	5~40	6~50	8~60	10~80	12~80
l 系列	2, 3, 4, 5, 6, 8, 10, 12, (14), 16, 20, 25, 30, 35, 40, 45, 50, (55), 60, (65), 70, (75), 80									

注:1. 公称长度 $l≤40$ 的螺钉,制出全螺纹;
2. 括号内的规格尽可能不采用;
3. 螺纹规格 d = M1.6~M10,公称长度 l = 2~80

4. 开槽沉头螺钉(摘自 GB/T 68—2000)

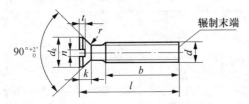

标记示例

螺纹规格 d = M5、公称长度 l = 20、性能等级为4.8级、不经表面处理的 A 级开槽沉头螺钉:

螺钉 GB/T 68 M5×20

附表2-4 开槽沉头螺钉各部分尺寸 (mm)

螺纹规格 d	M1.6	M2	M2.5	M3	M4	M5	M6	M8	M10
P(螺距)	0.35	0.4	0.45	0.5	0.7	0.8	1	1.25	1.5
b	25	25	25	25	38	38	38	38	38
d_k	3.6	4.4	5.5	6.3	9.4	10.4	12.6	17.3	20
k	1	1.2	1.5	1.65	2.7	2.7	3.3	4.65	5
n	0.4	0.5	0.6	0.8	1.2	1.2	1.6	2	2.5
r	0.4	0.5	0.6	0.8	1	1.3	1.5	2	2.5
t	0.5	0.6	0.75	0.85	1.3	1.4	1.6	2.3	2.6
公称长度 l	2.5~16	3~20	4~25	5~30	6~40	8~50	8~60	10~80	12~80
l 系列	2.5, 3, 4, 5, 6, 8, 10, 12, (14), 16, 20, 25, 30, 35, 40, 45, 50, (55), 60, (65), 70, (75), 80									

注:1. 括号内的规格尽可能不采用;
2. M1.6~M3 的螺钉、公称长度 $l≤30$ 的,制出全螺纹;M4~M10 的螺钉、公称长度 $l≤45$ 的,制出全螺纹

5. 紧定螺钉

开槽锥端紧定螺钉　　　开槽平端紧定螺钉　　　开槽长圆柱端紧定螺钉
（GB/T 71—1985）　　 （GB/T 73—1985）　　 （GB/T 75—1985）

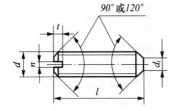 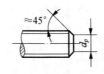 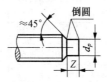

标记示例

螺纹规格 d = M5、公称长度 l = 12mm、性能等级为 14H 级、表面氧化的开槽长圆柱端紧定螺钉：

螺钉　GB/T 75　M5 × 12

附表 2 – 5　紧定螺钉各部分尺寸　　　　　　　　　　　　　　　(mm)

螺纹规格 d		M1.6	M2	M2.5	M3	M4	M5	M6	M8	M10	M12
P（螺距）		0.35	0.4	0.45	0.5	0.7	0.8	1	1.25	1.5	1.75
n		0.25	0.25	0.4	0.4	0.6	0.8	1	1.2	1.6	2
t		0.74	0.84	0.95	1.05	1.42	1.63	2	2.5	3	3.6
d_t		0.16	0.2	0.25	0.3	0.4	0.5	1.5	2	2.5	3
d_p		0.8	1	1.5	2	2.5	3.5	4	5.5	7	8.5
z		1.05	1.25	1.5	1.75	2.25	2.75	3.25	4.3	5.3	6.3
l	GB/T71—1985	2～8	3～10	3～12	4～16	6～20	8～25	8～30	10～40	12～50	14～60
	GB/T73—1985	2～8	2～10	2.5～12	3～16	4～20	5～25	6～30	8～40	10～50	12～60
	GB/T75—1985	2.5～8	3～10	4～12	5～16	6～20	8～25	10～30	10～40	12～50	14～60
l 系列		2, 2.5, 3, 4, 5, 6, 8, 10, 12, (14), 16, 20, 25, 30, 35, 40, 45, 50, (55), 60									

注：1. l 为公称长度；
　　2. 括号内的规格尽可能不采用。

6. 螺母

六角螺母 C 级　　　　Ⅰ 型六角螺母　　　　六角薄螺母
（GB/T 41—2016）　　（GB/T 6170—2015）　（GB/T 6172.1—2016）

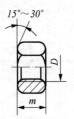 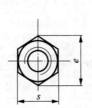 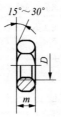 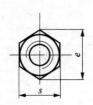

标记示例

螺纹规格 D = M12、性能等级为 5 级、不经表面处理、C 级的六角螺母：

螺母　GB/T 41　M12

螺纹规格 D = M12、性能等级为 8 级、不经表面处理、A 级的 I 型六角螺母：

螺母 GB/T 6170 M12

附表 2-6 螺母各部分尺寸 （mm）

	螺纹规格 D	M3	M4	M5	M6	M8	M10	M12	M16	M20	M24	M30	M36
e	GB/T41			8.63	10.89	14.20	17.59	19.85	26.17	32.95	39.55	50.85	60.79
	GB/T6170	6.01	7.66	8.79	11.05	14.38	17.77	20.03	26.75	32.95	39.55	50.85	60.79
	GB/T6172.1	6.01	7.66	8.79	11.05	14.38	17.77	20.03	26.75	32.95	39.55	50.85	60.79
s	GB/T41			8	10	13	16	18	24	30	36	46	55
	GB/T6170	5.5	7	8	10	13	16	18	24	30	36	46	55
	GB/T6172.1	5.5	7	8	10	13	16	18	24	30	36	46	55
m	GB/T41			5.6	6.1	7.9	9.5	12.2	15.9	18.7	22.3	26.4	31.5
	GB/T6170	2.4	3.2	4.7	5.2	6.8	8.4	10.8	14.8	18	21.5	25.6	31
	GB/T6172.1	1.8	2.2	2.7	3.2	4	5	6	8	10	12	15	18

注：A 级用于 $D \leq 16$；B 级用于 $D > 16$

7. 平垫圈

小垫圈 A 级　　　　平垫圈 A 级　　　　平垫圈倒角型 A 级
（GB/T 848—2002）　　（GB/T 97.1—2002）　　（GB/T 97.2—2002）

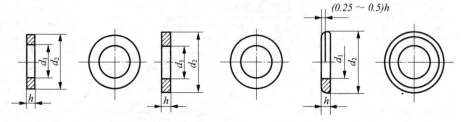

标记示例

标准系列、规格 8、性能等级为 140HV 级、不经表面处理的平垫圈：

垫圈 GB/T 97.1 8

附表 2-7 优选尺寸 （mm）

	公称尺寸（螺纹规格 d）	1.6	2	2.5	3	4	5	6	8	10	12	16	20	24	30	36
d_1	GB/T848	1.7	2.2	2.7	3.2	4.3	5.3	6.4	8.4	10.5	13	17	21	25	31	37
	GB/T97.1	1.7	2.2	2.7	3.2	4.3	5.3	6.4	8.4	10.5	13	17	21	25	31	37
	GB/T97.2						5.3	6.4	8.4	10.5	13	17	21	25	31	37
d_2	GB/T848	3.5	4.5	5	6	8	9	11	15	18	20	28	34	39	50	60
	GB/T97.1	4	5	6	7	9	10	12	16	20	24	30	37	44	56	66
	GB/T97.2						10	12	16	20	24	30	37	44	56	66
h	GB/T848	0.3	0.3	0.5	0.5	0.5	1	1.6	1.6	1.6	2	2.5	3	4	4	5
	GB/T97.1	0.3	0.3	0.5	0.5	0.8	1	1.6	1.6	2	2.5	3	3	4	4	5
	GB/T97.2						1	1.6	1.6	2	2.5	3	3	4	4	5

8. 弹簧垫圈

标准型弹簧垫圈（GB/T 93—1987）　　轻型弹簧垫圈（GB/T 859—1987）

标记示例

规格16、材料为65Mn、表面氧化的标准型弹簧垫圈：

垫圈　GB/T 93　16

附表2-8　弹簧垫圈各部分尺寸　　（mm）

规格 （螺纹大径）		3	4	5	6	8	10	12	(14)	16	(18)	20	(22)	24	27	30
d		3.1	4.1	5.1	6.1	8.1	10.2	12.2	14.2	16.2	18.2	20.2	22.5	24.5	27.5	30.5
H	GB/T93	1.6	2.2	2.6	3.2	4.2	5.2	6.2	7.2	8.2	9	10	11	12	13.6	15
	GB/T859	1.2	1.6	2.2	2.6	3.2	4	5	6	6.4	7.2	8	9	10	11	12
$S(b)$	GB/T93	0.8	1.1	1.3	1.6	2.1	2.6	3.1	3.6	4.1	4.5	5	5.5	6	6.8	7.5
S	GB/T859	0.6	0.8	1.1	1.3	1.6	2	2.5	3	3.2	3.6	4	4.5	5	5.5	6
$m(\leqslant)$	GB/T93	0.4	0.55	0.65	0.8	1.05	1.3	1.55	1.8	2.05	2.25	2.5	2.75	3	3.4	3.75
	GB/T859	0.3	0.4	0.55	0.65	0.8	1	1.25	1.5	1.6	1.8	2	2.25	2.5	2.75	3
b	GB/T859	1	1.2	1.5	2	2.5	3	3.5	4	4.5	5	5.5	6	7	8	9

注：1. 括号内的规格尽可能不采用；
　　2. m应大于零

附录三 键、销

1. 普通型平键(GB/T 1096—2003)、平键键槽的剖面尺寸(GB/T 1095—2003)

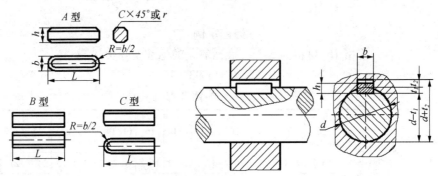

标记示例:

宽度 $b=16$mm、高度 $h=10$mm、长度 $L=100$mm 普通 A 型平键的标记为:
GB 1096 键 $16\times10\times100$

宽度 $b=16$mm、高度 $h=10$mm、长度 $L=100$mm 普通 B 型平键的标记为:
GB 1096 键 B $16\times10\times100$

宽度 $b=16$mm、高度 $h=10$mm、长度 $L=100$mm 普通 C 型平键的标记为:
GB 1096 键 C $16\times10\times100$

附表 3-1 普通平键及键槽的尺寸 (mm)

轴径 d	键尺寸			键槽深		r(小于)
				轴	轮毂	
	b	h	L	t_1	t_2	
6~8	2	2	6~20	1.2	1.0	0.16
>8~10	3	3	6~36	1.8	1.4	0.16
>10~12	4	4	8~45	2.5	1.8	0.16
>12~17	5	5	10~56	3.0	2.3	0.25
>17~22	6	6	14~70	3.5	2.8	0.25
>22~30	8	7	18~90	4.0	3.3	0.25
>30~38	10	8	22~110	5.0	3.3	0.40
>38~44	12	8	28~140	5.0	3.3	0.40
>44~50	14	9	36~160	5.5	3.8	0.40
>50~58	16	10	45~180	6.0	4.3	0.40
>58~65	18	11	50~200	7.0	4.4	0.40

(续)

轴径 d	键尺寸			键槽深		r(小于)
				轴	轮毂	
	b	h	L	t_1	t_2	
>65~75	20	12	56~220	7.5	4.9	0.60
>75~85	22	14	63~250	9.0	5.4	
>85~95	25	14	70~280	9.0	5.4	
>95~110	28	16	80~320	10.0	6.4	
>110~130	32	18	90~360	11.0	7.4	
>130~150	36	20	100~400	12.0	8.4	1.00
>150~170	40	22	100~400	13.0	9.4	
>170~200	45	25	110~450	15.0	10.4	
>200~230	50	28	125~500	17.0	11.4	
>230~260	56	30	140~500	20.0	12.4	1.60
>260~290	63	32	160~500	20.0	12.4	
>290~330	70	36	180~500	22.0	14.4	
>330~380	80	40	200~500	25.0	15.4	2.50
>380~440	90	45	220~500	28.0	17.4	
>440~500	100	50	250~500	31.0	19.5	
L 的系列	6,8,10,12,14,16,18,20,22,25,28,32,36,40,45,50,56,63,70,80,90,100,110,125,140,160……					

注：在工作图中轴槽深用 $d-t_1$ 或 t_1 标注，轮毂槽深用 $d+t_2$ 标注

2. 普通型半圆键（GB/T 1099.1—2003）、半圆键键槽的剖面尺寸（GB/T 1098—2003）

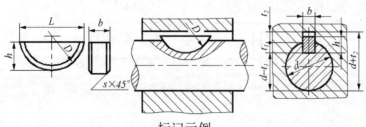

标记示例

宽度 $b=6$mm、高度 $h=10$mm、直径 $D=25$mm 普通型半圆键的标记为：

GB 1099.1 键 $6\times10\times25$

附表 3-2　半圆键及键槽的尺寸　　　　　　　　　　　　　　　　　(mm)

轴径 d		键的基本尺寸			键槽深		s(小于)
键传递扭矩用	键传动定位用	b	h	D	轴 t_1	轮毂 t_2	
3~4	3~4	1	1.4	4	1.0	0.6	0.25
>4~5	>4~6	1.5	2.6	7	2.0	0.8	
>5~6	>6~8	2	2.6	7	1.8	1.0	
>6~7	>8~10		3.7	10	2.9		
>7~8	>10~12	2.5	3.7	10	2.7	1.2	
>8~10	>12~15	3	5	13	3.8	1.4	
>10~12	>15~18		6.5	16	5.3		
>12~14	>18~20	4	6.5	16	5.0	1.8	
>14~16	>20~22		7.5	19	6.0		
>16~18	>22~25	5	6.5	16	4.5	2.3	0.40
>18~20	>25~28		7.5	19	5.5		
>20~22	>28~32		9	22	7.0		
>22~25	>32~36	6	9	22	6.5	2.8	
>25~28	>36~40		10	25	7.5		
>28~32	40	8	11	28	8.0	3.3	0.60
>32~38	—	10	13	32	10.0	3.3	

注：在工作图中轴槽深用 $d-t_1$ 或 t_1 标注，轮毂槽深用 $d+t_2$ 标注

3. 圆柱销

圆柱销　不淬硬钢和奥氏体不锈钢(GB/T 119.1—2000)

圆柱销　淬硬钢和马氏体不锈钢(GB/T 119.2—2000)

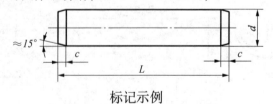

标记示例

公称直径 $d=6$mm、公差为 m6、公称长度 $L=30$mm、材料为钢、不经淬火、不经表面处理的圆柱销的标记：

销　GB/T 119.1　6 m6×30

附表 3-3 圆柱销各部分尺寸　　　　　　　　　　　　　　　　　　　　　(mm)

d		3	4	5	6	8	10	12	16	20	25	30	40	50
$c(\approx)$		0.5	0.63	0.8	1.2	1.6	2	2.5	3	3.5	4	5	6.3	8
L 范围	GB/T 119.1	8~30	8~40	10~50	12~60	14~80	18~95	22~140	26~180	35~200	50~200	60~200	80~200	95~200
	GB/T 119.2	8~30	10~40	12~50	14~60	18~80	22~100	26~100	40~100	50~100	—	—	—	—
公称长度 l(系列)		2,3,4,5,6~32(2 进位),35~100(5 进位),120~200(20 进位)												

注:1. GB/T 119.1—2000 规定圆柱销的公称直径 $d=0.6\sim50$mm,公称长度 $l=2\sim200$mm,公差有 m6 和 h8;GB/T 119.2—2000 规定圆柱销的公称直径 $d=1\sim20$mm,公称长度 $l=3\sim100$mm,公差仅有 m6;
　　2. 当圆柱销公差为 h8 时,其表面粗糙度 $Ra\leq1.6\mu m$;
　　3. 圆柱销的材料常用 35 钢

4. 圆锥销(GB/T117—2000)

A 型(磨削)　　　　　　　　B 型(切削或冷镦)

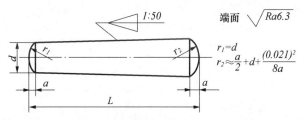

标记示例

公称直径 $d=10$mm、长度 $L=60$、材料为 35 钢、热处理硬度 28~38HRC、表面氧化处理的 A 型圆锥销:

销 GB/T 117 10×60

附表 3-4 圆锥销各部分尺寸　　　　　　　　　　　　　　　　　　　　(mm)

d	4	5	6	8	10	12	16	20	25	30	40	50
a	0.5	0.63	0.8	1	1.2	1.6	2	2.5	3	4	5	6.3
L 范围	14~55	18~60	22~90	22~120	26~160	32~180	40~200	45~200	50~200	55~200	60~200	65~200
公称长度 l(系列)	2,3,4,5,6~32(2 进位),35~100(5 进位),120~200(20 进位)											

注:GB/T 117—2000 规定圆锥销的公称直径 $d=0.6\sim50$mm

5. 开口销(GB/T 91—2000)

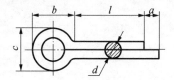

标记示例

公称规格为 5mm、长度 $l=50$mm、材料为 Q215 或 Q235、不经表面处理的开口销:

销 GB/T 91 5×50

附表 3-5 开口销各部分尺寸 (mm)

公称规格		0.6	0.8	1	1.2	1.6	2	2.5	3.2	4	5	6.3	8	10	13
d	max	0.5	0.7	0.9	1.0	1.4	1.8	2.3	2.9	3.7	4.6	5.9	7.5	9.5	12.4
	min	0.4	0.6	0.8	0.9	1.3	1.7	2.1	2.7	3.5	4.4	5.7	7.3	9.3	12.1
C	max	1	1.4	1.8	2	2.8	3.6	4.6	5.8	7.4	9.2	11.8	15	19	24.8
	min	0.9	1.2	1.6	1.7	2.4	3.2	4	5.1	6.5	8	10.3	13.1	16.6	21.7
$b\approx$		2	2.4	3	3	3.2	4	5	6.4	8	10	12.6	16	20	26
a max		1.6	1.6	1.6	2.5	2.5	2.5	2.5	3.2	4	4	4	4	6.3	6.3
l(商品规格范围公称长度)		4~12	5~16	6~20	8~26	8~32	10~40	12~50	14~65	18~80	22~100	30~120	40~160	45~200	70~200
l 系列		4,5,6,8,10,12,14,16,18,20,22,24,26,28,30,32,36,40,45,50,55,60,65,70,75,80,85,90,95,100,120,140,160,180,200													

注:公称规格等于开口销孔直径,对销孔直径推荐的公差为:公称规格≤1.2,H13;公称规格>1.2,H14

附录四 常用滚动轴承

1. 深沟球轴承（GB/T 276—2013）

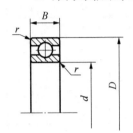

类型代号 6

标记示例

内径 $d=20\text{mm}$ 的 60000 型深沟球轴承，尺寸系列为(0)2，组合代号为62：

滚动轴承 6204 GB/T 276—2013

附表4-1 深沟球轴承各部分尺寸

轴承代号	尺寸/mm				轴承代号	尺寸/mm			
	d	D	B	r_{smin}		d	D	B	r_{smin}
02系列					03系列				
6200	10	30	9	0.6	6300	10	35	11	0.6
6201	12	32	10	0.6	6301	12	37	12	1
6202	15	35	11	0.6	6302	15	42	13	1
6203	17	40	12	0.6	6303	17	47	14	1
6204	20	47	14	1	6304	20	52	15	1.1
6205	25	52	15	1	6305	25	62	17	1.1
6206	30	62	16	1	6306	30	72	19	1.1
6207	35	72	17	1.1	6307	35	80	21	1.5
6208	40	80	18	1.1	6308	40	90	23	1.5
6209	45	85	19	1.1	6309	45	100	25	1.5
6210	50	90	20	1.1	6310	50	110	27	2
6211	55	100	21	1.5	6311	55	120	29	2
6212	60	110	22	1.5	6312	60	130	31	2.1
6213	65	120	23	1.5	6313	65	140	33	2.1
6214	70	125	24	1.5	6314	70	150	35	2.1
6215	75	130	25	1.5	6315	75	160	37	2.1
6216	80	140	26	2	6316	80	170	39	2.1
6217	85	150	28	2	6317	85	180	41	3
6218	90	160	30	2	6318	90	190	43	3
6219	95	170	32	2.1	6319	95	200	45	3
6220	100	180	34	2.1	6320	100	215	47	3

(续)

轴承代号	尺寸/mm				轴承代号	尺寸/mm			
	d	D	B	r_{smin}		d	D	B	r_{smin}
04 系列					6411	55	140	33	2.1
6403	17	62	17	1.1	6412	60	150	35	2.1
6404	20	72	19	1.1	6413	65	160	37	2.1
6405	25	80	21	1.5	6414	70	180	42	3
6406	30	90	23	1.5	6415	75	190	45	3
6407	35	100	25	1.5	6416	80	200	48	3
6408	40	110	27	2	6417	85	210	52	4
6409	45	120	29	2	6418	90	225	54	4
6410	50	130	31	2.1	6420	100	250	58	4

注：d—轴承公称直径；D—轴承公称外径；B—轴承公称宽度；r—内、外圈公称倒角尺寸的单向最小尺寸

2. 圆锥滚子轴承（GB/T 297—2015）

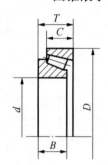

类型代号 3

标记示例

内径 $d=35$mm、尺寸系列代号为 02 的圆锥滚子轴承：

滚动轴承 30307 GB/T 297—2015

附表 4-2 圆锥滚子轴承各部分尺寸

轴承代号	尺寸/mm				
	d	D	B	C	T
尺寸系列代号 02					
30203	17	40	12	11	13.25
30204	20	47	14	12	15.25
30205	25	52	15	13	16.25
30206	30	62	16	14	17.25
30207	35	72	17	15	18.25
30208	40	80	18	16	19.75
30209	45	85	19	16	20.75
30210	50	90	20	17	21.75
30211	55	100	21	18	22.75
30212	60	110	22	19	23.75
30213	65	120	23	20	24.75

(续)

轴承代号	尺寸/mm				
	d	D	B	C	T
30214	70	125	24	21	26.25
30215	75	130	25	22	27.25
30216	80	140	26	22	28.25
30217	85	150	28	24	30.5
30218	90	160	30	26	32.5
30219	95	170	32	27	34.5
30220	100	180	34	29	37
尺寸系列代号 03					
30302	15	42	13	11	14.25
30303	17	47	14	12	15.25
30304	20	52	15	13	16.25
30305	25	62	17	15	18.25
30306	30	72	19	16	20.75
30307	35	80	21	18	22.75
30308	40	90	23	20	25.25
30309	45	100	25	22	27.25
30310	50	110	27	23	29.25
30311	55	120	29	25	31.5
30312	60	130	31	26	33.5
30313	65	140	33	28	36
30314	70	150	35	30	38
30315	75	160	37	31	40
30316	80	170	39	33	42.5
30317	85	180	41	34	44.5
30318	90	190	43	36	46.5
30319	95	200	45	38	49.5
30320	100	215	47	39	51.5

3. 推力球轴承(GB/T 301—2015)

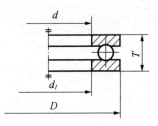

类型代号 5

标记示例

轴圈内径 $d = 40$mm、尺寸系列代号为 13 的推力球轴承：

滚动轴承 51308 GB/T 301—2015

附表 4-3 推力球轴承各部分尺寸

轴承代号	尺寸/mm			
	d	d_1	D	T
尺寸系列代号 11				
51112	60	62	85	17
51113	65	67	90	18
51114	70	72	95	18
尺寸系列代号 12				
51204	20	22	40	14
51205	25	27	47	15
51206	30	32	52	16
51207	35	37	62	18
51208	40	42	68	19
51209	45	47	73	20
51210	50	52	78	22
51211	55	57	90	25
51212	60	62	95	26
51214	70	72	105	27
51215	75	77	110	27
51216	80	82	115	28
尺寸系列代号 13				
51304	20	22	47	18
51305	25	27	52	18
51306	30	32	60	21
51307	35	37	68	24
51308	40	42	78	26
尺寸系列代号 14				
51405	25	27	60	24
51406	30	32	70	28
51407	35	37	80	32

附录五 零件的标准结构

1. 与直径 ϕ 相应的倒角 C、倒圆 R 的推荐值（GB/T 6403.4—2008）

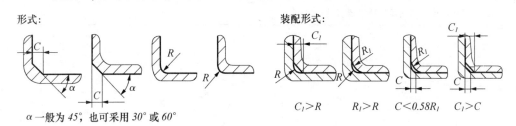

α 一般为 $45°$，也可采用 $30°$ 或 $60°$

附表 5-1　零件倒角与倒圆尺寸　　　　　　　　　　（mm）

ϕ	<3	>3~6	>6~10	>10~18	>18~30	>30~50	>50~80	>80~120	>120~180	>180~250
C 或 R	0.2	0.4	0.6	0.8	1.0	1.6	2.0	2.5	3.0	4.0
ϕ	>250~320	>320~400	>400~500	>500~630	>630~800	>800~1000	>1000~1250	>1250~1600		
C 或 R	5.0	6.0	8.0	10	12	16	20	25		

2. 砂轮越程槽（GB/T 6403.5—2008）

回转面及端面砂轮越程槽的形式如附图 5-1 所示。

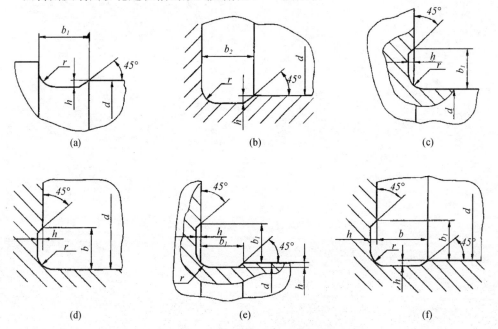

附图 5-1　回转面及端面砂轮越程槽

(a)磨外圆；(b)磨内圆；(c)磨外端面；(d)磨内端面；(e)磨外圆及端面；(f)磨内圆及端面。

附表 5-2　回转面及端面砂轮越程槽的尺寸

b_1	0.6	1.0	1.6	2.0	3.0	4.0	5.0	8.0	10
b_2	2.0	3.0			4.0		5.0		8.0	10
h	0.1	0.2		0.3		0.4		0.6	0.8	1.2
r	0.2	0.5		0.8		1.0		1.6	2.0	3.0
d		~10			10~50		50~100		100	

注：1. 越程槽内与直线相交处，不允许产生尖角；
　　2. 越程槽深度 h 与圆弧半径 r，要满足 $r \leqslant 3h$。

附录六 极限与配合

附表6-1 常用及优先配合中轴公差带的极限偏差(摘自 GB/T 1800.4—1999)

(μm)

公称尺寸 /mm		公差带(带圈者为优先公差带)											
		a	b		c			d			e		
大于	至	11	11	12	9	10	⑪	8	⑨	10	11	7	8	9
—	3	-270 -330	-140 -200	-140 -240	-60 -85	-60 -100	-60 -120	-20 -34	-20 -45	-20 -60	-20 -80	-14 -24	-14 -28	-14 -39
3	6	-270 -346	-140 -215	-140 -260	-70 -100	-70 -118	-70 -145	-30 -48	-30 -60	-30 -78	-30 -105	-20 -32	-20 -38	-20 -50
6	10	-280 -370	-150 -240	-150 -300	-80 -116	-80 -138	-80 -170	-40 -62	-40 -76	-40 -98	-40 -130	-25 -40	-25 -40	-25 -61
10	14	-290 -400	-150 -260	-150 -330	-95 -138	-95 -165	-95 -205	-50 -77	-50 -93	-50 -120	-50 -160	-32 -50	-32 -59	-32 -75
14	18													
18	24	-300 -430	-160 -290	-160 -370	-110 -162	-110 -194	-110 -240	-65 -98	-65 -117	-65 -149	-65 -195	-40 -61	-40 -73	-40 -92
24	30													
30	40	-310 -470	-170 -330	-170 -420	-120 -182	-120 -220	-120 -280	-80 -119	-80 -142	-80 -180	-80 -240	-50 -75	-50 -89	-50 -112
40	50	-320 -480	-180 -340	-180 -430	-130 -192	-130 -230	-130 -290							
50	65	-340 -530	-190 -380	-190 -490	-140 -214	-140 -260	-140 -330	-100 -146	-100 -174	-100 -220	-100 -290	-60 -90	-60 -106	-60 -134
65	80	-360 -550	-200 -390	-200 -500	-150 -224	-150 -270	-150 -340							
80	100	-380 -600	-220 -440	-220 -570	-170 -257	-170 -310	-170 -390	-120 -174	-120 -207	-120 -260	-120 -340	-72 -107	-72 -126	-72 -159
100	120	-410 -630	-240 -460	-240 -590	-180 -267	-180 -320	-180 -400							
120	140	-460 -710	-260 -510	-260 -660	-200 -300	-200 -360	-200 -450	-145 -208	-145 -245	-145 -305	-145 -359	-85 -125	-85 -148	-85 -185
140	160	-520 -770	-280 -530	-280 -680	-210 -310	-210 -370	-210 -460							
160	180	-580 -830	-310 -560	-310 -710	-230 -330	-230 -390	-230 -480							

(续)

公称尺寸/mm		公差带(带圈者为优先公差带)												
		a	b		c			d				e		
大于	至	11	11	12	9	10	⑪	8	⑨	10	11	7	8	9
180	200	-660 -950	-340 -630	-340 -800	-240 -355	-240 -425	-240 -530	-170 -242	-170 -285	-170 -460	-170 -460	-100 -146	-100 -172	-100 -215
200	225	-740 -1030	-380 -670	-380 -840	-260 -375	-260 -445	-260 -550							
225	250	-820 -1110	-420 -710	-420 -880	-280 -395	-280 -465	-280 -570							
250	280	-920 -1240	-480 -800	-480 -1000	-300 -430	-300 -510	-300 -620	-190 -271	-190 -320	-190 -400	-190 -510	-110 -162	-110 -191	-110 -240
280	315	-1050 -1370	-540 -860	-540 -1060	-330 -460	-330 -540	-330 -650							
315	355	-1200 -1560	-600 -960	-600 -1170	-360 -500	-360 -590	-360 -720	-210 -299	-210 -350	-210 -440	-210 -570	-125 -182	-125 -241	-125 -265
355	400	-1350 -1710	-680 -1040	-680 -1250	-400 -540	-400 -630	-400 -760							
400	450	-1500 -1900	-760 -1160	-760 -1390	-440 -595	-440 -690	-440 -840	-230 -327	-230 -385	-230 -480	-230 -630	-135 -198	-135 -232	-135 -290
450	500	-1650 -2050	-840 -1240	-840 -1470	-480 -635	-480 -730	-480 -880							

公称尺寸/mm		公差带(带圈者为优先公差带)												
			f				g					h		
大于	至	5	6	⑦	8	9	5	⑥	7	5	⑥	7	8	⑨	10	⑪	12
—	3	-6 -10	-6 -12	-6 -16	-6 -20	-6 -31	-2 -6	-2 -8	-2 -12	0 -4	0 -6	0 -10	0 -14	0 -25	0 -40	0 -60	0 -100
3	6	-10 -15	-10 -18	-10 -22	-10 -28	-10 -40	-4 -9	-4 -12	-4 -16	0 -5	0 -8	0 -12	0 -18	0 -30	0 -48	0 -75	0 -120
6	10	-13 -19	-13 -22	-13 -28	-13 -35	-13 -49	-5 -11	-5 -14	-5 -20	0 -6	0 -9	0 -15	0 -22	0 -36	0 -58	0 -90	0 -150
10	14	-16 -24	-16 -27	-16 -34	-16 -43	-16 -59	-6 -14	-6 -17	-6 -24	0 -8	0 -11	0 -18	0 -27	0 -43	0 -70	0 -110	0 -180
14	18																
18	24	-20 -29	-20 -33	-20 -41	-20 -53	-20 -72	-7 -16	-7 -20	-7 -28	0 -9	0 -13	0 -21	0 -33	0 -52	0 -84	0 -130	0 -210
24	30																
30	40	-25 -36	-25 -41	-25 -50	-25 -64	-25 -87	-9 -20	-9 -25	-9 -34	0 -11	0<;br>-16	0 -25	0 -39	0 -62	0 -100	0 -160	0 -250
40	50																

(续)

公称尺寸 /mm		公差带(带圈者为优先公差带)												
		f					g			h					
大于	至	5	6	⑦	8	9	5	⑥	7	5	⑥	7	8	⑨	10	⑪	12
50	65	-30	-30	-30	-30	-30	-10	-10	-10	0	0	0	0	0	0	0	0
65	80	-43	-49	-60	-76	-104	-23	-29	-40	-13	-19	-30	-46	-74	-120	-190	-300
80	100	-36	-36	-36	-36	-36	-12	-12	-12	0	0	0	0	0	0	0	0
100	120	-51	-58	-71	-90	-123	-27	-34	-47	-15	-22	-35	-54	-87	-140	-220	-350
120	140	-43	-43	-43	-43	-43	-14	-14	-14	0	0	0	0	0	0	0	0
140	160																
160	180	-61	-68	-83	-106	-143	-32	-39	-54	-18	-25	-40	-63	-100	-160	-250	-400
180	200	-50	-50	-50	-50	-50	-15	-15	-15	0	0	0	0	0	0	0	0
200	225																
225	250	-70	-79	-96	-122	-165	-35	-44	-61	-20	-29	-46	-72	-115	-185	-290	-460
250	280	-56	-56	-56	-56	-56	-17	-17	-17	0	0	0	0	0	0	0	0
280	315	-79	-88	-108	-137	-186	-40	-49	-69	-23	-32	-52	-81	-130	-210	-320	-520
315	355	-62	-62	-62	-62	-62	-18	-18	-18	0	0	0	0	0	0	0	0
355	400	-87	-98	-119	-151	-202	-43	-54	-75	-25	-36	-57	-89	-140	-230	-360	-570
400	450	-68	-68	-68	-68	-68	-20	-20	-20	0	0	0	0	0	0	0	0
450	500	-95	-108	-131	-165	-223	-47	-60	-83	-27	-40	-63	-97	-155	-250	-400	-630

公称尺寸 /mm		公差带(带圈者为优先公差带)												
		js			k			m			n			p		
大于	至	5	6	7	5	⑥	7	5	⑥	7	5	⑥	7	5	⑥	7
—	3	+2 / -2	+3 / -3	+5 / -5	+4 / 0	+6 / 0	+10 / 0	+6 / +2	+8 / +2	+12 / +2	+8 / +4	+10 / +4	+14 / +4	+10 / +6	+12 / +6	+16 / +6
3	6	+2.5 / -2.5	+4 / -4	+6 / -6	+6 / +1	+9 / +1	+13 / +1	+9 / +4	+12 / +4	+16 / +4	+13 / +8	+16 / +8	+20 / +8	+17 / +12	+20 / +12	+24 / +12
6	10	+3 / -3	+4.5 / -4.5	+7 / -7	+7 / +1	+10 / +1	+16 / +1	+12 / +6	+15 / +6	+21 / +6	+16 / +10	+19 / +10	+25 / +10	+21 / +15	+24 / +15	+30 / +15
10	14	+4 / -4	+6.5 / -6.5	+9 / -9	+9 / +1	+12 / +1	+19 / +1	+15 / +7	+18 / +7	+25 / +7	+20 / +12	+23 / +12	+30 / +12	+26 / +18	+29 / +18	+36 / +18
14	18															
18	24	+4.5 / -4.5	+8 / -8	+10 / -10	+11 / +2	+15 / +2	+23 / +2	+17 / +8	+21 / +8	+29 / +8	+24 / +15	+28 / +15	+36 / +15	+31 / +22	+35 / +22	+43 / +22
24	30															
30	40	+5.5 / -5.5	+9.5 / -9.5	+12 / -12	+13 / +2	+18 / +2	+27 / +2	+20 / +9	+25 / +9	+34 / +9	+28 / +17	+33 / +17	+42 / +17	+37 / +26	+42 / +26	+51 / +26
40	50															
50	65	+6.5 / -6.5	+11 / -11	+15 / -15	+15 / +2	+21 / +2	+32 / +2	+24 / +11	+30 / +11	+41 / +11	+33 / +20	+39 / +20	+50 / +20	+45 / +32	+51 / +32	+62 / +32
65	80															

(续)

公称尺寸/mm		公差带（带圈者为优先公差带）												
		js			k			m			n			p		
大于	至	5	6	7	5	⑥	7	5	⑥	7	5	⑥	7	5	⑥	7
80	100	+7.5 -7.5	+12.5 -12.5	+17 -17	+18 +3	+25 +3	+38 +3	+28 +13	+35 +13	+48 +13	+38 +23	+45 +23	+58 +23	+52 +37	+59 +37	+72 +37
100	120															
120	140	+9 -9	+12.5 -12.5	+20 -20	+21 +3	+28 +3	+43 +3	+33 +15	+40 +15	+55 +15	+45 +27	+52 +27	+67 +27	+61 +43	+68 +43	+83 +43
140	160															
160	180															
180	200	+10 -10	+14.5 -14.5	+23 -23	+24 +4	+33 +4	+50 +4	+37 +17	+46 +17	+63 +17	+54 +31	+60 +31	+77 +31	+70 +50	+79 +50	+96 +50
200	225															
225	250															
250	280	+11.5 -11.5	+16 -16	+26 -26	+27 +4	+36 +4	+56 +4	+43 +20	+52 +20	+72 +20	+57 +34	+66 +34	+86 +34	+79 +56	+88 +56	+108 +56
280	315															
315	355	+12.5 -12.5	+18 -18	+28 -28	+29 +4	+40 +4	+61 +4	+46 +21	+57 +21	+78 +21	+62 +37	+73 +37	+94 +37	+87 +62	+98 +62	+119 +62
355	400															
400	450	+13.5 -13.5	+20 -20	+31 -31	+32 +5	+45 +5	+68 +5	+50 +23	+63 +23	+86 +23	+67 +40	+80 +40	+103 +40	+95 +68	+108 +68	+131 +68
450	500															

公称尺寸/mm		公差带（带圈者为优先公差带）												
		r			s			t			u		v	x	y	z
大于	至	5	6	7	5	⑥	7	5	6	7	⑥	7	6	6	6	6
—	3	+14 +10	+16 +10	+20 +10	+18 +14	+20 +14	+24 +14	—	—	—	+24 +18	+28 +18	—	+26 +20	—	+32 +26
3	6	+20 +15	+23 +15	+27 +15	+24 +19	+27 +19	+31 +19	—	—	—	+31 +23	+35 +23	—	+36 +28	—	+43 +35
6	10	+25 +19	+28 +19	+34 +19	+29 +23	+32 +23	+38 +23	—	—	—	+37 +28	+43 +28	—	+43 +34	—	+51 +42
10	14	+31 +23	+34 +23	+41 +23	+36 +28	+39 +28	+46 +28	—	—	—	+44 +33	+51 +33	—	+51 +40	—	+61 +50
14	18												+50 +39	+56 +45	—	+71 +60
18	24	+37 +28	+41 +28	+49 +28	+44 +35	+48 +35	+56 +35	—	—	—	+54 +41	+62 +41	+60 +47	+67 +54	+76 +63	+86 +73
24	30							+50 +41	+54 +41	+62 +41	+61 +48	+69 +48	+68 +55	+77 +64	+88 +75	+101 +88
30	40	+45 +34	+50 +34	+59 +34	+54 +43	+59 +43	+68 +43	+59 +48	+64 +48	+73 +48	+76 +60	+85 +60	+84 +68	+96 +80	+110 +94	+128 +112
40	50							+65 +54	+70 +54	+79 +54	+86 +70	+95 +70	+97 +81	+113 +97	+130 +114	+152 +136

（续）

公称尺寸/mm		公差带（带圈者为优先公差带）												
		r			s			t			u		v	x	y	z
大于	至	5	6	7	5	⑥	7	5	6	7	⑥	7	6	6	6	6
50	65	+54 +41	+60 +41	+71 +41	+66 +53	+72 +53	+83 +53	+79 +66	+85 +66	+96 +66	+106 +87	+117 +87	+121 +102	+141 +122	+163 +144	+191 +172
65	80	+56 +43	+62 +43	+73 +43	+72 +59	+78 +59	+89 +59	+88 +75	+94 +75	+105 +75	+121 +102	+132 +102	+139 +120	+165 +146	+193 +174	+229 +210
80	100	+66 +51	+73 +51	+86 +51	+86 +71	+93 +71	+106 +71	+106 +91	+113 +91	+126 +91	+146 +124	+159 +124	+168 +146	+200 +178	+236 +214	+280 +258
100	120	+69 +54	+76 +54	+89 +54	+94 +79	+101 +79	+114 +79	+119 +104	+126 +104	+139 +104	+166 +144	+179 +144	+194 +172	+232 +210	+276 +254	+332 +310
120	140	+81 +63	+88 +63	+103 +63	+110 +92	+117 +92	+132 +92	+140 +122	+147 +122	+162 +122	+195 +170	+210 +170	+227 +202	+273 +248	+325 +300	+390 +365
140	160	+83 +65	+90 +65	+105 +65	+118 +100	+125 +100	+140 +100	+152 +134	+159 +134	+174 +134	+215 +190	+230 +190	+253 +228	+305 +280	+365 +340	+440 +415
160	180	+86 +68	+93 +68	+108 +68	+126 +108	+133 +108	+148 +108	+164 +146	+171 +146	+186 +146	+235 +210	+250 +210	+277 +252	+335 +310	+405 +380	+490 +465
180	200	+97 +77	+106 +77	+123 +77	+142 +122	+151 +122	+168 +122	+186 +166	+195 +166	+212 +166	+265 +236	+282 +236	+313 +284	+379 +350	+454 +425	+549 +520
200	225	+100 +80	+109 +80	+126 +80	+150 +130	+159 +130	+176 +130	+200 +180	+209 +180	+226 +180	+287 +258	+304 +258	+339 +310	+414 +385	+499 +470	+604 +575
225	250	+104 +84	+113 +84	+130 +84	+160 +140	+169 +140	+186 +140	+216 +196	+225 +196	+242 +196	+313 +284	+330 +284	+369 +340	+454 +425	+549 +520	+669 +640
250	280	+117 +94	+126 +94	+146 +94	+181 +158	+190 +158	+210 +158	+241 +218	+250 +218	+270 +218	+347 +315	+367 +315	+417 +385	+507 +475	+612 +580	+742 +710
280	315	+121 +98	+130 +98	+150 +98	+193 +170	+202 +170	+222 +170	+263 +240	+272 +240	+292 +240	+382 +350	+402 +350	+457 +425	+557 +525	+682 +650	+822 +790
315	355	+133 +108	+144 +108	+165 +108	+215 +190	+226 +190	+247 +190	+293 +268	+304 +268	+325 +268	+426 +390	+447 +390	+511 +475	+625 +590	+766 +730	+936 +900
355	400	+139 +114	+150 +114	+171 +114	+233 +208	+244 +208	+265 +208	+319 +294	+330 +294	+351 +294	+471 +435	+492 +435	+566 +530	+696 +660	+856 +820	+1036 +1000
400	450	+153 +126	+166 +126	+189 +126	+259 +232	+272 +232	+295 +232	+357 +330	+370 +330	+393 +330	+530 +490	+553 +490	+635 +595	+780 +740	+960 +920	+1140 +1100
450	500	+159 +132	+172 +132	+195 +132	+279 +252	+292 +252	+315 +252	+387 +360	+400 +360	+423 +360	+580 +540	+603 +540	+700 +660	+860 +820	+1036 +1000	+1036 +1250

注：公称尺寸小于1mm时，各级的a和b均不采用

附表 6-2 常用及优先配合中孔公差带的极限偏差(摘自 GB/T 1800.4—1999) (μm)

公称尺寸/mm		公差带												
		A	B		C	D				E		F		
大于	至	11	11	12	⑪	8	⑨	10	11	8	9	6	7	⑧	9
—	3	+330 +270	+200 +140	+240 +140	+120 +60	+34 +20	+45 +20	+60 +20	+80 +20	+28 -14	+39 +14	+12 +6	+16 +6	+20 +6	+31 +6
3	6	+345 +270	+215 +140	+260 +140	+145 +70	+48 +30	+60 +30	+78 +30	+105 +30	+38 +20	+50 +20	+18 +10	+22 +10	+28 +10	+40 +10
6	10	+370 +280	+240 +150	+300 +150	+170 +80	+62 +40	+76 +40	+98 +40	+130 +40	+47 +25	+61 +25	+22 +13	+28 +13	+35 +13	+49 +13
10	14	+400 +290	+260 +150	+330 +150	+205 +95	+77 +50	+93 +50	+120 +50	+160 +50	+59 +32	+75 +52	+27 +16	+34 +16	+43 +16	+59 +16
14	18														
18	24	+430 +300	+290 +160	+370 +160	+240 +110	+98 +65	+117 +65	+149 +65	+195 +65	+73 +40	+92 +40	+33 +20	+41 +20	+53 +20	+72 +20
24	30														
30	40	+470 +310	+330 +170	+420 +170	+280 +170	+119 +80	+142 +80	+180 +80	+240 +80	+89 +50	+112 +50	+41 +25	+50 +25	+64 +25	+87 +25
40	50	+480 +320	+340 +180	+430 +180	+290 +130										
50	65	+530 +340	+380 +190	+490 +190	+330 +140	+146 +100	+170 +100	+220 +100	+290 +100	+106 +60	+134 +60	+49 +30	+60 +30	+76 +30	+104 +30
65	80	+550 +360	+390 +200	+500 +200	+340 +150										
80	100	+600 +380	+440 +220	+570 +220	+390 +170	+174 +120	+207 +120	+260 +120	+340 +120	+126 +72	+159 +72	+58 +36	+71 +36	+90 +36	+123 +36
100	120	+630 +410	+460 +240	+590 +240	+400 +180										
120	140	+710 +460	+510 +260	+660 +260	+450 +200	+208 +145	+245 +145	+305 +145	+395 +145	+148 +85	+185 +85	+68 +43	+83 +43	+106 +43	+143 +43
140	160	+770 +520	+530 +280	+680 +280	+460 +210										
160	180	+830 +580	+560 +310	+710 +310	+480 +230										
180	200	+950 +660	+630 +340	+800 +340	+530 +240	+242 +170	+285 +170	+355 +170	+460 +170	+172 +100	+215 +100	+79 +50	+96 +50	+122 +50	+165 +50
200	225	+1030 +740	+670 +380	+840 +380	+550 +260										
225	250	+1110 +820	+710 +420	+880 +420	+570 +280										

(续)

公称尺寸/mm		公差带												
		A	B		C	D				E		F		
大于	至	11	11	12	⑪	8	⑨	10	11	8	9	6	7	⑧	9
250	280	+1240 +920	+800 +480	+1000 +480	+620 +300	+271 +190	+320 +190	+400 +190	+510 +190	+191 +110	+240 +110	+88 +56	+108 +56	+137 +56	+186 +56
280	315	+1370 +1050	+860 +540	+1060 +540	+650 +330										
315	355	+1560 +1200	+960 +600	+1170 +600	+720 +360	+299 +210	+350 +210	+440 +210	+570 +210	+214 +125	+265 +125	+98 +62	+119 +62	+151 +62	+202 +62
355	400	+1710 +1350	+1040 +680	+1250 +680	+760 +400										
400	450	+1900 +1500	+1160 +760	+1390 +760	+840 +440	+327 +230	+385 +230	+480 +230	+630 +230	+232 +135	+290 +135	+108 +68	+131 +68	+165 +68	+223 +68
450	500	+2050 +1650	+1240 +840	+1470 +840	+880 +480										

公称尺寸/mm		公差带												
		G		H							JS		K		
大于	至	6	⑦	6	⑦	⑧	⑨	10	⑪	12	6	7	8	6	⑦	8
—	3	+8 +2	+12 +2	+6 0	+10 0	+14 0	+25 0	+40 0	+60 0	+100 0	±3	±5	±7	0 -6	0 -10	0 -14
3	6	+12 +4	+16 +4	+8 0	+12 0	+18 0	+30 0	+48 0	+75 0	+120 0	±4	±6	±9	+2 -6	+3 -9	+5 -13
6	10	+14 +5	+20 +5	+9 0	+15 0	+22 0	+36 0	+58 0	+90 0	+150 0	±4.5	±7	±11	+2 -7	+5 -10	+6 -16
10	14	+17 +6	+24 +6	+11 0	+18 0	+27 0	+43 0	+70 0	+110 0	+180 0	±5.5	±9	±13	+2 -9	+6 -12	+8 -19
14	18															
18	24	+20 +7	+28 +7	+13 0	+21 0	+33 0	+52 0	+84 0	+130 0	+210 0	±6.5	±10	±16	+2 -11	+6 -15	+10 -23
24	30															
30	40	+25 +9	+34 +9	+16 0	+25 0	+39 0	+62 0	+100 0	+160 0	+250 0	±8	±12	±19	+3 -13	+7 -18	+12 -27
40	50															
50	65	+29 +10	+40 +10	+19 0	+30 0	+46 0	+74 0	+120 0	+190 0	+300 0	±9.5	±15	±23	+4 -15	+9 -21	+14 -32
65	80															
80	100	+34 +12	+47 +12	+22 0	+35 0	+54 0	+87 0	+140 0	+220 0	+350 0	±11	±17	±27	+4 -18	+10 -25	+16 -38
100	120															
120	140	+39 +14	+54 +14	+25 0	+40 0	+63 0	+100 0	+160 0	+250 0	+400 0	±12.5	±20	±31	+4 -21	+12 -28	+20 -43
140	160															
160	180															

(续)

公称尺寸/mm		公差带												
		G		H						JS			K		
大于	至	6	⑦	6	⑦	⑧	⑨	10	⑪	12	6	7	8	6	⑦	8
180	200	+44	+61	+29	+46	+72	+115	+185	+290	+460	±14.5	±23	±36	+5	+13	+22
200	225	+15	+15	0	0	0	0	0	0	0				−24	−33	−50
225	250															
250	280	+49	+69	+32	+52	+81	+130	+210	+320	+520	±16	±26	±40	+5	+16	+25
280	315	+17	+17	0	0	0	0	0	0	0				−27	−36	−56
315	355	+54	+75	+36	+57	+89	+140	+230	+360	+570	±18	±44	±27	+7	+17	+28
355	400	+18	+18	0	0	0	0	0	0	0				−29	−40	−61
400	450	+60	+83	+40	+63	+97	+155	+250	+400	+630	±20	±31	±48	+8	+18	+29
450	500	+20	+20	0	0	0	0	0	0	0				−32	−45	−68

公称尺寸/mm		公差带													
		M			N			P		R		S		T		U
大于	至	6	7	8	6	⑦	8	6	⑦	6	7	6	⑦	6	7	⑦
—	3	−2	−2	−2	−4	−4	−4	−6	−6	−10	−10	−14	−14	—	—	−18
		−8	−12	−16	−10	−14	−18	−12	−16	−16	−20	−24	−24			−28
3	6	−1	0	+2	−5	−4	−2	−9	−8	−12	−11	−16	−15	—	—	−19
		−9	−12	−16	−13	−16	−20	−17	−20	−20	−23	−24	−27			−31
6	10	−3	0	+1	−7	−4	−3	−12	−9	−16	−13	−20	−17	—	—	−22
		−12	−15	−21	−16	−19	−25	−21	−24	−25	−28	−29	−32			−37
10	14	−4	0	+2	−9	−5	−3	−15	−11	−20	−16	−25	−21	—	—	−26
14	18	−15	−18	−25	−20	−23	−30	−26	−29	−31	−34	−36	−39			−44
18	24	−4	0	+4	−11	−7	−3	−18	−14	−24	−20	−25	−31	—	—	−33
		−17	−21	−29	−24	−28	−36	−31	−35	−37	−34	−41	−44			−54
24	30													−37	−33	−40
														−50	−54	−61
30	40	−4	0	+5	−12	−8	−3	−21	−17	−29	−25	−38	−34	−43	−39	−51
		−20	−25	−34	−28	−33	−42	−37	−42	−45	−50	−54	−59	−59	−64	−76
40	50													−49	−45	−61
														−65	−70	−86
50	65	−5	0	+5	−14	−9	−4	−26	−21	−35	−30	−47	−42	−60	−55	−76
		−24	−30	−41	−33	−39	−50	−45	−51	−54	−60	−66	−72	−79	−85	−106
65	80									−37	−32	−53	−48	−69	−64	−91
										−56	−62	−72	−78	−88	−94	−121

(续)

公称尺寸/mm		公差带												
		M			N			P		R		S		T	U
大于	至	6	7	8	6	⑦	8	6	⑦	6	7	6	⑦	6	7	⑦
80	100	-6 -28	0 -35	+6 -48	-16 -38	-10 -45	-4 -58	-30 -52	-24 -59	-44 -66	-38 -73	-64 -86	-58 -93	-84 -106	-78 -113	-111 -146
100	120									-47 -69	-41 -76	-72 -94	-66 -101	-97 -119	-91 -126	-131 -166
120	140	-8 -33	0 -40	+8 -55	-20 -45	-12 -52	-4 -67	-36 -61	-28 -68	-56 -81	-48 -88	-85 -110	-77 -117	-115 -140	-170 -147	-155 -195
140	160									-58 -83	-50 -90	-93 -118	-85 -125	-127 -152	-119 -159	-175 -215
160	180									-61 -86	-53 -93	-101 -126	-93 -133	-139 -164	-131 -171	-195 -235
180	200	-8 -37	0 -46	+9 -63	-22 -51	-14 -60	-5 -77	-41 -70	-33 -79	-68 -97	-60 -106	-113 -142	-105 -151	-157 -186	-149 -195	-219 -265
200	225									-71 -100	-63 -109	-121 -150	-113 -159	-171 -200	-163 -209	-241 -287
225	250									-75 -104	-67 -113	-131 -160	-123 -169	-187 -216	-179 -225	-267 -313
250	280	-9 -41	0 -52	+9 -72	-25 -57	-14 -66	-5 -86	-47 -79	-36 -88	-85 -117	-74 -126	-149 -181	-138 -190	-209 -241	-198 -250	-295 -347
280	315									-89 -121	-78 -130	-161 -193	-150 -202	-231 -263	-220 -272	-330 -382
315	355	-10 -46	0 -57	+11 -78	-26 -62	-16 -73	-5 -94	-51 -87	-41 -98	-97 -133	-87 -144	-179 -215	-169 -226	-257 -293	-247 -304	-369 -426
355	400									-103 -139	-93 -150	-197 -233	-187 -244	-283 -319	-273 -330	-414 -471
400	450	-10 -50	0 -63	+11 -86	-27 -67	-17 -80	-6 -103	-55 -95	-45 -108	-113 -153	-103 -166	-219 -259	-209 -272	-317 -357	-307 -370	-467 -530
450	500									-119 -159	-109 -172	-239 -279	-229 -292	-347 -387	-337 -400	-517 -580

注：公称尺寸小于1mm时，各级的A和B均不采用

附表 6-3 优先和常用配合（摘自 GB/T 1081—2009）

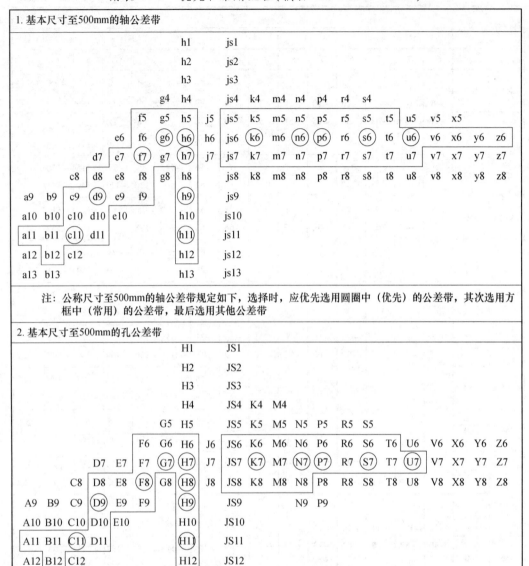

附表 6-4 基孔制优先、常用配合(摘自 GB/T 1081—2009)

基准孔	轴																				
	a	b	c	d	e	f	g	h	js	k	m	n	p	r	s	t	u	v	x	y	z
	间隙配合								过渡配合				过盈配合								
H6						$\frac{H6}{f5}$	$\frac{H6}{g5}$	$\frac{H6}{h5}$	$\frac{H6}{js5}$	$\frac{H6}{k5}$	$\frac{H6}{m5}$	$\frac{H6}{n5}$	$\frac{H6}{p5}$	$\frac{H6}{r5}$	$\frac{H6}{s5}$	$\frac{H6}{t5}$					
H7						$\frac{H7}{f6}$*	$\frac{H7}{g6}$	$\frac{H7}{h6}$*	$\frac{H7}{js6}$	$\frac{H7}{k6}$*	$\frac{H7}{m6}$	$\frac{H7}{n6}$*	$\frac{H7}{p6}$*	$\frac{H7}{r6}$	$\frac{H7}{s6}$*	$\frac{H7}{t6}$	$\frac{H7}{u6}$*	$\frac{H7}{v6}$	$\frac{H7}{x6}$	$\frac{H7}{y6}$	$\frac{H7}{z6}$
H8					$\frac{H8}{e7}$	$\frac{H8}{f7}$*	$\frac{H8}{g7}$	$\frac{H8}{h7}$*	$\frac{H8}{js7}$	$\frac{H8}{k7}$	$\frac{H8}{m7}$	$\frac{H8}{n7}$	$\frac{H8}{p7}$	$\frac{H8}{r7}$	$\frac{H8}{s7}$	$\frac{H8}{t7}$	$\frac{H8}{u7}$				
				$\frac{H8}{d8}$	$\frac{H8}{e8}$	$\frac{H8}{f8}$		$\frac{H8}{h8}$													
H9				$\frac{H9}{d9}$	$\frac{H9}{e9}$	$\frac{H9}{f9}$*		$\frac{H9}{h9}$*													
			$\frac{H9}{c9}$																		
H10			$\frac{H10}{c10}$	$\frac{H10}{d10}$				$\frac{H10}{h10}$													
H11	$\frac{H11}{a11}$	$\frac{H11}{b11}$	$\frac{H11}{c11}$*	$\frac{H11}{d11}$				$\frac{H11}{h11}$*													
H12		$\frac{H12}{b12}$						$\frac{H12}{h12}$													

注:1. 在 $\frac{H6}{n5}$、$\frac{H7}{p6}$ 公称尺寸小于或等于 3mm 和 $\frac{H8}{r7}$ 小于或等于 100mm 时,为过渡配合;

2. 标注 * 的配合为优先配合

附表 6-5 基轴制优先、常用配合(摘自 GB/T 1081—2009)

基准轴	孔																			
	A	B	C	D	E	F	G	H	JS	K	M	N	P	R	S	T	U	V	X	Y	Z
	间 隙 配 合								过渡配合			过 盈 配 合								
h5						$\frac{F6}{h5}$	$\frac{G6}{h5}$	$\frac{H6}{h5}$	$\frac{JS6}{h5}$	$\frac{K6}{h5}$	$\frac{M6}{h5}$	$\frac{N6}{h5}$	$\frac{P6}{h5}$	$\frac{R6}{h5}$	$\frac{S6}{h5}$	$\frac{T6}{h5}$					
h6						$\frac{F7}{h6}$*	$\frac{G7}{h6}$*	$\frac{H7}{h6}$*	$\frac{JS7}{h6}$	$\frac{K7}{h6}$*	$\frac{M7}{h6}$	$\frac{N7}{h6}$*	$\frac{P7}{h6}$*	$\frac{R7}{h6}$	$\frac{S7}{h6}$*	$\frac{T7}{h6}$	$\frac{U7}{h6}$*				
h7					$\frac{E8}{h7}$	$\frac{F8}{h7}$*		$\frac{H8}{h7}$*	$\frac{JS8}{h7}$	$\frac{K8}{h7}$	$\frac{M8}{h7}$	$\frac{N8}{h7}$									
h8				$\frac{D8}{h8}$	$\frac{E8}{h8}$	$\frac{F8}{h8}$		$\frac{H8}{h8}$													
h9				$\frac{D9}{h9}$*	$\frac{E9}{h9}$	$\frac{F9}{h9}$		$\frac{H9}{h9}$*													
h10				$\frac{D10}{h10}$				$\frac{H10}{h10}$													
h11	$\frac{A11}{h11}$	$\frac{B11}{h11}$	$\frac{C11}{h11}$*	$\frac{D11}{h11}$				$\frac{H11}{h11}$*													
h12		$\frac{B12}{h12}$						$\frac{H12}{h12}$													

注:标注 * 的配合为优先配合

附录七　几何公差标注示例

附表7-1　几何公差的标注和说明（GB/T 1182—2008）

几何特征	符号	标注示例	说　明
直线度公差	—	（标注示例图）	被测圆柱面的任一素线必须位于距离为公差值0.1的两平行平面之内
平面度公差	▱	（标注示例图）	被测表面必须位于距离为公差值0.08的两平行平面之内
圆度公差	○	（标注示例图）	被测圆锥面的任一正截面的圆周必须位于半径差为公差值0.1的两同心圆之间
圆柱度公差	⌭	（标注示例图）	被测圆柱面必须位于半径差为0.1的两同轴圆柱面之间
线轮廓度公差	⌒	无基准要求 有基准要求	在平行于图样所示投影面的任一截面上，被测轮廓线必须位于包络一系列直径为公差值0.1，且圆心位于具有理论正确几何形状的线上的两包络线之间

(续)

几何特征	符号	标注示例	说 明
面轮廓度公差	⌒		被测轮廓面必须位于包络一系列球的两包络面之间。诸球的直径为公差值0.1,且球心位于具有理论正确几何形状的面上的两包络面之间
平行度公差	∥		被测轴线必须位于距离为公差值0.01,且平行于基准平面D的两平行平面之间
			被测表面必须位于距离为公差值0.01,且平行于基准平面D的两平行平面之间
垂直度公差	⊥		被测面必须位于距离为公差值0.1,且垂直于基准轴线A的两平行平面之间
			被测面必须位于距离为公差值0.1,且垂直于基准平面A的两平行平面之间
倾斜度公差	∠		被测表面必须位于距离为公差值0.1,且与基准轴线A成理论正确角度75°的两平行平面之间

(续)

几何特征	符号	标注示例	说明
位置度公差	⊕		两条中心线的交点必须位于直径为公差值 0.3 的圆内,该圆的圆心位于相对基准 A 和 B (基准直线)所确定的理想位置上
同轴度公差	◎		大圆的轴线必须位于公差值为 $\phi 0.1$,且与公共基准轴线 A—B 同轴的圆柱面内
对称度公差	⌯		被测中心平面必须位于距离为公差值 0.1,且相对于公共基准平面 A—B 对称配置的两平行平面之间
圆跳动公差	↗		被测面绕基准轴线 A 旋转一周时,在任一测量平面内的轴向跳动不得大于 0.1
全跳动公差	↗↗		被测要素围绕基准轴线 A—B 作若干次旋转,并在测量仪器与工件间同时做轴向移动,此时在被测要素上各点间的示值差不得大于 0.1。测量仪器或工件必须沿基准轴线方向并相对于公共基准轴线 A—B 移动

附录八 常用材料及热处理名词解释

附表 8-1 黑色金属材料

标准	名称	牌号		应用举例	说明
GB/T 700—2006	碳素结构钢	Q195		金属结构构件：拉杆、套圈、铆钉、螺栓、短轴、心轴、凸轮（载荷不大的）、吊钩、垫圈、渗碳零件及焊接件	Q——钢材屈服强度"屈"字汉语拼音首位字母；215、235——代表屈服强度数值；A、B、C、D——分别为质量等级
		Q215	A		
			B		
		Q235	A	金属结构构件，心部强度要求不高的渗碳或氰化零件；吊钩、拉杆、车钩、套圈、气缸、齿轮、螺栓、螺母、连杆、轮轴、楔、盖及焊接件	
			B		
			C		
			D		
		Q275	A		
			B		
			C		
			D		
GB/T 699—1999	优质碳素结构钢	10		这种钢的屈服点和抗拉强度比值较低，塑性和韧性均高，在冷却状态下，容易模压成形，一般用于拉杆、卡头、钢管垫片、垫圈、铆钉。这种钢焊接性甚好	牌号的两位数字表示平均含碳量，45钢即表示平均含碳量0.45%（质量分数）；含锰量较高的元素，需加注化学元素符号"Mn"；含碳量≤0.25%的碳钢是低碳钢（渗碳钢），含碳量在0.25%~0.60%之间的碳钢是中碳钢（调质钢），含碳量>0.60%碳钢是高碳钢
		15		塑性、韧性、焊接性和冷冲性均极良好，但强度较低。用于制造受力不大、韧性要求较高的零件、紧固件、冲模锻件及不要热处理的低负荷零件，如螺栓、螺钉、拉条、法兰盘及化工贮器、蒸汽锅炉等	
		35		具有良好的强度和韧性，用于制造曲轴、转轴、轴销、杠杆、连杆、横梁、星轮、圆盘、套筒、钩环、垫圈、螺钉、螺母等。一般不作焊接用	
		45		用于强度要求较高的零件，如汽轮机的叶轮、压缩机、泵的零件等	
		60		这种钢的强度和弹性相当高，用于制造轧辊、轴、弹簧圈、弹簧、离合器、凸轮、钢绳等	

(续)

标准	名称	牌号	应用举例	说明
GB/T 699—1999	优质碳素结构钢	15Mn	它的性能与15钢相似，但其淬透性、强度和塑性比15钢都高些。用于制造中心部分的力学性能要求较高且须渗碳的零件。这种钢焊接性好	
		65Mn	强度高，淬透性较大，脱碳倾向小，但有过热敏感性，易产生淬火裂纹，并有回火脆性。适宜作大尺寸的各种扁、圆弹簧，如座板簧、弹簧发条	
GB/T 1299—2014	非合金工具钢	T8、T8A	有足够的韧性和较高的硬度，用于制造能承受震动的工具，如钻中等硬度岩石的钻头、简单模子、冲头等 淬透性、韧性均优于T10钢，耐磨性也较高，但淬火加热容易过热，变形量大，塑性和强度比较低，大、中截面模具易残存网状碳化物，适用于制作小型拉拔、拉伸、挤压模具	"T"后数字表示平均含碳量百分数，有T7～T13，即平均含碳量0.7%～1.3%
GB/T 1591—2008	低合金高强度结构钢	Q345	桥梁、造船、厂房结构、储油罐、压力容器、机车车辆、起重设备、矿山机械及其他代替Q235的焊接结构	碳素结构钢中加入少量合金元素(总量<3%)，力学性能较碳素钢高，焊接性、耐腐蚀性、耐磨性较碳素钢好，而经济指标又与碳素钢相近
		Q390	中高压容器、车辆、桥梁、起重机等	
GB/T 3077—1999	合金结构钢	20Mn2	对于截面较小的零件，相当于20Cr钢，可作渗碳小齿轮、小轴、活塞销、柴油机套筒、气门推杆、钢套等	碳素钢中加入一定的合金元素，提高了钢的力学性能和耐磨性，也提高了钢的淬透性，保证金属在较大截面上，获得高的机构性能
		15Cr	船舶主机用螺栓、活塞销、凸轮、凸轮轴、汽轮机套环以及机车用小零件等，用于心部韧性较高的渗碳零件	
		35SiMn	此钢耐磨、耐疲劳性均佳，适用于作轴、齿轮及在430℃以下的重要坚固件	
		20CrMnTi	工艺性能特优，用于汽车、拖拉机上的重要齿轮和一般强度、韧性均高的重要渗碳零件，如齿轮、蜗杆、离合器等	

(续)

标准	名称	牌号	应用举例	说明
GB/T 1220—2007	不锈钢	0Cr18Ni10Ti	用于化工设备的各种锻件,航空发动机排气系统的喷管及集合器等零件 钛稳定化的奥氏体不锈钢,添加钛提高耐晶间腐蚀性能,并具有良好的高温力学性能。可用超低碳奥氏体不锈钢代替。除专用(高温或抗氢腐蚀)外,一般情况不推荐使用	耐酸,在600℃以下耐热,在1000℃以下不起皮
GB/T 11352—2009	铸钢	ZG310-570 (ZG45)	各种形状的机件,如联轴器、轮、气缸、齿轮、齿轮圈及重负荷机架等	"ZG"是铸钢的代号,45是碳的名义万分含量
GB/T 9439—2010	灰铸铁	HT150	用于制造端盖、汽轮泵体、轴承座、阀壳、管子及管路附件、手轮、一般机床底座、床身、滑座、工作台等	"HT"为灰铸铁的代号,后面的数字,为直径ϕ30mm单铸试棒加工的标准拉伸试样所测得的最小抗拉强度值,如HT225表示抗拉强度为225MPa~325R_m的灰铸铁
GB/T 9439—2010	灰铸铁	HT225	用于制造气缸、齿轮、底架、机体、飞轮、齿条、衬筒、一般机床铸件、有导轨的床身及中等压力的液压筒、液压泵和阀体等	

附表 8-2 有色金属

标准	名称	牌号	应用举例	说明
GB/T 1176—1987	10-2锡青铜	ZCuSn10Zn2	在中等及较高负荷和或小滑动速度工作的重要管配件以及阀、旋塞、泵体、齿轮、叶轮和蜗轮等	"Z"表示铸的意思,其中含锡9.0%~11.0%,锌1.0%~3.0%,其余为铜
GB/T 1176—1987	17-4-4铅青铜	ZCuPb17Sn4Zn4	一般耐磨件,高滑动速度轴承等	含锡3.5%~5.0%,锌2.0%~6.0%,铅14.0%~20.0%,其余为铜
GB/T 1176—1987	38黄铜	ZCuZn38	一般结构件和耐蚀件,如法兰、阀座、支架、手柄和螺母等	含铜60.0%~63.0%,其余为锌
GB/T 1176—1987	40-2锰黄铜	ZCuZn40Mn2	在空气、淡水、海水、蒸气(<300℃)各种液体中工作的零件和阀体、阀杆、泵管接头以及需要浇注巴氏合金和镀锡零件等	含铜57.0%~60.0%,锰1.0%~2.0%,其余为锌
GB/T 1176—1987	33-2铅黄铜	ZCuZn33Pb2	煤气和给水设备的壳体,机器制造业、电子技术、精密仪器和光学仪器的部分构件和配件	含铅1.0%~3.0%,铜63.0%~67.0%,其余为锌

附表 8-3 热处理名词解释(GB/T 12603—2005、GB/T 7232—2012)

名词	代号	解释
热处理		采用适当的方式对金属材料或工件(以下简称工件)进行加热、保温和冷却以获得预期的组织结构与性能的工艺
退火	511	工件加热到适当温度,保持一定时间,然后缓慢冷却的热处理工艺
正火	512	工件加热奥氏体化后在空气中或其他介质中冷却获得以珠光体组织为主的热处理工艺
淬火	513	工件加热奥氏体化后以适当方式冷却获得马氏体或(和)贝氏体组织的热处理工艺。最常见的有水冷淬火、油冷淬火、空冷淬火等
表面淬火	521	仅对工件表层进行的淬火,其中包括感应淬火、接触电阻加热淬火、火焰淬火、激光淬火、电子束淬火等
深冷处理		工件淬火后继续在液氮或液氮蒸气中冷却的工艺
回火	514	工件淬硬后加热到 Ac_1 以下的某一温度,保温一定时间,然后冷却到室温的热处理工艺
调质	515	工件淬火并高温回火的复合热处理工艺
时效处理	518	工件经固溶处理或淬火后在室温或高于室温的适当温度保温,以达到沉淀硬化的目的。在室温下进行的称自然时效,在高于室温下进行的称人工时效
渗碳	531	为提高工件表层的含碳量并在其中形成一定的碳浓度梯度,将工件在渗碳介质中加热、保温,使碳原子渗入的化学热处理工艺
渗氮(氮化)	533	在一定温度下于一定介质中使氮原子渗入工件表层的化学热处理工艺

附录九　机械工程 CAD 技术制图规则[1]

1. 图线的组别

机械工程 CAD 制图中所用图线的线型分为 5 组,见附表 9-1。

附表 9-1　机械工程 CAD 制图所用图线线型

组别	分组					一般用途
	1	2	3	4	5	
线宽 /mm	2.0	1.4	1.0	0.7	0.5	粗实线、粗点画线、粗虚线
	1.0	0.7	0.5	0.35	0.25	细实线、波浪线、双折线、细虚线、细点画线、细双点画线

2. 图线的颜色

屏幕上显示图线,一般应按附表 9-2 中提供的颜色显示,并要求相同类型的图线应采用同样的颜色。

附表 9-2　图线的颜色

图线类型	屏幕上的颜色
粗实线、粗虚线	白色
细实线、波浪线、双折线	绿色
细虚线	黄色
细点画线	红色
粗点画线	棕色
细双点画线	粉红色

3. 字体

机械工程 CAD 制图中,数字一般应以正体输出;字母除表示变量外,应以正体输出;汉字在输出时一般采用正体,并使用国家正式公布和推行的简化字。

字体高度与图纸幅面之间的选用关系见附表 9-3。

附表 9-3　字体

字符类别	图幅				
	A0	A1	A2	A3	A4
	字体高度 h/mm				
字母与数字	5			3.5	
汉字	7			5	

注:h = 汉字、字母和数字的高度

---

[1] 摘自 GB/T 14665—2012。